KB263140

NCS에 맞춘

# 한식조리

## 기능사 · 산업기사

# 머 리 말

　최근 요리 분야는 점점 세분화 되어 한식, 양식, 일식, 중식 조리사를 비롯해 푸드코디네이터, 셰프테이너라는 새로운 직업군도 생겨나고 있다. 그야말로 음식문화의 황금시대가 아닌가 하는 생각이 든다. 이러한 시기에 요리를 처음 접하는 젊은 요리학도들은 더욱 음식에 대한 올바른 철학을 가지고 시작해야 할 것 같다는 생각이 든다. 특히, 우리나라 사람이라면 한식에 대한 기초지식이 충분한 상태에서 외국요리, 퓨전요리, 창작요리를 접해야 앞으로도 발전해 나갈 수 있다.

　한식은 과거부터 현재까지 이어지고 있는 우리의 고유한 식문화이다.

　최근 한식은 한(韓)스타일이라는 문화현상의 중심에서 세계인들의 많은 관심과 사랑을 받고 있다. 한식은 전통의 형식을 잘 지켜나가되 식재료, 만드는 법, 그릇 담는 법 등 달라지고 있는 시대에 발맞추어 적당한 변화를 주는 것이 긍정적이라고 할 수 있겠다.

　이 책은 요리를 전공하는 이들에게 한국음식문화와 조리의 기본을 충실히 익힐 수 있는 교본이 되고자 노력하였다. 각 단원은 산업현장에서 직무를 성공적으로 수행하기 위해 필요한 지식, 기술, 태도를 토대로 한식조리능력을 표준화한 국가직무능력표준(national competency standards, NCS)에 의거하여 구성하였다.

　한식의 체계적인 발전을 위해 좋은 책으로 만들기 위해 많은 관심을 가져주신 도서출판 효일 김홍용 사장님께 깊이 감사드린다.

2021년 2월
저자 일동

# 차례

# 한식조리 기초

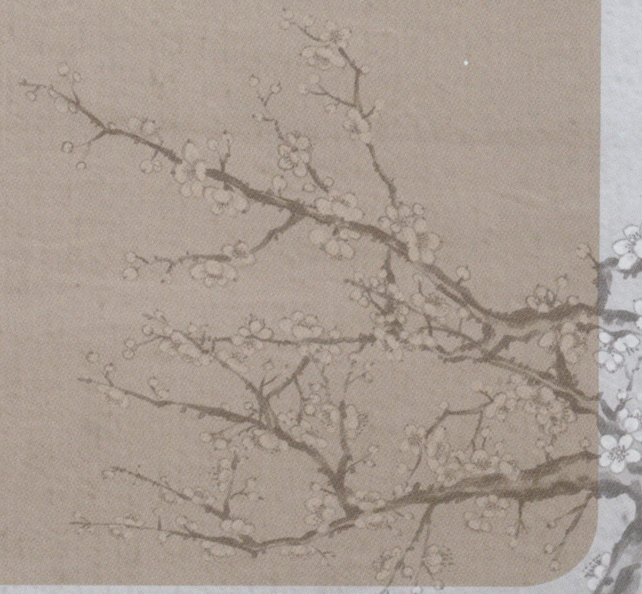

제1장

# 기초 기술

# 1. 계량

## (1) 계량용 도구

### 1) 계량스푼

양념 등의 부피를 측정하는 도구이다. 단위의 표현은 큰술(Table spoon, Ts), 작은술(tea spoon, ts) 두 종류가 있다.

### 2) 계량컵

재료의 부피를 측정하는 도구이다. 우리나라, 일본은 1컵의 단위가 200mL이다. 서양에서는 1컵의 단위가 236.6mL이며 쿼트를 기준으로 정해져 있고 표준용기 1컵은 1/4쿼트 8플루이드 온스(Fluid onces) 16Ts 이다.

### 3) 저울

무게 측정용 도구이다. 단위는 g, kg이며 저울 사용 시 바닥이 평평한 곳에 수평이 되게 놓고 바늘을 '0'에 고정시킨 후 측정한다.

### 4) 온도계

조리 온도 측정용 도구이다. 조리용 온도계는 비접촉식으로 표면 온도를 잴 수 있는 적외선 온도계와 기름과 같은 액체용 온도계는 200~300℃까지 측정 가능한 봉상 액체 온도계, 육류는 육류의 내부 온도를 측정할 수 있는 탐침 가능한 육류용 온도계를 사용한다.

### 5) 타이머

조리 시 시간을 측정할 때 사용한다.

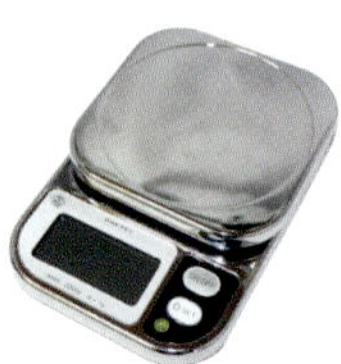

디지털저울

디지털타이머

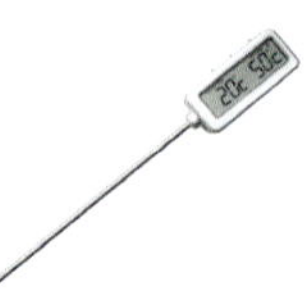

탐침 온도계

계량컵

계량스푼

[그림 1] 계량을 위해 필요한 도구

## (2) 재료 계량방법

### 1) 가루 식품

덩어리가 있을 때는 고운 가루 상태로 부수어 덩어리지지 않은 상태에서 꾹꾹 누르지 않고 수북이 담은 후 고르게 밀어 표면을 평면이 되도록 깎아 계량한다.

### 2) 액체 식품

간장·액젓·기름·물·식초 등은 투명한 용기를 사용하며 표면장력이 있기 때문에 계량컵 또는 계량스푼에 가득 채워 계량한다. 정확성을 높이기 위해서는 계량컵의 눈금과 액체의 메니스커스(meniscus)의 아랫선이 동일하게 맞도록 읽어야 한다.

### 3) 고체 식품

다진 고기 등은 계량컵 또는 계량스푼에 빈 곳이 없도록 가득 채워서 표면을 평면이 되도록 깎아서 계량한다.

### 4) 알갱이 식품

쌀·깨·팥·통후추 등은 계량컵 또는 계량스푼에 빈 곳이 없도록 가득 채워서 살짝 흔들어 표면을 평면이 되도록 깎아서 계량한다.

### 5) 농도가 있는 양념

고추장 등은 계량컵 또는 계량스푼에 꾹꾹 눌러 빈 곳이 없도록 가득 채워서 표면을 평면이 되도록 깎아서 계량한다.

## (3) 계량 단위

- 1컵 = 1Cup = 1C = 13큰술 + 1작은술 = 물 200mL = 물 200g
- 1큰술 = 1Table spoon = 1Ts = 1T = 3작은술 = 물 15mL = 물 15g
- 1작은술 = 1tea spoon = 1ts = 1t = 물 5mL = 물 5g

# 2. 불 조절

불 조절은 조리과정에서 음식의 완성도를 좌우하는 중요한 역할을 차지한다. 재료가 잘 준비되었더라도 조리 과정 중 불 조절이 잘못되면 밥, 생선 등이 타거나 덜 익게 되며 갈비찜이 익지 않는 등 음식이 실패하게 된다. 각 식재료와 조리법에 따라서 음식의 맛을 최상으로 만들어주는 불 조절이 필요하다.

## (1) 가스의 불 세기에 따른 모양과 특징

| 구분 / 분류 | 강한 불 | 중간 불 | 약한 불 |
|---|---|---|---|
| 불모양 | | | |
| 특징 | – 가스레인지 레버를 전부 열어 놓은 상태<br>– 불꽃이 냄비 바닥 전체에 닿는 정도<br>– 볶음·구이·찜 등 요리의 재료를 익힐 때, 국물 음식을 팔팔 끓일 때 불의 세기<br>– 빠른 조리를 원할 때 | – 가스레인지 레버가 꺼짐과 열림의 중간에 위치한 상태<br>– 불꽃의 끝과 냄비 바닥 사이의 약간의 틈이 있는 정도<br>– 국물 요리에서 한 번 끓어오른 후 부글부글 끓는 상태를 유지할 때 불의 세기<br>– 작은 냄비에 밥을 할 때 | – 가스레인지 레버를 꺼지지 않을 정도까지 최소한으로 줄인 상태<br>– 오랫동안 지글지글 끓이는 조림 요리나 뭉근히 끓이는 국물요리<br>– 중간 불보다 절반 이상 약한 불의 세기<br>– 지단 부칠 때, 전 부칠 때, 온도 유지할 때, 밥 뜸 들일 때 |

## (2) 가스의 불 세기에 따른 물 끓이는 시간

| 열원종류 | 물량 | 500g | 1kg | 2kg | 비고 |
|---|---|---|---|---|---|
| 가스 레인지 | 강한 불 | 3분 | 5분 | 9분 | *25℃ 물 기준<br>*20㎝ 냄비 사용 |
| | 중간 불 | 6분 | 10분 | 15분 | |
| | 약한 불 | 30분 | 45분 | 60분 | |

# 3. 썰기

### (1) 둥글썰기(통썰기)

당근·오이·호박·연근 등의 채소를 통째로 두고 원하는 두께로 써는 방법이다. 재료와 조리 용도에 따라 두께를 조절하며 조림·국·절임 등에 주로 이용한다.

### (2) 반달썰기

당근·무·호박·감자 등을 길이로 반으로 나눈 후 원하는 두께의 반달 모양으로 써는 방법 이다.

### (3) 은행잎썰기

당근·무·감자 등의 재료를 길이로 십자 모양으로 4등분하여 원하는 두께의 은행잎 모양 으로 써는 방법이다. 조림이나 찌개 등에 이용된다.

### (4) 얄팍썰기

재료를 원하는 길이로 자른 후 얄팍하게 썰거나 원하는 두께로 고르게 얇게 써는 방법이 다. 주로 볶음이나 무침 등에 이용된다.

### (5) 어슷썰기

당근·오이·파 등 길고 두께가 가는 재료를 칼을 옆으로 비껴 적당한 두께로 어슷하게 써는 방법으로 주로 찌개·볶음 등에 이용된다.

### (6) 골패썰기

당근·무 등의 둥근 재료를 원하는 길이로 토막 낸 후 가장자리를 잘라 직사각형으로 납작 납작하게 써는 방법이다.

### (7) 나박썰기

당근·무 등의 둥근 재료를 원하는 길이로 토막 내어 가장자리를 잘라 가로·세로가 비슷 한 사각형으로 반듯하고 얇게 써는 방법이다.

### (8) 깍둑썰기

무·감자 등을 가로·세로·두께 모두 2cm 정도의 같은 크기로 주사위처럼 써는 방법이다. 주로 깍두기·찌개·조림 등에 이용된다.

### (9) 채썰기

무·감자·오이·호박 등을 얄팍썰기 하여 이를 비스듬히 포개어 놓고 손으로 살짝 누르면 서 가늘게 채 써는 방법이다. 주로 생채·구절판·무채 등에 이용된다.

### (10) 다져썰기

채썰기한 재료를 가지런히 모아 잘게 써는 방법이다. 주로 파·마늘 등을 다져서 양념을 만드는데 이용되며, 크기는 일정한 것이 좋다.

### (11) 막대썰기

무·오이 등의 재료를 원하는 길이로 토막 낸 다음, 적당한 굵기의 막대 모양으로 써는 방 법으로 산적이나 숙장과를 만들 때 사용한다.

### (12) 마구썰기

오이·당근 등 비교적 가늘고 긴 재료를 한손으로 빙빙 돌려가며 한입 크기로 작고 각지게 써는 방법이다. 주로 채소의 조림에 이용된다.

### (13) 깎아썰기

우엉 등의 재료를 연필 깎듯이 돌려 가며 얇게 썬다. 칼날의 끝 부분을 이용한다.

### (14) 돌려 깎기

오이 등을 길이 5cm 정도로 토막을 낸 뒤 껍질을 깎듯이 얄팍하게 돌려 가며 깎는다.

### (15) 토막썰기

기본썰기 일종으로 크게 덩어리로 잘라내는 것과 파, 미나리와 같이 가는 줄기를 여러 개 모아 적당한 길이로 써는 것을 말한다.

### (16) 밤톨썰기

조직이 단단한 채소를 밤톨크기로 잘라 모서리 부분을 정리하는 방법이다. 찜, 조림 등의 조리과정에서 생기는 마모되는 부분이 없어 국물이 깨끗하다.

### (17) 솔방울 썰기

오징어를 볶거나 데쳐서 회로 낼 때 큼직하게 모양내어 써는 방법이다. 반드시 오징어의 안 쪽에 사선으로 칼집을 넣고 다시 엇갈려 비스듬히 칼집을 넣은 다음 끓는 물에 살짝 데쳐서 모양을 낸다.

[그림 2] 썰기의 실제

# 4. 한식 그릇담기

## (1) 그릇담기

한식은 그릇에 음식을 담는 방법이 다양하며 음식의 특성과 모양, 온도, 색, 가격, 상차림 등에 따라 그릇담기 방법과 그릇의 선택이 달라져야한다. 한식 조리는 채썰기, 다지기로 재료를 준비하여 조리하는 특징을 지닌다. 한식용 접시의 모양은 요리의 평면성을 고려한 디자인이 대부분이다. 그릇의 색상과 문양은 단순함, 소박함이 주요한 느낌을 주고 있다. 한식은 요리의 형태와 색채를 중요하게 여기기 때문에 음식의 중앙 부분이 봉긋 올라오도록 담는다. 그릇의 종류로는 옹기, 유기, 도자, 백자, 청자 등을 사용하며 계절과 식기에 따라 요리를 담고 고명을 올려서 연출하는 것이 한식 그릇담기의 기본이다.

한식은 계절과 절기, 반상의 종류에 따라 요리를 제공하는 식자재를 이용하여 연출하고 표현한다. 오방색을 기본으로 한 고명을 장식과 양념으로 사용한다. 적색, 녹색, 황색, 백색, 흑색의 다섯 가지 색상으로 분류할 수 있기 때문에 오색고명이라 부르며 적색은 식욕을 가장 자극하는 색으로 알려져 있다.

### 1) 그릇담기 할 때 고려할 점

① 음식의 온도

② 국물의 유무와 국물의 양

③ 음식과 그릇색의 조화

④ 음식과 그릇형태의 조화

⑤ 상차림에 따른 음식과의 조화

  (예) 생일, 회갑, 돌잔치, 만찬 등 행사에 따른 음식 조화

⑥ 음식의 가짓수 : 특정 행사나 오찬, 만찬 등의 음식의 수를 의미함

⑦ 식사자의 나이

⑧ 식사하시는 고객의 취향

## (2) 음식담기

① 한식은 소복이 담는 것이 좋다.

② 접시 내부의 테두리를 벗어나지 않도록 담는다.

③ 음식의 모양이 예쁘지 않은 것은 밑으로, 예쁜 것은 위로 오게 담는다.

④ 국물이 있는 것은 오목한 그릇에, 국물이 없는 것은 넓은 접시에 담는다.

⑤ 고명은 제일 마지막에 올린다.

⑥ 찬 음식을 먼저 담고 국물이 있는 음식은 나가기 직전에 담는다.

## (3) 담는 방법의 종류

| 높이 | 올리는 방법 | 모양 | 줄 수 | 가짓수 |
|---|---|---|---|---|
| 소복이 담기 | 모아 담기 | 돌려(원형) 담기 | 한 줄 담기 | 한 가지 담기 |
| 평평히 담기 | 겹쳐 담기 | 나란히 담기 | 두 줄 담기 | 두 가지 담기 |
| 낱개 담기 | 펼쳐 담기 | 삼각, 사각 담기 | 세 줄 담기 | 세 가지 담기 |
| – | 고여 담기 | 일자 담기 | 네 줄 담기 | 네 가지 담기 |
| – | – | 부채꼴 담기 | 여러 줄 담기 | 여러 가지 담기 |

## (4) 담는 방법 실제

소복이 모아 담기

한 줄 담기

평평히 펼쳐 담기
(사각 세 줄 담기)

한가지 담기

평평히 겹쳐 담기
(사각 두 줄 담기)

세가지 담기

평평히 펼쳐 담기
(돌려 담기)

돌려(원형)담기

소복이 고여담기

# 한식조리 기능사

## ◆ 한식조리 직무의 정의

한식조리는 조리사가 메뉴를 계획하고, 식재료를 구매, 관리, 손질하여 정해진 조리법에 의해 조리하며 식품위생과 조리기구, 조리 시설을 관리하는 일이다.


## ◆ 한식조리기능사 실기 출제기준

| 직무분야: 음식 서비스 | 중직무분야: 조리 | 자격종목: 한식조리기능사 | 적용기간: 2020.1.1 ~ 2022.12.31 |
|---|---|---|---|

**직무내용:** 한식메뉴 계획에 따라 식재료를 선정, 구매, 검수, 보관 및 저장하며 맛과 영양을 고려하여 안전하고 위생적으로 음식을 조리하고 조리기구와 시설관리를 수행하는 직무이다.

**수행준거:** 1. 음식조리 작업에 필요한 위생관련 지식을 이해하고, 주방의 청결상태와 개인위생 · 식품위생을 관리하여 전반적인 조리작업을 위생적으로 수행할 수 있다.

2. 한식조리를 수행함에 있어 칼 다루기, 기본 고명 만들기, 한식 기초 조리법 등 기본적인 지식을 이해하고 기능을 익혀 조리업무에 활용할 수 있다.

3. 쌀을 주재료로 하거나 혹은 다른 곡류나 견과류, 육류, 채소류, 어패류 등을 섞어 물을 붓고 강약을 조절하여 호화되게 밥을 조리할 수 있다.

4. 곡류 단독으로 또는 곡류와 견과류, 채소류, 육류, 어패류 등을 함께 섞어 물을 붓고 불의 강약을 조절하여 호화되게 죽을 조리할 수 있다.

5. 육류나 어류 등에 물을 많이 붓고 오래 끓이거나 육수를 만들어 채소나 해산물, 육류 등을 넣어 한식 국 · 탕을 조리할 수 있다.

6. 육수나 국물에 장류나 젓갈로 간을 하고 육류, 채소류, 버섯류, 해산물류를 용도에 맞게 썰어 넣고 함께 끓여서 한식 찌개를 조리할 수 있다.

7. 육류, 어패류, 채소류 등의 재료를 익기 쉽게 썰고 그대로 혹은 꼬치에 꿰어서 밀가루와 달걀을 입힌 후 기름에 지져서 한식 전 · 적 조리를 할 수 있다.

8. 채소를 살짝 절이거나 생것을 양념하여 생채 · 회조리를 할 수 있다.

| 실기검정방법: 작업형 | 시험시간: 70분 정도 |
|---|---|

| 과목명 | 주요항목 | 세부항목 | 세세항목 |
|---|---|---|---|
| 한식<br>조리<br>실무 | 1. 한식<br>위생관리 | 1. 개인위생 관리하기 | 1. 위생관리기준에 따라 조리복, 조리모, 앞치마, 조리안전화 등을 착용할 수 있다.<br>2. 두발, 손톱, 손 등 신체청결을 유지하고 작업수행 시 위생습관을 준수할 수 있다.<br>3. 근무 중의 흡연, 음주, 취식 등에 대한 작업장 근무수칙을 준수할 수 있다.<br>4. 위생관련법규에 따라 질병, 건강검진 등 건강상태를 관리하고 보고할 수 있다. |
| | | 2. 식품위생 관리하기 | 1. 식품의 유통기한 · 품질 기준을 확인하여 위생적인 선택을 할 수 있다.<br>2. 채소 · 과일의 농약 사용여부와 유해성을 인식 하고 세척할 수 있다.<br>3. 식품의 위생적 취급기준을 준수할 수 있다.<br>4. 식품의 반입부터 저장, 조리과정에서 유독성, 유해물질의 혼입을 방지할 수 있다. |

| | | | |
|---|---|---|---|
| 한식<br>조리<br>실무 | | 3. 주방위생 관리하기 | 1. 주방 내에서 교차오염 방지를 위해 조리생산 단계별 작업공간을 구분하여 사용할 수 있다.<br>2. 주방위생에 있어 위해요소를 파악하고, 예방할 수 있다.<br>3. 주방, 시설 및 도구의 세척, 살균, 해충·해서 방제작업을 정기적으로 수행할 수 있다.<br>4. 시설 및 도구의 노후상태나 위생상태를 점검하고 관리할 수 있다.<br>5. 식품이 조리되어 섭취되는 전 과정의 주방 위생 상태를 점검하고 관리할 수 있다.<br>6. HACCP적용업장의 경우 HACCP관리기준에 의해 관리할 수 있다. |
| | 2. 한식<br>안전관리 | 1. 개인안전 관리하기 | 1. 안전관리 지침서에 따라 개인 안전관리 점검표를 작성할 수 있다.<br>2. 개인안전사고 예방을 위해 도구 및 장비의 정리정돈을 상시 할 수 있다.<br>3. 주방에서 발생하는 개인 안전사고의 유형을 숙지하고 예방을 위한 안전수칙을 지킬 수 있다.<br>4. 주방 내 필요한 구급품이 적정 수량 비치되었는지 확인하고 개인 안전보호 장비를 정확하게 착용하여 작업할 수 있다.<br>5. 개인이 사용하는 칼에 대해 사용안전, 이동안전, 보관안전을 수행할 수 있다.<br>6. 개인의 화상사고, 낙상사고, 근육팽창과 골절사고, 절단사고, 전기기구에 인한 전기 쇼크 사고, 화재사고와 같은 사고 예방을 위해 주의사항을 숙지하고 실천할 수 있다.<br>7. 개인 안전사고 발생 시 신속 정확한 응급조치를 실시하고 재발 방지 조치를 실행할 수 있다. |
| | | 2. 장비·도구 안전작업하기 | 1. 조리장비·도구에 대한 종류별 사용방법에 대해 주의사항을 숙지할 수 있다.<br>2. 조리장비·도구를 사용 전 이상 유무를 점검할 수 있다.<br>3. 안전 장비 류 취급 시 주의사항을 숙지하고 실천 할 수 있다.<br>4. 조리장비·도구를 사용 후 전원을 차단하고 안전수칙을 지키며 분해하여 청소 할 수 있다.<br>5. 무리한 조리장비·도구 취급은 금하고 사용 후 일정한 장소에 보관하고 점검할 수 있다.<br>6. 모든 조리장비·도구는 반드시 목적 이외의 용도로 사용하지 않고 규격품을 사용할 수 있다. |
| | | 3. 작업환경 안전관리하기 | 1. 작업환경 안전관리 시 작업환경 안전관리 지침서를 작성할 수 있다.<br>2. 작업환경 안전관리 시 작업장주변 정리 정돈 등을 관리 점검할 수 있다.<br>3. 작업환경 안전관리 시 제품을 제조하는 작업장 및 매장의 온·습도관리를 통하여 안전사고요소 등을 제거할 수 있다.<br>4. 작업장내의 적정한 수준의 조명과 환기, 이물질, 미끄럼 및 오염을 방지할 수 있다.<br>5. 작업환경에서 필요한 안전관리시설 및 안전용품을 파악하고 관리할 수 있다.<br>6. 작업환경에서 화재의 원인이 될 수 있는 곳을 자주 점검하고 화재진압기를 배치하고 사용할 수 있다.<br>7. 작업환경에서의 유해, 위험, 화학물질을 처리기준에 따라 관리할 수 있다.<br>8. 법적으로 선임된 안전관리책임자가 정기적으로 안전교육을 실시하고 이에 참여할 수 있다. |
| | 3. 한식 기초<br>조리실무 | 1. 기본 칼 기술 습득하기 | 1. 칼의 종류와 사용용도를 이해 할  수 있다.<br>2. 기본 썰기 방법을 습득할 수 있다.<br>3. 조리목적에 맞게 식재료를 썰 수 있다.<br>4. 칼을 연마하고 관리할 수 있다. |

| | | | |
|---|---|---|---|
| 한식<br>조리<br>실무 | 3. 한식 기초<br>조리실무 | 2. 기본 기능 습득하기 | 1. 한식 기본양념에 대한 지식을 이해하고 습득할 수 있다.<br>2. 한식 고명에 대한 지식을 이해하고 습득할 수 있다.<br>3. 한식 기본 육수조리에 대한 지식을 이해하고 습득할 수 있다.<br>4. 한식 기본 재료와 전처리 방법, 활용방법에 대한 지식을 이해하고 습득할 수 있다. |
| | | 3. 기본 조리법 습득하기 | 1. 한식 음식종류와 상차림에 대한 지식을 이해하고 습득할 수 있다.<br>2. 조리도구의 종류 및 용도를 이해하고 적절하게 사용할 수 있다.<br>3. 식재료의 정확한 계량방법을 습득할 수 있다.<br>4. 한식 기본 조리법과 조리원리에 대한 지식을 이해하고 습득할 수 있다.<br>5. 조리 업무 전과 후의 상태를 점검하고 정리할 수 있다. |
| | 4. 한식 밥<br>조리 | 1. 밥 재료 준비하기 | 1. 쌀과 잡곡의 비율을 필요량에 맞게 계량 할 수 있다.<br>2. 쌀과 잡곡을 씻고 용도에 맞게 불리기를 할 수 있다.<br>3. 부재료는 조리법에 맞게 손질 할 수 있다.<br>4. 돌솥, 압력솥 등 사용할 도구를 선택하고 준비할 수 있다 |
| | | 2. 밥 조리하기 | 1. 밥의 종류와 형태에 따라 조리시간과 방법을 조절 할 수 있다.<br>2. 조리 도구, 조리법과 쌀, 잡곡의 재료특성에 따라 물의 양을 가감 할 수 있다.<br>3. 조리도구와 조리법에 맞도록 화력조절, 가열시간 조절, 뜸들이기를 할 수 있다. |
| | | 3. 밥 담기 | 1. 조리종류와 색, 형태, 인원수, 분량 등을 고려하여 그릇을 선택할 수 있다.<br>2. 밥을 따뜻하게 담아 낼 수 있다.<br>3. 조리종류에 따라 나물 등 부재료와 고명을 얹거나 양념장을 곁들일 수 있다. |
| | 5. 한식<br>죽조리 | 1. 죽 재료 준비하기 | 1. 사용할 도구를 선택하고 준비할 수 있다.<br>2. 쌀 등 곡류와 부재료를 필요량에 맞게 계량 할 수 있다.<br>3. 조리법에 따라서 쌀 등 재료를 갈거나 분쇄 할 수 있다.<br>4. 부재료는 조리법에 맞게 손질 할 수 있다.<br>5. 사용할 도구를 선택하고 준비할 수 있다. |
| | | 2. 죽 조리하기 | 1. 죽의 종류와 형태에 따라 조리시간과 방법을 조절 할 수 있다.<br>2. 조리 도구, 조리법, 쌀과 잡곡의 재료특성에 따라 물의 양을 가감 할 수 있다.<br>3. 조리도구와 조리법, 재료특성에 따라 화력과 가열시간을 조절할 수 있다. |
| | | 3. 죽 담기 | 1. 조리종류와 색, 형태, 인원수, 분량 등을 고려하여 그릇을 선택할 수 있다.<br>2. 죽을 따뜻하게 담아 낼 수 있다.<br>3. 조리종류에 따라 고명을 올릴 수 있다. |
| | 6. 한식<br>국·탕 조리 | 1. 국·탕 재료 준비하기 | 1. 조리 종류에 맞추어 도구와 재료를 준비할 수 있다.<br>2. 조리에 사용하는 재료를 필요량에 맞게 계량할 수 있다.<br>3. 재료에 따라 요구되는 전 처리를 수행할 수 있다.<br>4. 찬물에 육수재료를 넣고 끓이는 시간과 불의 강도를 조절할 수 있다.<br>5. 끓이는 중 부유물을 제거하여 맑은 육수를 만들 수 있다.<br>6. 육수의 종류에 따라 냉, 온 으로 보관할 수 있다. |
| | | 2. 국·탕 조리하기 | 1. 물이나 육수에 재료를 넣어 끓일 수 있다.<br>2. 부재료와 양념을 적절한 시기와 분량에 맞춰 첨가할 수 있다.<br>3. 조리 종류에 따라 끓이는 시간과 화력을 조절할 수 있다.<br>4. 국·탕의 품질을 판정하고 간을 맞출 수 있다. |
| | | 3. 국·탕 담기 | 1. 조리종류와 색, 형태, 인원수, 분량 등을 고려하여 그릇을 선택할 수 있다.<br>2. 국·탕은 조리종류에 따라 온·냉 온도로 제공할 수 있다.<br>3. 국·탕은 국물과 건더기의 비율에 맞게 담아낼 수 있다.<br>4. 국·탕의 종류에 따라 고명을 활용할 수 있다. |

| | | | |
|---|---|---|---|
| 한식<br>조리<br>실무 | 7. 한식<br>찌개조리 | 1. 찌개 재료 준비하기 | 1. 조리종류에 맞추어 도구와 재료를 준비한다.<br>2. 조리에 사용하는 재료를 필요량에 맞게 계량한다.<br>3. 재료에 따라 요구되는 전 처리를 수행 할 수 있다.<br>4. 찬물에 육수 재료를 넣고 서서히 끓일 수 있다.<br>5. 끓이는 중 부유물과 기름이 떠오르면 걷어내어 제거할 수 있다.<br>6. 조리종류에 따라 끓이는 시간과 불의 강도를 조절 할 수 있다. |
| | | 2. 찌개 조리하기 | 1. 채소류 중 단단한 재료는 데치거나 삶아서 사용할 수 있다.<br>2. 조리법에 따라 재료는 양념하여 밑간할 수 있다.<br>3. 육수에 재료와 양념을 첨가 시점을 조절하여 넣고 끓일 수 있다. |
| | | 3. 찌개 담기 | 1. 조리종류와 색, 형태, 인원수, 분량 등을 고려하여 그릇을 선택할 수 있다.<br>2. 조리 특성에 맞게 건더기와 국물의 양을 조절할 수 있다.<br>3. 온도를 뜨겁게 유지하여 제공할 수 있다. |
| | 8. 한식<br>전 · 적 조리 | 1. 전 · 적 재료 준비하기 | 1. 전 · 적의 조리종류에 따라 도구와 재료를 준비할 수 있다.<br>2. 조리에 사용하는 재료를 필요량에 맞게 계량할 수 있다.<br>3. 전 · 적의 종류에 따라 재료를 전 처리하여 준비할 수 있다. |
| | | 2. 전 · 적 조리하기 | 1. 밀가루, 달걀 등의 재료를 섞어 반죽 물 농도를 맞출 수 있다.<br>2. 조리의 종류에 따라 속 재료 및 혼합재료 등을 만들 수 있다.<br>3. 주재료에 따라 소를 채우거나 꼬치를 활용하여 전 · 적의 형태를 만들 수 있다.<br>4. 재료와 조리법에 따라 기름의 종류 · 양과 온도를 조절하여 지져 낼 수 있다. |
| | | 3. 전 · 적 담기 | 1. 조리종류와 색, 형태, 인원수, 분량 등을 고려하여 그릇을 선택할 수 있다.<br>2. 전 · 적의 조리는 기름을 제거하여 담아 낼 수 있다.<br>3. 전 · 적 조리를 따뜻한 온도, 색, 풍미를 유지하여 담아낼 수 있다. |
| | 9. 한식<br>생채 · 회 조리 | 1. 생채 · 회 재료 준비하기 | 1. 생채, 회의 종류에 맞추어 도구와 재료를 준비할 수 있다.<br>2. 조리에 사용하는 재료를 필요량에 맞게 계량할 수 있다.<br>3. 재료에 따라 요구되는 전 처리를 수행할 수 있다. |
| | | 2. 생채 · 회 조리하기 | 1. 양념장 재료를 비율대로 혼합, 조절할 수 있다.<br>2. 재료에 양념장을 넣고 잘 배합되도록 무칠 수 있다.<br>3. 재료에 따라 회, 숙회로 만들 수 있다. |
| | | 3. 생채 · 회 담기 | 1. 조리종류와 색, 형태, 인원수, 분량 등을 고려하여 그릇을 선택할 수 있다.<br>2. 생채, 회 그릇에 담아낼 수 있다.<br>3. 회는 채소를 곁들일 수 있다. |
| | 10. 한식<br>구이조리 | 1. 구이 재료 준비하기 | 1. 구이의 종류에 맞추어 도구와 재료를 준비할 수 있다.<br>2. 조리에 사용하는 재료를 필요량에 맞게 계량할 수 있다.<br>3. 재료에 따라 요구되는 전 처리를 수행할 수 있다. |
| | | 2. 구이 조리하기 | 1. 구이종류에 따라 유장처리나 양념을 할 수 있다.<br>2. 구이종류에 따라 초벌구이를 할 수 있다.<br>3. 온도와 불의 세기를 조절하여 익힐 수 있다.<br>4. 구이의 색, 형태를 유지할 수 있다. |
| | | 3. 구이 담기 | 1. 조리종류와 색, 형태, 인원수, 분량 등을 고려하여 그릇을 선택할 수 있다.<br>2. 조리한 음식을 부서지지 않게 담을 수 있다.<br>3. 구이 종류에 따라 따뜻한 온도를 유지하여 담을 수 있다. |

| | | | |
|---|---|---|---|
| 한식 조리 실무 | 11. 한식 조림·초조리 | 1. 조림·초 재료 준비하기 | 1. 조림·초 조리에 따라 도구와 재료를 준비할 수 있다.<br>2. 조리에 사용하는 재료를 필요량에 맞게 계량할 수 있다.<br>3. 조림·조리의 재료에 따라 전 처리를 수행할 수 있다.<br>4. 양념장 재료를 비율대로 혼합, 조절할 수 있다.<br>5. 필요에 따라 양념장을 숙성할 수 있다. |
| | | 2. 조림·초 조리하기 | 1. 조리종류에 따라 준비한 도구에 재료를 넣고 양념장에 조릴 수 있다.<br>2. 재료와 양념장의 비율, 첨가 시점을 조절할 수 있다.<br>3. 재료가 눌어붙거나 모양이 흐트러지지 않게 화력을 조절하여 익힐 수 있다.<br>4. 조리종류에 따라 국물의 양을 조절할 수 있다. |
| | | 3. 조림·초 담기 | 1. 조리종류와 색, 형태, 인원수, 분량 등을 고려하여 그릇을 선택할 수 있다.<br>2. 조리종류에 따라 국물 양을 조절하여 담아낼 수 있다.<br>3. 조림, 초, 조리에 따라 고명을 얹어 낼 수 있다. |
| | 12. 한식 볶음조리 | 1. 볶음 재료 준비하기 | 1. 볶음조리에 따라 도구와 재료를 준비할 수 있다.<br>2. 조리에 사용하는 재료를 필요량에 맞게 계량할 수 있다.<br>3. 볶음조리의 재료에 따라 전 처리를 수행할 수 있다.<br>4. 양념장 재료를 비율대로 혼합, 조절하여 만들 수 있다.<br>5. 필요에 따라 양념장을 숙성할 수 있다. |
| | | 2. 볶음 조리하기 | 1. 조리종류에 따라 준비한 도구에 재료와 양념장을 넣어 기름으로 볶을 수 있다.<br>2. 재료와 양념장의 비율, 첨가 시점을 조절할 수 있다.<br>3. 재료가 눌어붙거나 모양이 흐트러지지 않게 화력을 조절하여 익힐 수 있다. |
| | | 3. 볶음 담기 | 1. 조리종류와 색, 형태, 인원수, 분량 등을 고려하여 그릇을 선택할 수 있다.<br>2. 그릇형태에 따라 조화롭게 담아낼 수 있다.<br>3. 볶음조리에 따라 고명을 얹어 낼 수 있다. |
| | 13. 한식 숙채조리 | 1. 숙채 재료 준비하기 | 1. 숙채의 종류에 맞추어 도구와 재료를 준비할 수 있다.<br>2. 조리에 사용하는 재료를 필요량에 맞게 계량할 수 있다.<br>3. 재료에 따라 요구되는 전 처리를 수행할 수 있다. |
| | | 2. 숙채 조리하기 | 1. 양념장 재료를 비율대로 혼합, 조절할 수 있다.<br>2. 조리법에 따라서 삶거나 데칠 수 있다.<br>3. 양념이 잘 배합되도록 무치거나 볶을 수 있다. |
| | | 3. 숙채 담기 | 1. 조리종류와 색, 형태, 인원수, 분량 등을 고려하여 그릇을 선택할 수 있다.<br>2. 숙채의 색, 형태, 재료, 분량을 고려하여 그릇에 담아낼 수 있다.<br>3. 조리종류에 따라 고명을 올리거나 양념장을 곁들일 수 있다. |

## ◆ 한식조리기능사 실기 공통 유의사항

❶ 만드는 순서에 유의하며, 위생과 숙련된 기능평가를 위하여 조리작업 시 맛을 보지 않는다.

❷ 지정된 수험자지참준비물 이외의 조리기구나 재료를 시험장내에 지참할 수 없다.

❸ 지급재료는 시험 전 확인하여 이상이 있을 경우 시험위원으로부터 조치를 받고 시험 중에는 재료의 교환 및 추가지급은 하지 않는다.

❹ 요구사항 및 지급재료의 규격은 "정도"의 의미를 포함하며, 재료의 크기에 따라 가감하여 채점된다.

❺ 위생복, 위생모, 앞치마를 착용하여야 하며, 시험장비·조리기구 취급 등 안전에 유의한다.

❻ 다음 사항에 대해서는 채점 대상에서 제외하니 특히 유의한다.
- **기권**
  - 수험자 본인이 시험 도중 시험에 대한 포기 의사를 표현하는 경우
- **실격**
  - 가스레인지 화구 2개 이상(2개 포함) 사용한 경우
  - 불을 사용하여 만든 조리작품이 작품특성에 벗어나는 정도로 타거나 익지 않은 경우
  - 위생복, 위생모, 앞치마를 착용하지 않은 경우
  - 지정된 수험자지참준비물 이외의 조리기구를 사용한 경우
  - 시험 중 시설·장비(칼, 가스레인지 등) 사용 시 시험위원 및 타수험자의 시험 진행에 위해를 일으킬 것으로 시험위원 전원이 합의하여 판단한 경우
- **미완성**
  - 시험시간 내에 과제 두 가지를 제출하지 못한 경우
  - 문제의 요구사항대로 과제의 수량이 만들어지지 않은 경우
- **오작**
  - 구이를 조림 등으로 조리하여 완성품을 요구사항과 다르게 만든 경우
  - 해당과제의 지급재료 이외의 재료를 사용하거나 석쇠 등 요구사항의 조리기구를 사용하지 않은 경우
- 요구사항에 표시된 실격, 미완성, 오작에 해당하는 경우

❼ 항목별 배점은 위생상태 및 안전관리 5점, 조리기술 30점, 작품의 평가 15점이다.

❽ 시험시작 전 가벼운 몸 풀기(스트레칭) 동작으로 긴장을 풀고 시험을 시작한다.

※ 한식조리기능사 관련 최신 정보는 Q-net(www.q-net.or.kr)에서 확인할 수 있다.

※ NCS 한식조리 관련 최신 정보는 국가직무능력표준(www.ncs.go.kr)에서 확인할 수 있다.

# 제1장 한식 기초조리실무

## 한식 기초조리실무 NCS 분류번호 1301010120_16v3

한식 기초조리실무는 한식조리를 수행함에 있어 칼 다루기, 기본 고명 만들기, 한식 기초 조리법 등 기본적인 지식을 이해하고 기능을 익혀 조리업무에 활용할 수 있는 능력이다.

| 능력단위요소 | 수행준거 |
| --- | --- |
| 1301010120_16v3.1<br>기본 칼 기술 습득하기 | 1.1 칼의 종류와 사용용도를 이해할 수 있다.<br>1.2 기본 썰기방법을 습득할 수 있다.<br>1.3 조리목적에 맞게 식재료를 썰 수 있다.<br>1.4 칼을 연마하고 관리할 수 있다. |
| 1301010120_16v3.2<br>기본 기능 습득하기 | 2.1 한식 기본양념에 대한 지식을 이해하고 습득할 수 있다.<br>2.2 한식 고명에 대한 지식을 이해하고 습득할 수 있다.<br>2.3 한식 기본 육수조리에 대한 지식을 이해하고 습득할 수 있다.<br>2.4 한식 기본 식재료와 전처리 방법, 활용방법에 대한 지식을 이해하고 습득할 수 있다. |
| 1301010120_16v3.3<br>기본 조리법 습득하기 | 3.1 한식의 종류와 상차림에 대한 지식을 이해하고 습득할 수 있다.<br>3.2 조리도구의 종류 및 용도를 이해하고 적절하게 사용할 수 있다.<br>3.3 식재료의 정확한 계량방법을 습득할 수 있다.<br>3.4 한식 기본 조리법과 조리원리에 대한 지식을 이해하고 습득할 수 있다. |

## <한식 기초조리실무 고려사항>

- 한식 기초조리실무 능력단위는 다음 범위가 포함된다.
  - 기초 기능 연마하기
  - 채 썰기 : 무나 당근 0.2cm 두께, 6cm 길이로 채 썰기
  - 돌려깎기 : 오이나 호박을 5cm 길이로 썰어 0.2cm 두께로 껍질 돌려깎기
  - 황백지단을 조리하여 각각 골패형, 마름모형, 지단채로 썰기
  - 석이버섯 불려 손질하여 0.2cm 넓이로 채 썰어 볶기
  - 표고버섯 불려 손질하여 포 떠서 0.3cm 넓이로 채 썰어 볶기
  - 소고기 0.3cm로 채 썰어 볶기
- 조리도구의 사용 전 후 세척하여 관리하는 능력
- 칼을 용도별로 다룰 수 있는 능력
- 계량을 정확히 할 수 있는 능력
- 고명을 준비하고 사용할 수 있는 능력
- 육수 조리에 사용되는 재료와 조리방법
- 양념을 준비하고 사용할 수 있는 능력
- 조리도구를 정리하고 보관 할 수 있는 능력
- 한식조리방법의 종류에 대한 지식
- 한국음식의 분류와 상차림의 종류에 대한 지식
- 한식식재료의 종류와 특성에 대한 지식
- 조리과정중 일어나는 물리화학적 변화에 대한 조리과학적 지식
- 조리환경에 맞춰 조리조건을 달리하여 표준레시피를 조절하는 능력
- 조리도구의 사용 전 후 세척하여 관리하는 능력

⏱ 25분

# 재료썰기

**❝** 한식조리에서 식품 재료, 기본 썰기와 고명 준비는 매우 중요하며 조리의 완성도를 향상시킨다. **❞**

**요구사항**

**1** 무, 오이, 당근, 달걀지단을 썰기 하여 전량 제출 하시오(단, 재료별 써는 방법이 틀렸을 경우 실격 처리).

**2** 무는 채 썰기, 오이는 돌려깎기하여 채 썰기, 당근은 골패썰기를 하시오.

**3** 달걀은 흰자와 노른자를 분리하여 알끈과 거품을 제거하고 지단을 부쳐 완자(마름모꼴)모양으로 각 10개를 썰고, 나머지는 채 썰기를 하시오.

**4** 재료 썰기의 크기는 다음과 같이 하시오.

① 채 썰기 : 0.2cm×0.2cm×5cm

② 골패썰기 : 0.2cm×1.5cm×5cm

③ 마름모형 썰기 : 한 면의 길이가 1.5cm

**유의사항**

**1** 규격이 일정하게 썰어야 한다.

**2** 지단은 기포 없이 완성되어야 한다.

 **재료**

### 01 주재료

| | |
|---|---|
| 무 | 100g |
| 오이(길이 25cm) | 1/2개 |
| 당근(길이 6cm) | 1토막 |
| 달걀 | 3개 |
| 식용유 | 20mL |
| 소금 | 10g |

 **만드는 방법**

### 1 재료 준비하기

- 무 : 깨끗이 씻어 껍질을 제거한다.
- 오이 : 겉을 소금으로 문질러 깨끗이 씻어 준비한다.
- 당근 : 흙이 없도록 씻어 껍질을 제거한다.
- 달걀 : 흰자와 노른자로 구분하여 소금간 한다.

### 2 만드는 법

- 무채 : 0.2cm×0.2cm×5cm가 되게 채를 썬다.
- 오이 : 5cm 길이로 잘라 돌려깎기한 후, 0.2cm×0.2cm× 5cm 규격에 맞게 채 썬다.
- 당근 : 0.2cm×1.5cm×5cm 정도로 썰어 골패 모양이 되게 한다.〈직사각형〉
- 달걀 : 팬에 황백 달걀을 넣고 지단을 부쳐 마름모꼴(완자형) 로 각 10개를 썰고, 나머지는 채를 썬다.

 **TiP!**

- 달걀 흰자는 알끈을 제거하고 체에 내려 거품이 없도록 하여야 완성도가 높다.
- 규격은 요구사항을 참조하여 완성한다.

# 제2장 밥·죽 조리

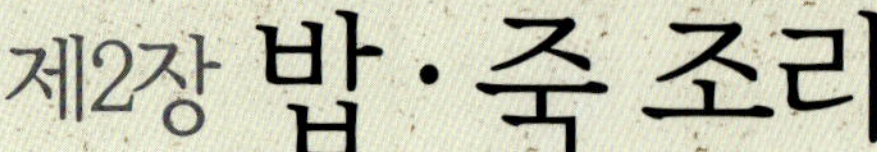

## 밥 조리 NCS 분류번호 1301010121_16v3

한식 밥 조리는 쌀을 주재료로 하거나 혹은 다른 곡류나 견과류, 육류, 채소류, 어패류 등을 섞어 물을 붓고 불의 강약을 조절하여 호화되게 조리하는 능력이다.

| 능력단위요소 | 수행준거 |
|---|---|
| 1301010121_16v3.1<br>밥 재료 준비하기 | 1.1 쌀과 잡곡의 비율을 필요량에 맞게 계량할 수 있다.<br>1.2 쌀과 잡곡을 씻고 용도에 맞게 불리기를 할 수 있다.<br>1.3 부재료는 조리법에 맞게 손질할 수 있다.<br>1.4 돌솥, 압력솥 등 사용할 도구를 선택하고 준비할 수 있다. |
| 1301010121_16v3.2<br>밥 조리하기 | 2.1 밥의 종류와 형태에 따라 조리시간과 방법을 조절할 수 있다.<br>2.2 조리 도구, 조리법과 쌀, 잡곡의 재료특성에 따라 물의 양을 가감할 수 있다.<br>2.3 조리도구와 조리법에 맞도록 화력조절, 가열시간 조절, 뜸들이기를 할 수 있다. |
| 1301010121_16v3.3<br>밥 담기 | 3.1 조리종류와 색, 형태, 인원수, 분량 등을 고려하여 그릇을 선택할 수 있다.<br>3.2 밥을 따뜻하게 담아 낼 수 있다.<br>3.3 조리종류에 따라 나물 등 부재료와 고명을 얹거나 양념장을 곁들일 수 있다. |

## <밥 조리작업 상황에서 고려사항>

- 한식 밥 조리 능력단위는 다음 범위가 포함된다.
  - 밥 류 : 흰밥, 현미밥, 잡곡밥, 오곡밥, 영양밥, 굴밥, 콩나물밥, 비빔밥, 무밥, 김치밥, 곤드레밥 등
- 밥 조리 하기 : 콩나물밥, 곤드레밥 등은 부재료를 첨가하여 밥을 짓고, 비빔밥은 부재료를 조리법대로 무치거나 볶아서 밥 위에 색을 맞춰 담는다.
- 밥의 종류에 따라 간장 혹은 고추장 양념장을 곁들인다.
- 호화란 전분에 물을 넣고 가열하면 팽윤하고 점성도가 증가하여 전체가 반투명인 거의 균일한 콜로이드 물질이 되는 현상(예. 쌀에 물을 붓고 가열하여 밥과 죽이 되는 현상)을 말한다.
- 전처리란 마른 재료의 경우 불리거나 데치거나 삶아서 다듬는 것을 말하고, 해산물일 경우 소금물에 담가 해감 시키고, 육류일 경우 지방과 힘줄을 제거하고 키친타올이나 면보에 싸서 핏물을 제거하는 것을 말하며, 채소일 경우 다듬고 씻어 써는 것을 말한다.
- 밥 짓는 과정 : 쌀을 씻어 상온(20℃ 정도)에서 최소 30분 정도 담가두었다가 밥을 지으면 물과 열이 골고루 전달되어 전분 호화가 빨리 일어나 맛있는 밥이 된다.
- 밥 뒤적이기 : 다 지어진 밥을 그대로 방치하면 솥이 식어 물방울이 생기고 밥의 중량으로 밥알이 눌려지므로 뜸 들이기 완료 즉시 주걱으로 위아래를 가볍게 뒤섞어 준다.

# 죽 조리 NCS 분류번호 1301010122_16v3

한식 죽 조리는 곡류 단독으로 또는 곡류와 견과류, 채소류, 육류, 어패류 등을 함께 섞어 물을 붓고 불의 강약을 조절하여 호화되게 조리하는 능력이다.

| 능력단위요소 | 수행준거 |
| --- | --- |
| 1301010122_16v3.1<br>죽 재료 준비하기 | 1.1 사용할 도구를 선택하고 준비할 수 있다.<br>1.2 쌀 등 곡류와 부재료를 필요량에 맞게 계량할 수 있다.<br>1.3 곡류를 용도에 맞게 불리기를 할 수 있다.<br>1.4 조리법에 따라서 쌀 등 재료를 갈거나 분쇄할 수 있다.<br>1.5 부재료는 조리법에 맞게 손질할 수 있다. |
| 1301010122_16v3.2<br>죽 조리하기 | 2.1 죽의 종류와 형태에 따라 조리시간과 방법을 조절할 수 있다.<br>2.2 조리 도구, 조리법, 쌀과 잡곡의 재료특성에 따라 물의 양을 가감할 수 있다.<br>2.3 조리도구와 조리법, 재료특성에 따라 화력과 가열시간을 조절할 수 있다. |
| 1301010122_16v3.3<br>죽 담기 | 3.1 조리종류와 색, 형태, 인원수, 분량 등을 고려하여 그릇을 선택할 수 있다.<br>3.2 죽을 따뜻하게 담아 낼 수 있다.<br>3.3 조리종류에 따라 고명을 올릴 수 있다. |

## <죽 조리작업 상황에서 고려사항>

- 한식 죽 조리 능력단위는 다음 범위가 포함된다.
  - 죽 류 : 장국죽, 호박죽, 닭죽, 전복죽, 녹두죽, 팥죽, 콩죽, 아욱죽, 방풍죽, 잣죽, 채소죽, 깨죽, 흑임자죽 등
- 죽 조리 하기 : 부재료를 볶거나 첨가하여 죽을 끓일 수 있다.
- 호화란 전분에 물을 넣고 가열하면 팽윤하고 점성도가 증가하여 전체가 반투명인 거의 균일한 콜로이드 물질이 되는 현상(예. 쌀에 물을 붓고 가열하여 밥과 죽이 되는 현상)
- 전처리란 마른 재료의 경우 불리거나 데치거나 삶아서 다듬는 것을 말하고, 해산물일 경우 소금물에 담가 해감 시키고, 육류일 경우 지방과 힘줄을 제거하고 키친타올이나 면보에 핏물을 제거하는 것을 말하며, 채소일 경우 다듬고 씻어서 써는 것을 말한다.

50분

# 비빔밥

> 밥 위에 여러 가지 채소류, 나물류, 고기를 볶아 올려 한데 어울려 먹는 음식이다. 궁중에서는 비빔 또는 골동반이라 하여 섣달그믐날에 만들기도 하였다.

**요구사항**

1 채소, 소고기, 황·백지단의 크기는 0.3cm×0.3cm×5cm로 써시오.
2 호박은 돌려깎기하여 0.3cm×0.3cm×5cm로 써시오.
3 청포묵의 크기는 0.5cm×0.5cm×5cm로 써시오.
4 소고기는 고추장 볶음과 고명에 사용하시오.
5 담은 밥 위에 준비된 재료들을 색 맞추어 돌려 담으시오.
6 볶은 고추장은 완성된 밥 위에 얹어 내시오.

**유의사항**

1 밥은 질지 않게 짓는다.

##  재료

### 01 주재료

| | |
|---|---|
| 쌀(30분 정도 물에 불린 쌀) ·· | 150g |
| 애호박(중, 길이 6cm) ·· | 60g |
| 도라지(찢은 것)) ········· | 20g |
| 고사리(불린 것) ········· | 30g |
| 청포묵(중, 길이 6cm) ··· | 40g |
| 소고기(살코기) ········· | 30g |
| 건다시마(5cm×5cm) ···· | 1장 |
| 달걀 ················· | 1개 |
| 고추장 ··············· | 40g |
| 식용유 ··············· | 30mL |
| 대파(흰 부분, 4cm) ···· | 1토막 |
| 마늘(중, 깐 것) ········· | 2쪽 |
| 진간장 ··············· | 15mL |
| 흰설탕 ··············· | 15g |
| 깨소금 ··············· | 5g |
| 검은 후춧가루 ········· | 1g |
| 참기름 ··············· | 5mL |
| 소금(정제염) ·········· | 10g |

### 02 약고추장

| | |
|---|---|
| 고추장 ··············· | 1큰술 |
| 설탕 ················· | 2/3큰술 |
| 다져 양념한 고기 ········· | 10g |
| 물·참기름 ············· | 약간 |

### 03 양념장(소고기, 고사리)

| | |
|---|---|
| 진간장 ··············· | 1큰술 |
| 흰설탕 ··············· | 1작은술 |
| 다진 대파·마늘 ········· | 1작은술 |
| 후추·깨소금·참기름 ····· | 약간 |

## 🥄 만드는 방법

**1 재료 준비하기** | 재료는 깨끗이 씻어서 준비한다.

**2 밥하기** | 불린 쌀은 물기를 뺀 후 쌀과 물의 비율을 1 : 1.2 정도로 하여 냄비에 안친다(10분 후 끓음). 중불로 4~5분 유지한 후 약불로 4~5분 동안 뜸을 들인다. 5~10분 후 그릇에 담는다.

**3 대파, 마늘 손질** | 대파와 마늘은 곱게 다져서 1/2은 양념장을 만들고 1/2은 도라지, 호박 볶는 용으로 사용한다.

**4 애호박 썰기** | 돌려깎기하여 0.3cm×0.3cm×5cm로 채 썰어 소금을 살짝 뿌려 절인 후 물기를 짜 둔다.

**5 도라지 썰기** | 껍질을 돌려 깐 뒤 애호박과 같은 크기로 썰어 소금을 뿌려 물을 약간 넣고 주물러 씻어 쓴맛을 뺀다.

**6 소고기 채 썰기와 다지기** | 소고기의 2/3는 채 썰고, 1/3은 다져서 양념하여 약고추장에 사용한다.

**7 재료 썰기** | 청포묵은 0.5cm×0.5cm×5cm로 채 썰어 끓는 물에 살짝 데치고 찬물을 끼얹어 물기를 뺀 후 소금, 참기름으로 무쳐 둔다. 고사리는 딱딱한 줄기는 잘라내고 5cm 길이로 잘라 양념해둔다.

**9 소고기, 고사리 양념** | 소고기와 고사리는 양념장으로 밑간한다.

**10 지단 부쳐 썰기** | 달걀은 황·백으로 나누어 지단을 부쳐 0.3cm×0.3cm×5cm 길이로 채 썬다.

**11 도라지, 애호박, 소고기, 고사리 볶기** | 팬에 식용유를 두르고 도라지, 애호박, 소고기, 고사리를 볶는다. 고사리는 물을 2큰술 정도 넣어 부드럽게 볶고, 건다시마는 식용유에 튀겨서 잘게 부순다.

**12 약고추장 만들기** | 팬에 양념한 다진 소고기를 볶다가 고추장 1큰술, 설탕 1/2큰술, 참기름 1/2큰술, 물 1큰술을 넣어 부드럽게 볶아준다.

**13 담아 완성하기** | 밥 위에 준비한 재료를 색 맞추어 돌려 담은 뒤 약고추장, 튀긴 다시마를 얹어 낸다.

### TiP!

• 약고추장은 중불에서 끓이면서 고추장에 물을 넣지 않아도 된다(농도가 너무 묽으면 밥 위에 약고추장이 흘러내리기 때문이다).

# 콩나물밥

> 콩나물, 소고기를 넣어 지은 별미밥으로 밥물은 보통의 쌀밥보다 적게 넣어 짓고 바로 먹어야 맛있다.

**요구사항**

1 콩나물은 꼬리를 다듬고 소고기는 채 썰어 간장양념을 하시오.
2 밥을 지어 전량 제출하시오.

**유의사항**

1 콩나물 손질시 폐기량이 많지 않도록 한다.
2 소고기 굵기와 크기에 유의한다.
3 밥물 및 불조절과 완성된 밥의 상태에 유의한다.

## 재료

**01 주재료**

쌀(30분 정도 물에 불린 쌀) ·· 150g
콩나물 ·················· 60g
소고기(살코기) ············· 30g
대파(흰 부분, 4cm) · 1/2토막
마늘(중, 깐 것) ············· 1쪽
참기름 ·················· 5mL
진간장 ·················· 5mL

**02 소고기 양념**

간장 ·················· 1/3작은술
다진 대파 ·············· 1작은술
다진 마늘 ············· 1/2작은술
참기름 ················ 1/2작은술

## 만드는 방법

**1 재료 준비하기** | 재료는 깨끗이 씻어서 준비한다.

**2 쌀 씻어서 불리기** | 쌀은 깨끗이 씻어 불린 뒤 물기를 빼서 준비한다.

**3 콩나물 손질** | 깨끗이 씻어 물기를 빼고 꼬리를 다듬는다.

**4 소고기 채 썰기** | 핏물을 빼고 $0.2cm \times 0.2cm \times 5cm$ 정도 길이로 채 썰어 놓는다.

**5 양념장 만들기** | 대파·마늘은 곱게 다지고, 진간장 1작은술, 대파 1작은술, 마늘 1/2작은술, 참기름 1/2작은술로 양념장을 만든다.

**6 소고기 양념** | 양념을 조금만 넣어 무친다.

**7 밥 앉히기** | 불린 쌀에 동량의 물을 넣어 냄비에 안치고 콩나물을 골고루 펼쳐 넣은 뒤 양념한 소고기를 콩나물 위에 올린다.

**8 밥하기** | 불을 켜고 약한 불에서 약 10분 후에 끓게 하여 살살 끓는 상태를 4분 유지시킨다. 아주 작은 불로 5분 유지하여 뜸을 들인 후 불을 끄고 5~10분 둔다.

**9 담아 완성하기** | 뜸이 다 들면 밥, 콩나물, 소고기가 골고루 섞이도록 주걱으로 섞어 그릇에 담는다. 젓가락으로 보슬보슬하게 담아 마무리 한다.

**TiP!**

• 불린 쌀 3/4컵에 물 1컵을 부어 밥을 짓는다.

• 밥을 짓는 도중에 뚜껑을 자주 열면 콩나물 비린내가 남으므로 뜸을 충분히 들인다.

• 고기 양념을 최대한 적게 해야 밥의 색이 검어지지 않는다.

**30분**

# 장국죽

> 싸라기 정도로 쌀을 부수고 소고기를 다져 양념한 후 표고버섯을 함께 볶아 끓인 죽으로, 표고버섯을 함께 볶아 끓인 죽으로 어린이 이유식이나 회복기 환자식으로 많이 쓰이며 노인식으로도 좋다.

## 요구사항

1 불린 쌀을 반 정도로 싸라기를 만들어 죽을 쑤시오.
2 소고기는 다지고 불린 표고는 3cm의 길이로 채 써시오.

## 유의사항

1 쌀과 국물이 잘 어우러지도록 쑨다.
2 간을 맞추는 시기에 유의한다.

 **재료**

## 01 주재료

| | |
|---|---|
| 쌀(30분 정도 물에 불린 쌀) ·· | 100g |
| 소고기(살코기) | 20g |
| 건표고버섯(지름 5cm, 물에 불린 것) | 1개 |
| 대파(흰 부분, 4cm) | 1토막 |
| 마늘(중, 깐 것) | 1쪽 |
| 진간장 | 10mL |
| 국간장 | 10mL |
| 깨소금 | 5g |
| 검은 후춧가루 | 1g |
| 참기름 | 10mL |

## 02 양념(소고기, 표고버섯)

| | |
|---|---|
| 진간장 | 1작은술 |
| 다진 대파 | 1/3작은술 |
| 다진 마늘 | 1/4작은술 |
| 후추 | 약간 |
| 깨소금 | 약간 |
| 참기름 | 약간 |

 **만드는 방법**

**1** **재료 준비하기** │ 재료는 깨끗이 씻어서 준비하고 건표고버섯은 뜨거운 물에 불려놓는다.

**2** **쌀 씻어서 불리기** │ 쌀은 깨끗이 씻어 불려놓는다 .

**3** **양념장 만들기** │ 대파·마늘은 곱게 다지고, 대파 1작은술, 마늘 1/2작은술, 진간장 1큰술, 깨소금 1작은술, 참기름 1작은술, 검은 후춧가루 1/5작은술로 양념장을 만든다.

**4** **소고기 다지기** │ 소고기는 다져둔다.

**5** **표고버섯 썰기** │ 불린 표고버섯은 기둥을 떼고 3cm×0.3cm×5cm 길이로 채 썰어 양념한다.

**6** **양념하기** │ 소고기와 표고버섯을 양념한다.

**7** **쌀 빻기** │ 쌀 크기가 1/2 정도로 부서지게 빻는다.

**8** **볶기** │ 냄비에 참기름을 두르고 소고기, 표고버섯 순으로 넣고 볶다가 쌀을 넣어 볶는다.

**9** **끓이기** │ 쌀 분량 6배의 물을 붓고 처음에는 강한 불에서 끓이다가 불을 낮추어 쌀이 퍼질 때까지 눌어붙지 않도록 가끔씩 나무주걱으로 저으면서 끓인다.

**10** **담아 완성하기** │ 죽이 잘 퍼지면 국간장으로 색과 간을 맞춘 후 그릇에 담아 표고버섯으로 장식하여 마무리한다.

## TiP!

- 불린 쌀은 물기를 제거하고 정확하게 계량하여 물 비율을 맞춘다.
- 죽은 그릇에 담기 직전에 농도를 맞춰 되직하지 않게 한다.
- 간은 제출 직전에 맞춘다.
- 쌀은 너무 많이 빻으면 풀이되고 적게 빻으면 조리 시간이 길어진다.

# 제3장 면류 조리

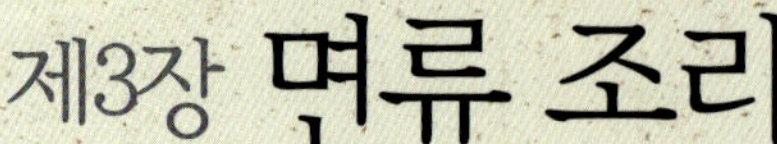

## NCS 분류번호 1301010103_16v3

한식 면류 조리란 밀가루나 쌀가루, 메밀가루, 전분 가루를 사용하여
국수, 만두, 냉면 등을 조리하는 능력이다.

| 능력단위요소 | 수행준거 |
|---|---|
| 1301010103_16v3.1<br>면류 재료 준비하기 | 1.1 면 조리(국수, 만두, 냉면)종류에 따라 재료를 준비할 수 있다.<br>1.2 조리에 사용하는 재료를 필요량에 맞게 계량할 수 있다.<br>1.3 부재료는 조리방법에 맞게 전 처리할 수 있다.<br>1.4 찬물에 육수 재료를 넣고 면 조리의 종류에 맞게 화력과 시간을 조절하여 육수를 만들 수 있다.<br>1.5 가루를 분량대로 섞어 반죽할 수 있다.<br>1.6 사용 시점, 조리법에 따라 숙성, 보관할 수 있다.<br>1.7 손이나 기계를 사용하여 용도에 맞게 면이나 만두피를 만들 수 있다. |
| 1301010103_16v3.2<br>면류 조리하기 | 2.1 면 종류에 따라 삶거나 끓일 수 있다.<br>2.2 만두는 만두피에 소를 넣어 조리법에 따라 빚을 수 있다.<br>2.3 부재료를 조리법에 따라 조리할 수 있다.<br>2.4 면 종류에 따라 양념장을 만들어 비비거나 용도에 맞게 활용할 수 있다.<br>2.5 면의 종류에 따라 어울리는 고명을 만들 수 있다. |
| 1301010103_16v3.3<br>면류 담기 | 3.1 조리종류와 색, 형태, 인원수, 분량 등을 고려하여 그릇을 선택할 수 있다.<br>3.2 요리 종류에 따라 냉·온으로 제공할 수 있다.<br>3.3 필요한 경우 양념장과 고명을 얹거나 따로 제공할 수 있다. |

## <면류 조리작업 상황에서 고려사항>

- 면 조리 능력단위는 다음 범위가 포함된다.
  - 국수류 : 비빔국수, 국수장국, 칼국수, 수제비, 막국수
  - 만두류 : 만둣국, 떡만둣국, 편수, 규아상
  - 냉면류 : 비빔냉면, 물냉면
  - 기타 : 떡국, 조랭이 떡국
- 육수란 소고기, 닭고기, 멸치, 새우, 다시마, 바지락, 채소 등에 물을 붓고 끓여낸 맑은 국물이다.
- 면류 조리의 전 처리란 맑은 육수를 만들기 위해 사전에 육류를 물에 담가 핏물을 제거하는 과정과 채소류 등을 다듬고 깨끗하게 씻는 과정을 말한다.
- 냉면류와 비빔국수, 막국수 등은 차가운 온도로 제공하며 만둣국, 국수장국, 칼국수 등은 뜨거운 온도로 제공한다.
- 면을 삶을 때는 가열 중간에 1~2회 정도 찬물을 부어주고, 면이 익으면 재빨리 찬물로 냉각하여 호화를 억제시켜 매끄럽고 탄력 있게 조리한다.
- 면 조리시간: 소면 4분, 칼국수 5~6분, 냉면 40초, 면의 굵기와 생면·건면 상태, 첨가물에 따라 조절할 수 있다.
- 필요에 따라 소면, 냉면, 메밀 면, 떡국용 떡, 조랭이 떡 등은 시판용을 사용할 수 있다.
- 만두류는 조리방법에 따라 찜통에 쪄내어 제공할 수도 있다.
- 만두소는 소고기, 돼지고기, 닭고기 등을 다진 육류와 으깬 두부나 다진 버섯·채소, 양념류를 혼합한다.

30분

# 비빔국수

삶은 국수를 간장양념장으로 비벼 먹는 국수로,
국수에 넣는 채소류는 제철 식재료를 이용하는 것이 좋으며
주로 오이, 호박, 미나리 등의 푸른색 채소와 표고버섯,
느타리버섯, 목이버섯, 석이버섯 등을 사용한다.

## 요구사항

1 소고기, 표고버섯, 오이는 0.3cm×0.3cm×
5cm로 썰어 양념하여 볶으시오.
2 삶은 국수는 유장처리하고, 황·백지단은 0.2cm
×0.2cm×5cm로 써시오.
3 채 썬 석이버섯, 황·백지단, 실고추를 고명으로
사용하시오.

## 유의사항

1 국수는 붇지 않도록 삶는다.
2 국수는 비빌 때 간장으로 간을 맞춘다.
3 고명을 색을 맞추어 조화 있게 얹는다.

## 📋 재료

**01 주재료**

| | |
|---|---|
| 소면 | 70g |
| 소고기 | 30g |
| 건표고버섯<br>(지름 5cm 정도) | 1장 |
| 석이버섯 | 5g |
| 오이(20cm) | 1/4개 |
| 달걀 | 1개 |
| 실고추 | 1g |
| 진간장 | 15mL |
| 대파(4cm) | 1토막 |
| 마늘 | 2쪽 |
| 깨소금 | 5g |
| 소금 | 10g |
| 참기름 | 10mL |
| 검은 후춧가루 | 1g |
| 흰설탕 | 5g |
| 식용유 | 20mL |

**02 삶은 국수양념**

| | |
|---|---|
| 진간장 | 1작은술 |
| 흰설탕 | 1/2작은술 |
| 참기름 | 1/2작은술 |

**03 양념(소고기, 표고버섯)**

| | |
|---|---|
| 진간장 | 1작은술 |
| 흰설탕 | 1/2작은술 |
| 다진 파 | 약간 |
| 다진 마늘 | 약간 |
| 검은 후춧가루 | 약간 |
| 깨소금 | 약간 |
| 참기름 | 약간 |

## 🥄 만드는 방법

**1 재료 준비하기** | 재료는 깨끗이 씻어서 준비하고 국수와 실고추는 따로 담아놓고, 오이는 소금으로 씻어둔다.

**2 표고버섯, 석이버섯 불리기** | 따뜻한 물에 표고버섯, 석이버섯을 불린다.

**3 오이 채 썰기** | 오이는 5cm로 잘라 돌려깎기하여 두께와 폭을 0.3cm×0.3cm로 채 썰어 소금에 절였다가 물기를 짠다.

**4 소고기 썰기** | 핏물을 제거한 후 0.3cm×0.3cm×5cm로 채 썰어 놓는다.

**5 표고버섯 썰기** | 표고버섯이 두꺼우면 납작하게 포를 떠서 0.3cm×0.3cm×5cm로 채 썬다.

**6 양념장 만들기** | 파·마늘은 곱게 다지고 진간장 1작은술, 흰설탕 1/2작은술, 다진 파·마늘, 후추·깨소금·참기름 약간 넣어 양념장을 만든다.

**7 소고기, 표고버섯 양념하기** | 채 썰어 둔 소고기와 표고버섯에 6번의 양념장으로 양념한다.

**8 지단 부치기** | 달걀은 황·백으로 나누어 지단을 부쳐 0.2cm×0.2cm×5cm로 채 썬다.

**9 볶기** | 팬에 식용유를 두르고 오이, 소고기, 표고버섯, 석이버섯 순으로 볶는다.

**10 국수 삶기** | 진국수는 끓는 물에 3~4분 정도 삶고 찬물을 2~3회 바꿔가며 헹구어 물기를 빼놓는다.

**11 유장 만들어 무치기** | 간장 1작은술, 설탕 1/2작은술, 참기름 1/2작은술 정도를 넣고 국수를 무쳐준 다음 소고기, 표고버섯, 오이를 넣고 살살 비벼 무친다.

**12 담아 완성하기** | 그릇에 담고 황·백지단, 실고추, 석이버섯을 고명으로 올려 담는다.

## TiP!

- 국수를 삶을 때 물이 끓어오르면 찬물을 3~4회 넣는다. 그렇게 하면 물이 넘치지 않고 국수가 빨리 삶아진다.
- 국수가 붇지 않게 하려면 모든 재료가 완성된 뒤에 삶아야 한다.

**30분**

# 칼국수

밀가루 반죽을 밀어서 썬 국수를 온면처럼 따로 삶아 내지 않고 육수나 장국에 국수를 바로 넣어서 끓이기 때문에 제물국수라고도 한다.

### 요구사항

1 국수의 굵기는 두께가 0.2cm, 폭은 0.3cm가 되도록 하시오.
2 멸치는 육수용으로 사용하시오.
3 애호박은 돌려깎아 채 썰고, 표고버섯은 채 썰어 볶아 실고추와 함께 고명으로 사용하시오.
4 국수와 국물의 비율은 1:2 정도가 되도록 하시오.

### 유의사항

1 주어진 밀가루는 밀가루 반죽과 덧가루용으로 적절히 사용하고, 반죽 정도에 유의한다.
2 국수의 굵기와 두께가 일정하도록 한다.
3 멸치 육수를 내어 맑게 처리하고, 고명의 색에 유의한다.

## 🕐 재료

### 01 주재료

| | |
|---|---|
| 밀가루(1컵) | 100g |
| 애호박(6cm) | 60g |
| 건표고버섯 | 1개 |
| 멸치 | 20g |
| 실고추 | 1g |
| 마늘 | 1쪽 |
| 대파(4cm) | 1토막 |
| 소금 | 5g |
| 진간장 | 5mL |
| 참기름 | 5mL |
| 흰설탕 | 5g |
| 식용유 | 10mL |

### 02 표고버섯 양념장

| | |
|---|---|
| 진간장 | 1/2작은술 |
| 흰설탕 | 1/4작은술 |
| 참기름 | 약간 |

## 🥄 만드는 방법

**1 재료 준비하기 |** 재료는 깨끗이 씻어서 준비하고 실고추는 분리하여 담아놓는다.

**2 표고버섯 불리기 |** 따뜻한 물에 표고버섯을 불린다.

**3 멸치 손질 |** 멸치는 내장과 머리를 제거하여 식용유를 두르지 않은 팬에 볶아둔다.

**4 대파 썰기 |** 대파는 어슷 썰고 자투리는 육수용으로 사용한다.

**5 육수 끓이기 |** 머리와 내장을 제거한 멸치는 물을 3컵 정도 붓고 끓이다가 거품을 걷어내고 파·마늘(1/2쪽)을 넣고 은근히 끓인다.

**6 애호박 썰기 |** 5cm로 잘라 돌려깎기하여 두께와 폭이 0.2cm×0.2cm로 채 썰어 소금에 절였다가 물기를 짠다.

**7 밀가루 반죽 |** 밀가루는 체쳐서 소금물을 넣고 되직하게 반죽하여 젖은 면보에 싸서 휴지시킨다(덧가루는 남긴다).

**8 육수 거르기 |** 면보에 걸러 멸치육수를 만들고 진간장으로 색을 맞춘다.

**9 표고버섯 썰기 |** 표고버섯이 두꺼우면 납작하게 포를 떠서 0.2cm×0.2cm×5cm로 채 썬다.

**10 표고버섯 양념하기 |** 간장 1/2작은술, 설탕 1/4작은술, 참기름 약간을 넣어 양념한다.

**11 볶기 |** 팬에 애호박, 표고버섯 순으로 볶는다.

**12 칼국수 썰기 |** 밀가루 반죽에 밀가루를 뿌리고 두께 0.1cm로 얇게 민다. 덧가루를 뿌리고 겹쳐 말아 0.3cm 폭으로 썬 다음 고루 헤친 후 덧가루를 털어낸다.

**13 칼국수 끓이기 |** 육수가 끓으면 칼국수면을 넣고 다시 끓어오르면 소금으로 간을 한다.

**14 담아 완성하기 |** 그릇에 담아 호박, 표고버섯을 올려놓고 실고추를 고명으로 올린다.

### TiP!

- 멸치는 머리와 내장을 제거한 후 끓이고, 너무 오래 끓이면 비린내가 나고 국물이 탁해진다.
- 반죽 두께는 요구사항보다 더 얇게 밀고 가늘게 자른다(익으면 더 두꺼워진다).
- 덧가루를 많이 사용하면 국물이 뿌옇고 탁해진다.
- 반죽이 질면 작업하기 어렵고 덧가루를 많이 쓰기 때문에 국물이 탁해진다.

45분

# 만둣국

66 밀가루나 메밀가루 반죽에 소를 넣어 빚은 만두를 장국에 넣어 끓인 겨울음식으로 북쪽 지방에서 즐겨 먹었다. 99

1 만두피는 지름 8cm 정도로 하고 소를 넣어 반으로 접어 붙이고 양쪽 끝을 서로 맞붙여 둥근 모양의 만두를 5개 만드시오.
2 마름모꼴의 황 · 백지단, 미나리 초대를 고명으로 하시오.

1 만두피는 일정한 크기로 얇게 밀도록 한다.
2 끓일 때 터지지 않도록 유의하고 만두속은 잘 익어야 한다.

## 재료

**01 주재료**

| | |
|---|---|
| 밀가루 | 60g |
| 소고기 | 60g |
| 두부 | 50g |
| 숙주 | 30g |
| 배추김치 | 40g |
| 달걀 | 1개 |
| 미나리 | 20g |
| 대파(4cm) | 1토막 |
| 마늘 | 2쪽 |
| 소금 | 5g |
| 검은 후춧가루 | 2g |
| 식용유 | 5mL |
| 깨소금 | 5g |
| 참기름 | 10mL |
| 국간장 | 5mL |
| 산적꼬지 | 1개 |

## 만드는 방법

**1 재료 준비하기** | 재료는 깨끗이 씻어서 준비하고 숙주는 깨끗이 씻고 미나리는 잎만 제거한다.

**2 육수 만들기** | 찬물이 담긴 냄비에 소고기 1/3, 대파 1/2토막, 마늘 1쪽을 넣고 15분 이상 끓여 육수를 만든다.

**3 밀가루 반죽하기** | 1/2컵 정도의 체친 밀가루에 물과 소금을 넣어 반죽하여 비닐이나 젖은 면보에 덮어둔다(덧가루는 남긴다).

**4 숙주 데치기 및 다지기** | 끓는 물에 소금을 약간 넣고 숙주를 데쳐 다진 후 물기를 꼭 짠다.

**5 소 만들기** | 김치는 속을 털어 내고 다져서 물기를 꼭 짠다. 두부는 물기를 짜서 칼등으로 으깨고 고기, 대파, 마늘은 다져 놓는다.

**6 소 양념하기** | 준비한 소와 다진 파 1큰술, 다진 마늘 1/2큰술, 후추 1/10작은술, 깨소금 1작은술, 참기름 1작은술, 소금 1/3작은술로 양념하여 소를 만든다.

**7 황·백지단 및 미나리 초대 만들기** | 팬에 식용류를 두르고 달걀은 황·백으로 나누어 지단을 부친다. 나머지 달걀물로 미나리 초대를 만든다.

**8 반죽 썰기** | 반죽은 다시 치대서 반죽하여 8g 정도(대추 크기)로 자른다.

**9 만두피 밀기** | 밀가루 반죽을 밀대로 얇고 둥글게 밀어 지름 8cm 정도로 만두피를 만든다.

**10 만두 만들기** | 소를 넣고 양끝을 당겨 붙여준다.

**11 육수 준비** | 육수가 완성되면 면보에 걸러서 간장으로 색을 내고 소금으로 간하여 끓인다.

**12 고명 준비하기** | 황·백지단, 미나리 초대는 식힌 후 완자(마름모꼴)모양으로 썰어 놓는다.

**13 끓이기** | 육수가 끓으면 만두를 넣고 끓이다가 만두가 떠오르면 2~3분 정도 더 끓여 만두피를 완전히 익힌다.

**14 담아 완성하기** | 그릇에 만두와 육수를 담고 황·백지단, 미나리 초대를 고명으로 올린다.

## TiP!

- 제일 먼저 냄비에 물을 끓여 숙주를 데치고, 밀가루 반죽을 해 놓는다.
- 밀가루 반죽은 먼저 반죽하여 휴지시켜 놓아야 끈기가 생겨 만두피가 잘 찢어지지 않는다.
- 반죽이 질지 않도록 하며 만두에 덧가루를 많이 묻히면 국물이 탁해진다.
- 소로 사용되는 재료들의 물기는 완전히 제거한다.

# 제4장 국·탕 조리

## NCS 분류번호 1301010104_16v3

한식 국·탕 조리란 육류나 어류 등에 물을 많이 붓고 오래 끓이거나
육수를 만들어 채소나 해산물, 육류 등을 넣어 조리하는 능력이다.

| 능력단위요소 | 수행준거 |
|---|---|
| 1301010104_16v3.1<br>국·탕 재료 준비하기 | 1.1 조리 종류에 맞추어 도구와 재료를 준비할 수 있다.<br>1.2 조리에 사용하는 재료를 필요량에 맞게 계량할 수 있다.<br>1.3 재료에 따라 요구되는 전 처리를 수행할 수 있다.<br>1.4 찬물에 육수재료를 넣고 끓이는 시간과 불의 강도를 조절할 수 있다.<br>1.5 끓이는 중 부유물을 제거하여 맑은 육수를 만들 수 있다.<br>1.6 육수의 종류에 따라 냉, 온 으로 보관할 수 있다. |
| 1301010104_16v3.2<br>국·탕 조리하기 | 2.1 물이나 육수에 재료를 넣어 끓일 수 있다.<br>2.2 부재료와 양념을 적절한 시기와 분량에 맞춰 첨가할 수 있다.<br>2.3 조리 종류에 따라 끓이는 시간과 화력을 조절할 수 있다.<br>2.4 국·탕의 품질을 판정하고 간을 맞출 수 있다. |
| 1301010104_16v3.4<br>국·탕 담기 | 3.1 조리종류와 색, 형태, 인원수, 분량 등을 고려하여 그릇을 선택할 수 있다.<br>3.2 국·탕은 조리종류에 따라 온·냉 온도로 제공할 수 있다.<br>3.3 국·탕은 국물과 건더기의 비율에 맞게 담아낼 수 있다.<br>3.4 국·탕의 종류에 따라 고명을 활용할 수 있다. |

## <국·탕 조리작업 상황에서 고려사항>

- 국·탕 조리 능력단위는 다음 범위가 포함된다.
  - 국류 : 무맑은국, 시금치토장국, 미역국, 북엇국, 콩나물국, 감자국, 아욱국, 쑥국, 오이냉국, 미역냉국, 가지냉국 등
  - 탕류 : 완자탕, 애탕, 조개탕, 홍합탕, 갈비탕, 육개장, 추어탕, 우거지탕, 감자탕, 설렁탕, 삼계탕, 머위깨탕, 비지탕 등
- 필요에 따라 양념장을 만들어 숙성하여 사용할 수 있다.
- 국·탕 조리의 전 처리란 육류는 물에 담가 핏물을 제거하고, 뼈는 핏물을 제거하고 끓는 물에 데쳐내는 과정과 채소류 등을 다듬고 깨끗하게 씻는 과정을 말한다.
- 육수란 육류 또는 가금류, 뼈, 건어물, 채소류, 향신채 등을 넣고 물에 충분히 끓여내어 국물로 사용하는 재료를 말한다.
- 국을 그릇에 담을 때는 건더기와 국물의 비율이 1 : 3이 되도록 담는다.

**30분**

# 완자탕

> 소고기와 두부를 곱게 다지고 완자를 빚어 육수에 끓여 내는 맑은 국으로 교자상, 주안상에 올린다. 궁중에서는 봉오리라고 하고, 민간에서는 모리라고 해서 봉오리탕 또는 모리탕이라고도 한다.

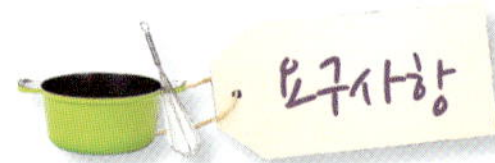 **요구사항**

1 완자는 지름 3cm로 6개를 만들고, 국 국물의 양은 200mL 이상 제출하시오.
2 달걀은 지단과 완자용으로 사용하시오.
3 고명으로 황·백지단(마름모꼴)을 각 2개씩 띄우시오.

**유의사항**

1 고기 부위의 사용 용도에 유의한다.
2 육수 국물을 맑게 처리하고 국물의 양에 유의한다.

## 재료

### 01 주재료

| | |
|---|---|
| 소고기(살코기) | 50g |
| 소고기(사태 부위) | 20g |
| 달걀 | 1개 |
| 밀가루(중력분) | 10g |
| 두부 | 15g |
| 소금(정제염) | 10g |
| 대파(흰 부분, 4cm) | 1/2토막 |
| 마늘(중, 깐 것) | 2쪽 |
| 깨소금 | 5g |
| 검은 후춧가루 | 2g |
| 참기름 | 5mL |
| 흰설탕 | 5g |
| 식용유 | 20mL |
| 국간장 | 5mL |
| 키친타올(종이, 주방용, 소 18×20cm) | 1장 |

### 02 완자양념

| | |
|---|---|
| 다진 마늘 | 약간 |
| 다진 파 | 약간 |
| 깨소금 | 약간 |
| 후추 | 약간 |
| 참기름 | 약간 |
| 흰설탕 | 약간 |
| 소금 | 약간 |

## 만드는 방법

**1 재료 준비하기** | 재료는 깨끗이 씻어서 준비한다.

**2 육수 끓이기** | 찬물에 사태와 대파 1/2토막, 마늘 1쪽을 넣고 끓인다.

**3 소고기 다지기** | 살코기는 곱게 다진다.

**4 두부 으깨기** | 물기를 짠 뒤 칼로 곱게 으깬다.

**5 소고기, 두부 양념하기** | 다진 소고기와 으깬 두부에 소금 1/2작은술, 후추 약간, 다진 파 1/2큰술, 다진 마늘 1/3큰술, 흰설탕 1작은술, 깨소금 1작은술, 참기름 1작은술로 양념한다.

**6 완자 만들기** | 반죽을 치대서 직경이 3cm인 완자를 6개 만든다.

**7 황·백지단 부치기** | 달걀을 노른자와 흰자로 분리하여 지단을 만들어 식힌 후 마름모꼴로 썬다.

**8 완자 밀가루 묻히기** | 밀가루가 남지 않을 정도로 조금만 넣고 살살 굴려준다.

**9 완자 달걀 묻히기** | 지단을 부치고 남은 달걀물을 조금만 넣고 골고루 묻힌다.

**10 완자 지지기** | 식용유를 닦은 팬에 완자를 넣어 굴려가며 지진다. 겉면이 살짝 익으면 팬의 이물질을 제거하고 식용유를 두르고 충분히 익혀준다.

**11 기름기 제거** | 키친타올로 닦아주거나 끓는 물에 살짝 데쳐 기름기를 제거한다.

**12 육수 준비** | 육수를 면보에 거른 후 국간장으로 색을 내고, 소금으로 간을 맞추고 끓으면 완자를 넣어 잠시 끓인다.

**13 담아 완성하기** | 그릇에 담고 황·백지단을 올린다.

## TiP!

- 완자는 각 재료의 물기를 제거하고 소고기를 곱게 다진 후 반죽을 꽉꽉 쥐어가며 치대면 결착력이 생긴다.
- 익힌 완자는 끓는 물에 한번 데쳐서 기름기를 제거해야 육수에 기름이 뜨지 않는다.
- 너무 강한 불에서 오래 끓이면 육수가 탁해지고 완자 모양이 흐트러진다.
- 밀가루와 달걀물은 여분이 없을 정도로 적게 묻혀야 익힌 후 껍질이 분리되지 않는다.

# 제5장 찌개 · 전골 조리

## 찌개 조리 NCS 분류번호 1301010123_16v3

한식 찌개조리란 육수나 국물에 장류나 젓갈로 간을 하고
육류, 채소류, 버섯류, 해산물류를 용도에 맞게 썰어 넣어 함께 끓여내는 조리 능력이다.

| 능력단위요소 | 수행준거 |
|---|---|
| 1301010123_16v3.1<br>찌개 재료 준비하기 | 1.1 조리종류에 따라 도구와 재료를 준비할 수 있다.<br>1.2 조리에 사용하는 재료를 필요량에 맞게 계량 할 수 있다.<br>1.3 재료에 따라 요구되는 전 처리를 수행 할 수 있다.<br>1.4 찬물에 육수 재료를 넣고 서서히 끓일 수 있다.<br>1.5 끓이는 중 부유물과 기름이 떠오르면 걷어내어 제거할 수 있다.<br>1.6 조리종류에 따라 끓이는 시간과 불의 강도를 조절 할 수 있다. |
| 1301010123_16v3.2<br>찌개 조리하기 | 2.1 채소류 중 단단한 재료는 데치거나 삶아서 사용할 수 있다.<br>2.2 조리법에 따라 재료는 양념하여 밑간할 수 있다.<br>2.3 육수에 재료와 양념을 첨가 시점을 조절하여 넣고 끓일 수 있다. |
| 1301010123_16v3.3<br>찌개 담기 | 3.1 조리종류와 색, 형태, 인원수, 분량 등을 고려하여 그릇을 선택할 수 있다.<br>3.2 조리 특성에 맞게 건더기와 국물의 양을 조절할 수 있다.<br>3.3 온도를 뜨겁게 유지하여 제공할 수 있다. |

## <찌개 조리작업 상황에서 고려사항>

- 찌개조리 능력단위는 다음 범위가 포함된다.
  - 찌개류 : 맑은 찌개류 – 두부젓국찌개, 명란젓국찌개, 호박젓국찌개
    - 탁한 찌개류 – 된장찌개. 생선찌개. 순두부찌개, 청국장찌개, 두부고추장찌개, 호박감정, 오이감정, 게감정 등
- 감정이란 고추장으로 조미하여 끓인 찌개의 한 종류이며 찌개와 비슷한 말로 궁중용어인 조치, 국물이 찌개보다 적은 지짐이가 있다.
- 찌개 조리의 전 처리란 맑은 육수를 만들기 위해 사전에 육류를 물에 담가 핏물을 제거하고, 뼈는 핏물을 제거하고 끓는 물에 데쳐내는 과정과 채소류를 깨끗하게 다듬고 씻는 것을 말한다.
- 육수는 소고기를 주로 사용하고 닭고기, 어패류, 버섯류, 채소류, 다시마 등을 사용하며 끓일 때 향신채 (파, 마늘, 생강, 통후추)와 함께 끓인다.
- 조개류로 육수를 만들 때는 소금물에 해감을 제거한 후 약불로 단시간에 끓여낸다.

- 멸치로 육수를 낼 때는 내장을 제거하고 15분 정도 끓인다.
- 찌개를 그릇에 담을 때는 건더기를 국물보다 많이 담는다.
- 찌개 종류에 따라 상 위에서 끓이도록 그릇에 담아 그대로 제공하거나 끓여서 제공한다.

## 전골 조리 NCS 분류번호 1301010124_16v3

한식 전골조리란 육류, 채소류, 버섯류, 해산물류를 용도에 맞게 썰어 양념한 뒤
건더기가 잠길 정도로 육수나 국물을 부어 함께 끓여내는 조리 능력이다.

| 능력단위요소 | 수행준거 |
| --- | --- |
| 1301010124_16v3.1<br>전골 재료 준비하기 | 1.1 조리 종류에 따라 도구와 재료를 준비할 수 있다.<br>1.2 조리에 사용하는 재료를 필요량에 맞게 계량 할 수 있다.<br>1.3 재료에 따라 요구되는 전 처리를 수행 할 수 있다.<br>1.4 찬물에 육수 재료를 넣고 부유물을 제거하며 육수를 끓일 수 있다.<br>1.5 사용시점에 맞춰 냉, 온으로 보관할 수 있다. |
| 1301010124_16v3.2<br>전골 조리하기 | 2.1 채소류 중 단단한 재료는 데치거나 삶아서 사용할 수 있다.<br>2.2 조리법에 따라 재료는 전을 부치거나 양념하여 밑간할 수 있다.<br>2.3 전 처리한 재료를 그릇에 가지런히 담을 수 있다.<br>2.4 전골 양념장과 육수는 필요량에 따라 조절할 수 있다. |
| 1301010124_16v3.3<br>전골 담기 | 3.1 조리종류와 색, 형태, 인원수, 분량 등을 고려하여 그릇을 선택할 수 있다.<br>3.2 조리 특성에 맞게 건더기와 국물의 양을 조절할 수 있다.<br>3.3 온도를 뜨겁게 유지하여 제공할 수 있다. |

## <전골 조리작업 상황에서 고려사항>

- 전골조리 능력단위는 다음 범위가 포함된다.
  - 전골류 : 두부전골, 소고기전골, 버섯전골, 도미면, 낙지전골, 신선로, 해물신선로 등
- 전골 조리의 전 처리란 맑은 육수를 만들기 위해 사전에 육류를 물에 담가 핏물을 제거하고, 뼈는 핏물을 제거하고 끓는 물에 데쳐내는 과정과 채소류를 깨끗하게 다듬고 씻는 것을 말한다.
- 육수는 소고기를 주로 사용하고 닭고기, 어패류, 버섯류, 채소류, 다시마 등을 사용하며 끓일 때 향신채 (파, 마늘, 생강, 통후추)와 함께 끓인다.
- 조개류로 육수를 만들 때는 소금물에 해감을 제거한 후 약불로 단시간에 끓여낸다.
- 멸치로 육수를 낼 때는 내장을 제거하고 15분 정도 끓인다.
- 전골을 그릇에 담을 때는 건더기를 국물보다 많이 담는다.
- 전골 종류에 따라 상 위에서 끓이도록 그릇에 담아 그대로 제공하거나 끓여서 제공한다.

# 두부전골

> 제철에 나는 신선한 재료로 버섯전골, 두부전골, 꿩 전골, 도미면, 낙지전골 등을 끓일 수 있는데, 그 중에서 가을철 콩으로 고소한 두부를 만들어 고기, 채소들과 함께 끓이는 두부전골은 부드럽고 담백한 맛을 자랑하는 가을철 별미이다.

40분

**요구사항**

1 두부의 크기는 3cm×2.5cm×0.5cm 정도로 하고 지진 두부와 두부 사이에 고기를 넣어 미나리로 묶어 7개 만드시오.

2 완자는 지름 1.5cm 정도로 5개 만들어 지져 사용하시오.

3 달걀은 황·백지단을 부쳐 사용하고, 채소는 5cm 길이로 썰어 사용하시오.

4 재료를 색 맞추어 돌려 담고 육수를 부어 끓여내시오.

**유의사항**

1 고기 부위의 사용 용도에 유의한다.

## 재료

**01 주재료**

| | |
|---|---|
| 두부 | 200g |
| 소고기(살코기) | 30g |
| 소고기(사태) | 20g |
| 건표고버섯 | 2개 |
| 숙주(생 것) | 50g |
| 무(5cm) | 60g |
| 당근(5cm) | 60g |
| 실파 | 40g(2뿌리) |
| 달걀 | 2개 |
| 대파(흰 부분, 4cm) | 1토막 |
| 마늘 | 3쪽 |
| 진간장 | 20mL |
| 깨소금 | 5g |
| 참기름 | 5mL |
| 소금 | 5g |
| 검은 후춧가루 | 2g |
| 식용유 | 20mL |
| 밀가루 | 20g |
| 녹말가루 | 20g |
| 키친타올 | 1장 |

## 만드는 방법

**1 재료 준비하기** | 재료는 씻어서 준비하고 숙주는 거두절미 한다.

**2 표고버섯 불리기** | 따뜻한 물에 표고버섯을 불린다.

**3 육수 끓이기** | 소고기(사태)는 핏물을 제거하여 물(3컵 정도)을 붓고 대파(2cm) 1/2 토막과 마늘 1/2쪽을 냄비에 넣고 끓인다.

**4 두부 준비하기** | 길이 3cm×4cm×0.8cm 크기로 썰어 소금을 뿌려 15~20분 정도 둔 후 물기를 제거한다. 완자용 두부는 따로 둔다.

**5 무·당근 자르기 및 데치기** | 무와 당근은 5cm×1.2cm×0.5cm 정도 크기로 썰어 끓는 물에 데친다.

**6 실파 썰기** | 실파는 5cm 정도 길이로 썬다.

**7 숙주 데치기** | 끓는 물에 살짝 데쳐 소금 1/3작은술, 참기름 1/2작은술로 무친다.

**8 표고버섯 자르기** | 길이 5cm, 폭 1.2cm 크기로 썬 후 간장, 참기름 약간씩 넣어 양념한다.

**9 완자 만들기** | 소고기(살코기)는 다진 후, 으깨어 물기를 제거한 두부를 넣고 소금 1/2작은술, 다진 파 1/2큰술, 다진 마늘 1/3큰술, 후추 약간, 깨소금 1작은술, 참기름 1작은술을 넣고 양념하여 지름 1.5cm 정도 크기로 완자를 빚는다.

**10 육수 거르기** | 육수를 면보에 거른 후 진간장으로 색을 내고 소금간한다.

**11 두부 지지기** | 4의 두부는 물기를 제거하고 녹말가루를 묻혀 노릇하게 지진다.

**12 지단 준비** | 달걀은 황·백지단을 부쳐 길이 5cm, 폭 1.2cm 크기로 썬다.

**13 완자 밀가루와 달걀 묻히기** | 밀가루는 남지 않을 정도로 조금만 넣고 살살 묻히고, 지단을 부치고 남은 달걀물도 조금씩 골고루 묻힌다.

**14 완자 지지기** | 식용류를 묻힌 키친타올로 팬을 닦은 후, 완자를 넣고 굴려가며 지진다. 완자가 살짝 익으면 팬의 이물질을 제거하고 식용유를 둘러 후 충분히 익힌 다음 키친타올에 기름기를 제거한다.

**15 담아 완성하기** | 전골냄비에 모든 재료를 보기 좋게 색 맞추어 돌려 담고 가운데 두부를 돌려 담아 완자를 중앙에 놓고 육수(재료의 9부 정도)를 부어 끓인다.

**TiP!**

- 흰색 채소가 많으므로 흰색 채소 사이사이에 다른 색을 담는다.

- 두부는 식용유를 적게 써야 색이 빨리 난다.

- 처음에 육수를 적게 붓고 끓인 뒤 육수를 더 넣으면 담은 재료의 모양이 흐트러지지 않는다.

20분

# 두부젓국찌개

굴과 두부를 넣고 새우젓으로
간을 맞춰 끓인 맑은 찌개(조치)로
아침상이나 죽상에 잘 어울린다.

## 요구사항

1 두부는 2cm×3cm×1cm로 써시오.
2 홍고추는 0.5cm×3cm, 실파는 3cm 길이로
써시오.
3 간은 소금과 새우젓으로 하고, 국물을 맑게
만드시오.
4 찌개의 국물은 200mL 이상 제출하시오.

## 유의사항

1 두부와 굴의 익는 정도에 유의한다.
2 찌개의 간은 소금과 새우젓으로 하고, 국물이
맑고 깨끗하도록 한다.

 **재료**

**01 주재료**

| | |
|---|---|
| 두부 | 100g |
| 생굴(껍질 벗긴 것) | 30g |
| 실파 | 20g(1뿌리) |
| 홍고추(생) | 1/2개 |
| 새우젓 | 10g |
| 마늘(중, 깐 것) | 1쪽 |
| 참기름 | 5mL |
| 소금(정제염) | 5g |

 **만드는 방법**

**1 재료 준비하기** | 재료는 깨끗이 씻어서 준비한다.

**2 굴 손질** | 굴은 연한 소금물에 흔들어 씻은 다음 굴 껍질을 골라 건져 놓는다.

**3 두부 썰기** | 두부의 폭과 길이를 2cm×3cm, 두께 1cm로 썬다.

**4 실파 썰기** | 실파는 3cm 길이로 썬다.

**5 홍고추 썰기** | 홍고추는 길이로 반으로 잘라 씨를 제거하고 0.5cm×3cm의 크기로 썬다.

**6 새우젓 짜기** | 새우젓은 다져서 국물을 짠다.

**7 마늘 다지기** | 마늘은 곱게 다져둔다.

**8 국물 잡고 간하기** | 냄비에 물 2컵 정도를 올려 끓여 새우젓으로 밑간한다.

**9 거품 제거하기** | 물이 끓으면 물그릇을 준비하여 거품을 제거한다.

**10 끓이기** | 소금으로 심심하게 간을 한 뒤 두부와 굴을 순서대로 넣고 끓으면, 마늘과 홍고추, 실파를 넣고 불을 끄고 참기름을 한 두 방울 넣는다.

**11 담아 완성하기** | 그릇에 두부, 굴을 담고 국물을 부어 홍고추, 실파를 골고루 넣어준다.

 **TiP!**

- 굴은 오래 끓이면 국물이 탁해지고, 파와 홍고추는 고유의 색이 우러날 수 있으므로 마지막에 넣고 잠깐 끓인다.
- 찌개가 끓는 동안 거품을 제거해야 국물이 맑게 나온다.
- 새우젓 국물은 적당히 넣고 소금간에 유의한다.
- 찌개는 국물과 건더기의 비율이 1 : 2가 되도록 한다.

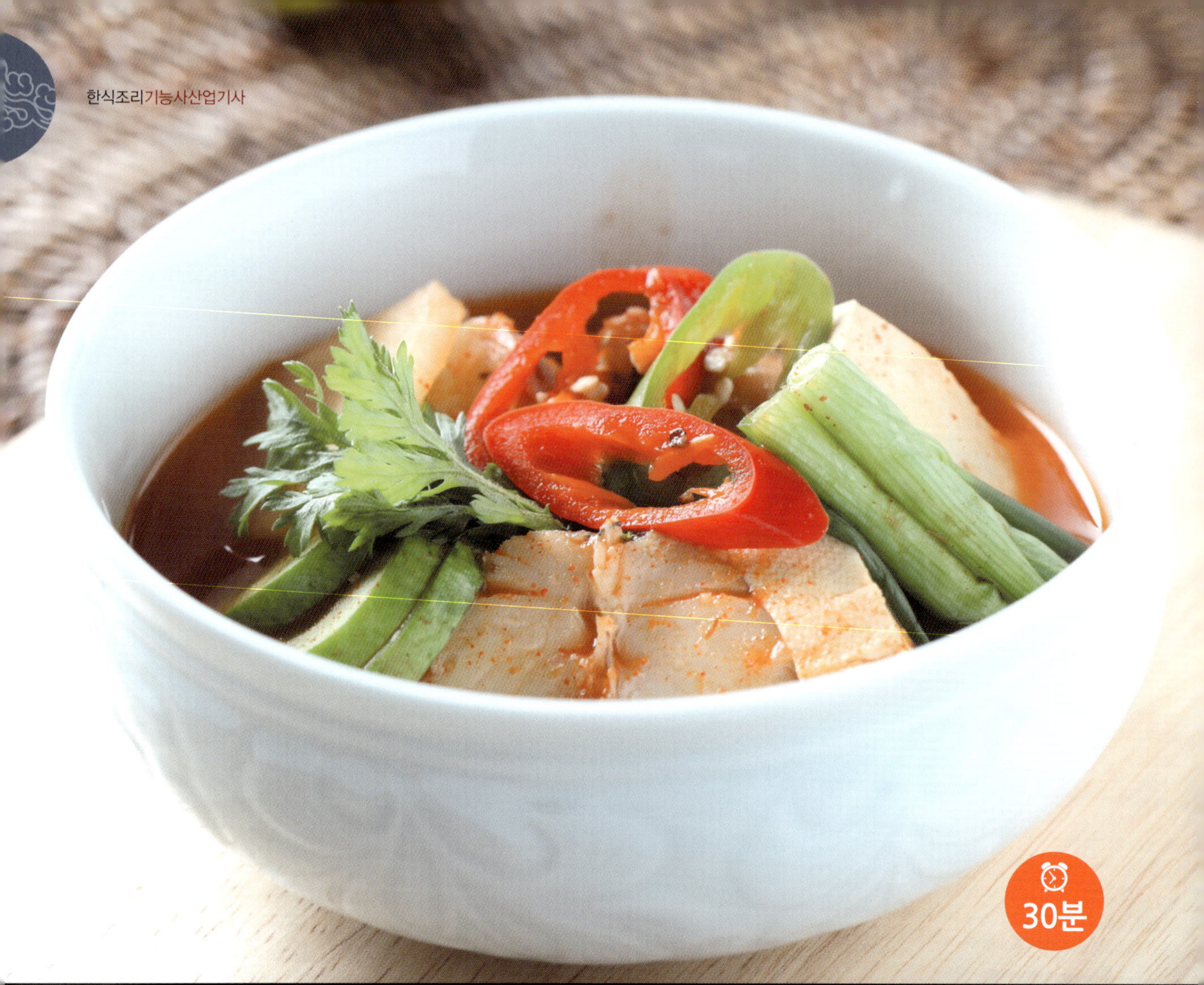

# 생선찌개



30분

**요구사항**

1 생선은 4~5cm의 토막으로 자르시오.
2 무, 두부는 2.5cm×3.5cm×0.8cm로 써시오.
3 호박은 0.5cm 반달형, 고추는 통 어슷썰기, 쑥갓과 파는 4cm로 써시오.
4 고추장, 고춧가루를 사용하여 만드시오.
5 각 재료는 익는 순서에 따라 조리하고, 생선 살이 부서지지 않도록 하시오.
6 생선머리를 포함하여 전량 제출하시오.

**유의사항**

1 각 재료의 익히는 순서를 고려하여 끓인다.
2 건더기와 국물의 양에 주의한다.

 **재료**

### 01 주재료

동태(300g) ·············· 1마리
무 ····························· 60g
애호박 ······················ 30g
쑥갓 ························· 10g
두부 ························· 60g
실파 ·················· 40g(2뿌리)
풋고추(길이 5cm 이상) ··· 1개
홍고추(생) ·················· 1개
마늘(중, 간 것) ············· 2쪽
생강 ························· 10g
고추장 ······················ 30g
소금(정제염) ··············· 10g
고춧가루 ···················· 10g

### 02 생선찌개 양념

고추장 ······················ 1큰술
고춧가루 ···················· 1큰술
마늘 ························· 1작은술
생강 ······················ 1/2작은술
소금 ························· 1작은술
물 ························· 3컵 정도

 **만드는 방법**

**1 재료 준비하기** | 재료는 깨끗이 씻어서 준비한다.

**2 쑥갓 손질** | 쑥갓은 줄기를 제거하고 시들었으면 물에 담가 놓는다.

**3 생선 손질** | 생선은 지느러미와 비늘을 제거한 후 내장의 가식 부위를 골라낸다. 주둥이를 자른 후 배를 가르지 않고 5cm 정도로 토막내고 씻어서 접시에 담아 놓는다.

**4 무와 두부 썰기** | 무와 두부는 가로 2.5cm, 세로 3.5cm, 두께 0.8cm 크기로 썬다.

**5 애호박 썰기** | 애호박은 0.5cm 두께의 반달형으로 썬다.

**6 실파 썰기** | 실파는 4cm 길이로 썬다.

**7 홍고추, 풋고추 썰기** | 고추는 통으로 어슷하게 썰어 씨를 제거해 놓는다. 마늘, 생강은 다진다.

**8 고추장 풀기** | 냄비에 물을 끓이다가 고추장 10g 정도를 풀고 고춧가루 1큰술 정도 넣고 끓여준다.

**9 끓이기** | 물이 끓으면 손질해 놓은 무를 넣고 끓이다가 무가 반쯤 익으면 생선을 넣는다. 한소끔 끓으면 나머지 재료와 생강, 마늘을 넣고 소금으로 간한다. 거품을 걷어 내면서 끓이다가 충분히 생선 맛이 우러나면 실파, 쑥갓을 넣고 불을 끈다. 쑥갓은 숨이 죽으면 바로 건져 놓는다.

**10 담아 완성하기** | 그릇에 재료를 담고 쑥갓을 위에 올려 모양내어 담아낸다.

## TiP!

- 고추장을 많이 넣으면 달고 텁텁해지며 국물이 뿌옇게 되므로 많이 넣지 않는다.
- 단단한 재료부터 순서대로 넣는다.
- 찌개는 거품을 제거하며 끓여야 국물이 맑게 나온다.
- 생선 손질시 주둥이 부분은 잘라내고 토막 낸 생선은 따로 담아 놓는다.
- 고추장의 양이 제시되었으므로 찌개의 색을 잘 내기 위해 물을 3컵 정도로 맞추어 넣는다.

# 소고기전골



> 냄비를 전립 모양으로 만들어 고기와 채소 등 여러 재료를 넣고 끓여먹던 음식이 오늘날의 전골이 되었다.

**요구사항**

1 소고기는 육수와 전골용으로 나누어 사용하시오.

2 전골용 소고기는 0.5cm×0.5cm×5cm 정도 크기로 썰어 양념하여 사용하시오.

3 양파는 0.5cm 정도 폭으로, 실파는 5cm 정도 길이로, 나머지 채소는 0.5cm×0.5cm×5cm 정도 크기로 채 썰고, 숙주는 거두절미하여 데쳐서 양념하시오.

4 모든 재료를 돌려 담아 소고기를 중앙에 놓고 육수를 부어 끓인 후 달걀을 올려 반숙이 되게 끓여 잣을 얹어내시오.

**유의사항**

1 소고기는 핏물제거를 잘하여야 한다.

2 대파와 마늘은 용도에 유의한다.

3 숙주는 많이 데치지 않으며, 채소가 잘 익도록 유의한다.

## 재료

### 01 주재료

| | |
|---|---|
| 소고기(살코기) | 70g |
| 소고기(사태) | 30g |
| 건표고버섯 | 3장 |
| 숙주(생 것) | 50g |
| 무(5cm) | 60g |
| 당근(5cm) | 40g |
| 양파(1/4개) | 150g |
| 실파 | 40g(2뿌리) |
| 달걀 | 1개 |
| 잣 | 10알 |
| 대파(4cm, 흰부분) | 1토막 |
| 마늘 | 2쪽 |
| 진간장 | 10mL |
| 흰설탕 | 5g |
| 깨소금 | 5g |
| 참기름 | 5mL |
| 소금 | 10g |
| 검은 후춧가루 | 1g |

## 만드는 방법

**1 재료 준비하기** | 재료는 깨끗이 씻어서 준비한다. 숙주는 거두절미하고, 잣은 분리해서 담아놓는다.

**2 육수 끓이기** | 소고기(사태)는 핏물을 제거하여 찬물(3컵 정도)을 붓고 대파(2cm)와 마늘을 넣어 끓인다.

**3 숙주 데치기** | 거두절미한 숙주는 살짝 데쳐 소금 1/3작은술과 참기름 1/2작은술을 넣고 무친다.

**4 고기 썰기** | 소고기(살코기)는 0.5cm×0.5cm×5cm 정도 길이로 채 썬다.

**5 채소 썰기** | 무, 당근, 표고, 실파, 양파도 0.5cm×0.5cm×5cm 정도 길이로 채 썰어 준다.

**6 소고기, 표고버섯 양념하기** | 대파, 마늘을 다져 진간장, 흰설탕, 깨소금, 참기름, 검은 후춧가루를 넣고 양념한다.

**7 육수 거르기 및 잣 손질** | 육수는 면보에 거르고 진간장으로 색을 내어 소금간한다. 잣은 고깔을 떼어 준비한다.

**8 전골 안치기** | 전골냄비에 모든 재료를 보기 좋게 돌려 담고 소고기는 가운데를 비우고 중앙에 돌려 담는다.

**9 전골 끓이기** | 육수를 재료의 9부 정도, 재료가 잠길 만큼 부어 끓이다가 고기가 익으면 달걀을 가운데 넣어 반숙으로 익힌다.

**10 담아 완성하기** | 소고기의 가장자리에 고깔을 뗀 잣을 돌려 담고 달걀이 반숙이 되면 불을 끈다.

## TiP!

- 소고기 육수는 끓여 면보(소창)에 걸러 사용한다.
- 육수는 전골냄비 크기에 맞추어 재료의 9부 정도 부어 끓인다.

# 제6장 찜·선 조리

## NCS 분류번호 1301010106_16v3

한식 찜·선 조리란 육류, 생선류, 가금류, 채소류 등에 양념을 하여
국물을 붓고 무르게 끓이거나 쪄서 형태를 유지하게 조리하는 능력이다.

| 능력단위요소 | 수행준거 |
|---|---|
| 1301010106_16v3.1<br>찜·선 재료 준비하기 | 1.1 찜·선의 조리종류에 따라 도구와 재료를 준비할 수 있다.<br>1.2 조리에 사용하는 재료를 필요량에 맞게 계량할 수 있다.<br>1.3 재료에 따라 요구되는 전 처리를 수행할 수 있다.<br>1.4 찜, 선의 조리법에 따라 크기와 용도를 고려하여 재료를 썰 수 있다.<br>1.5 양념장 재료를 비율대로 혼합, 조절하여 용도에 맞게 활용할 수 있다. |
| 1301010106_16v3.2<br>찜·선 조리하기 | 2.1 조리법에 따라 재료를 양념하여 재워둘 수 있다.<br>2.2 조리법에 따라 재료에 양념장과 물을 넣고 끓여 만들 수 있다.<br>2.3 조리법에 따라 재료에 양념을 하여 찜통에 쪄서 만들 수 있다.<br>2.4 조리법에 따라 재료를 볶아 만들 수 있다.<br>2.5 찜·선 종류와 재료에 따라 가열시간과 화력을 조절하여 재료 고유의 색, 형태를 유지할 수 있다.<br>2.6 찜·선에 어울리는 고명을 만들 수 있다. |
| 1301010106_16v3.3<br>찜·선 담기 | 3.1 조리종류와 색, 형태, 인원수, 분량 등을 고려하여 그릇을 선택할 수 있다.<br>3.2 찜, 선의 종류에 따라 국물을 자작하게 담아낼 수 있다.<br>3.3 찜, 선의 종류에 따라 고명을 올릴 수 있다.<br>3.4 찜, 선의 종류에 따라 겨자장, 초간장 등을 곁들일 수 있다. |

## <찜·선 조리작업 상황에서 고려사항>

- 찜·선 조리 준비 능력단위는 다음 범위가 포함된다.
  - 찜류 : 돼지갈비찜, 갈비찜, 닭찜, 우설찜, 궁중닭찜, 떡찜, 사태찜, 개성무찜, 북어찜, 도미찜, 대하찜, 달걀찜, 생선찜
  - 선류 : 호박선, 오이선, 가지선, 어선, 두부선, 무선, 배추선
  - 찜은 생선, 가금류, 육류 등에 갖은 양념과 부재료를 넣어 국물을 붓고 푹 끓이거나 찜통에 찌는 요리를 말한다.
- 돼지갈비찜, 갈비찜, 닭찜 등 육류를 이용한 찜은 고기를 손질하여 핏물을 빼고 끓는 물에 살짝 데치거나 기름에 볶아 육류의 지방과 누린내를 제거하고 조리한다.
- 선은 호박, 오이, 가지, 두부, 배추 등 식물성 식품에 칼집을 내어 소금에 절인 후 헹구어 소를 넣어 볶거나 찜을 하는 요리를 말한다.
- 찜·선의 종류에 따라 겨자즙이나 초간장을 곁들인다.
- 찜·선의 전 처리란 조리재료와 방법에 따라 다듬기, 씻기, 밑간하기, 데치기, 핏물제거, 썰기 등을 말한다.

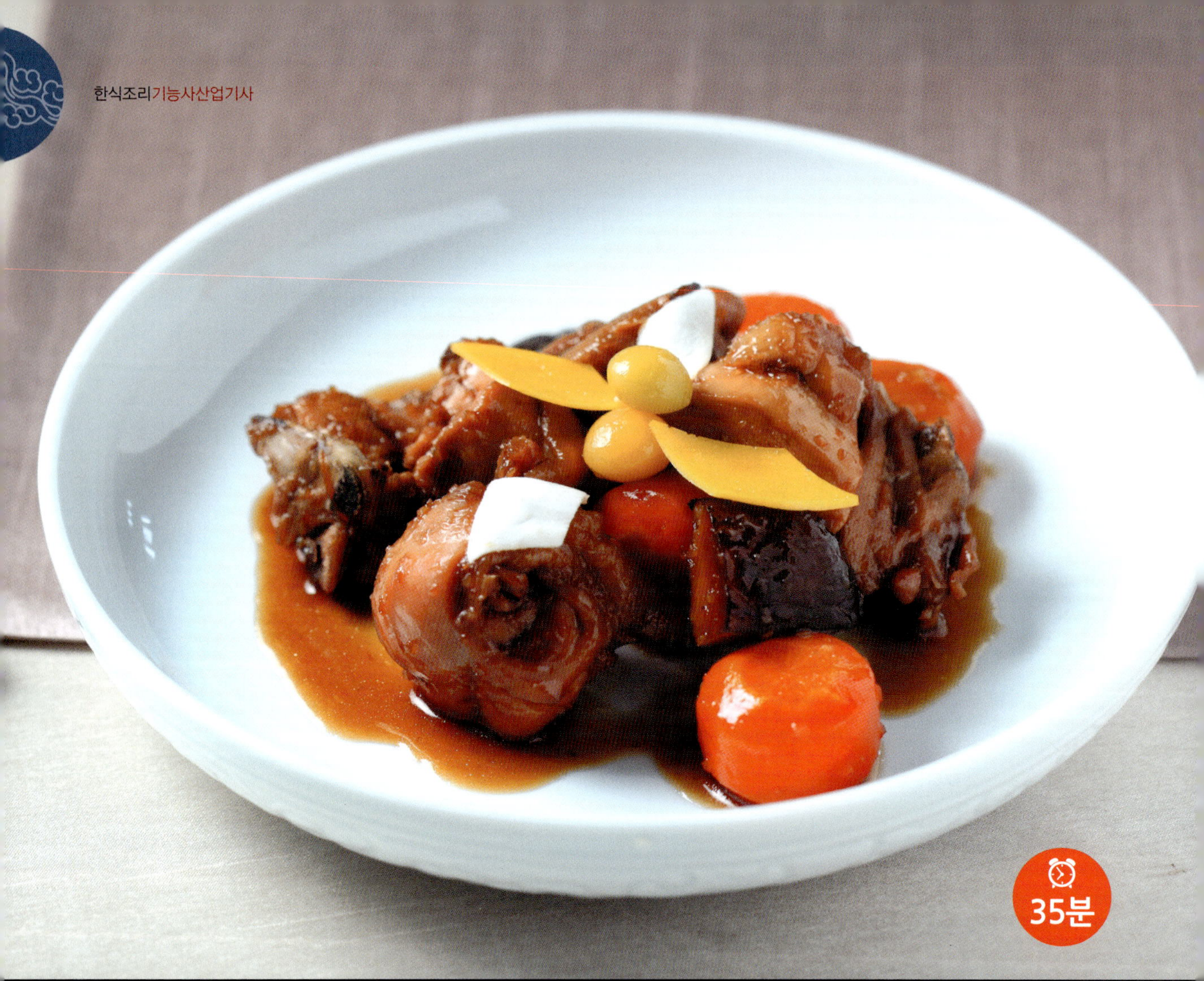

35분

# 닭찜

> 닭과 채소, 표고버섯 등과 양념장을 넣고 끓여 달걀지단, 은행을 고명으로 얹어서 만든 찜 요리로 마지막에 강한 불에서 국물을 끼얹어 가며 바특하게 조려야 색이 곱고 윤기가 난다.

**1** 닭은 4~5cm 정도의 크기로 토막을 내시오.

**2** 닭은 끓는 물에 기름을 제거하고, 토막낸 닭은 부서지지 않게 조리하시오.

**3** 황·백지단은 완자(마름모꼴)모양으로 만들어 각 2개씩 고명으로 얹으시오.

**1** 닭과 부재료인 채소가 알맞게 익도록 한다.

**2** 완성된 닭찜의 색깔에 유의한다.

##  재료

### 01 주재료

| | |
|---|---|
| 닭(1/2마리) | 300g |
| 양파(1/3개) | 50g |
| 당근(길이 7cm 정도) | 50g |
| 건표고버섯 | 1개 |
| 달걀 | 1개 |
| 은행 | 3개 |
| 대파(4cm) | 1토막 |
| 마늘 | 2쪽 |
| 생강 | 10g |
| 진간장 | 50mL |
| 흰설탕 | 20g |
| 깨소금 | 5g |
| 참기름 | 10mL |
| 소금 | 5g |
| 식용유 | 30mL |
| 검은 후춧가루 | 2g |

### 02 닭찜 양념장

| | |
|---|---|
| 진간장 | 2큰술 |
| 흰설탕 | 1큰술 |
| 다진 파 | 1작은술 |
| 다진 마늘 | 1작은술 |
| 검은 후춧가루 | 약간 |
| 깨소금 | 약간 |
| 참기름 | 1작은술 |
| 물 | 1컵 |
| 생강즙 | 1/2작은술 |

## 만드는 방법

**1 재료 준비하기** | 냄비에 물을 올려 끓이고 재료는 깨끗이 씻어서 준비한다.

**2 표고버섯 불리기** | 따뜻한 물에 표고버섯을 불린다.

**3 닭 손질 및 토막 내기** | 닭은 내장과 기름기를 제거하고 깨끗이 씻은 뒤 4~5cm 길이로 토막낸다.

**4 닭 데치기** | 닭은 끓는 물에 데친다.

**5 당근 썰기** | 당근은 밤톨 크기로 썰어 모서리를 다듬는다.

**6 양파 썰기** | 양파는 5cm×3cm 크기로 썬다.

**7 표고 썰기** | 불린 표고버섯은 크기에 따라 2~4등분 한다.

**8 양념장 만들기** | 파·마늘은 다지고 생강은 즙을 낸다. 진간장 2큰술, 흰설탕 1큰술, 다진 파·마늘 1작은술, 후추·깨소금 약간, 참기름 1작은술, 물 1컵, 생강즙 1/2작은술 정도를 넣고 양념장을 만든다.

**9 은행 볶기 및 지단 부치기** | 은행은 뜨거운 팬에 식용유를 두르고 볶아 껍질을 벗겨 낸다. 달걀은 황·백으로 나눠 지단을 부친다.

**10 찌기** | 냄비에 닭을 넣고 양념장 2/3 정도와 물 1컵 정도를 부어 강한 불에서 끓으면 당근을 넣고 중간 불에서 익힌다. 닭이 반쯤 익으면 양파, 표고버섯, 나머지 양념을 넣고 천천히 끓여 닭과 채소, 양념이 어우러지게 한다. 국물이 어느 정도 남았을 때 강한 불에서 국물을 끼얹어 가며 윤기 나게 조린다.

**11 지단 썰기** | 지단을 마름모꼴로 잘라 놓는다.

**12 담아 완성하기** | 국물이 2큰술 정도 남았을 때 불을 끄고 그릇에 담아 지단과 은행을 얹어 낸다.

## TiP!

- 당근이 익지 않으면 채점대상에서 제외되므로 닭과 당근을 같이 넣어 당근이 충분히 익도록 한다.
- 양념을 추가로 사용해서 찜의 색깔과 윤기를 더할 수 있다.

⏰ 30분

# 돼지갈비찜

66 끓는 물에 돼지갈비를 데쳐 기름기를 제거하고
양념에 재워 채소와 함께 끓인 찜 요리이다. 99

**요구사항**

1 갈비는 핏물을 제거하여 사용하시오.
2 감자와 당근은 3cm 정도 크기로 잘라 모서리를
  다듬어 사용하시오.
3 갈비찜은 잘 무르고 부서지지 않게 조리하고,
  전량의 갈비를 국물과 함께 담아 제출하시오.

**유의사항**

1 부재료인 채소는 잘 익고 형태가 흐트러지지 않
  아야 하며, 완성품의 색깔에 유의한다.

## 재료

### 01 주재료

| | |
|---|---|
| 돼지갈비(5cm 토막) | 200g |
| 감자(1/2개) | 150g |
| 당근(7cm 정도) | 50g |
| 양파(1/3개) | 150g |
| 홍고추 | 1/2개 |
| 대파(4cm 정도) | 1토막 |
| 마늘 | 2쪽 |
| 생강 | 10g |
| 흰설탕 | 20g |
| 검은 후춧가루 | 2g |
| 깨소금 | 5g |
| 참기름 | 5mL |
| 진간장 | 40mL |

### 02 갈비 양념

| | |
|---|---|
| 진간장 | 2큰술 |
| 흰설탕 | 1큰술 |
| 다진 파 | 1/8큰술 |
| 다진 마늘 | 1/6큰술 |
| 생강즙 | 약간 |
| 검은 후춧가루 | 1/10큰술 |
| 깨소금 | 1작은술 |
| 참기름 | 1작은술 |
| 물 | 1.5컵 |

## 만드는 방법

**1 재료 준비하기** │ 재료는 깨끗이 씻어서 준비한다.

**2 감자, 양파 껍질 제거** │ 감자, 양파는 껍질 벗겨서 준비한다.

**3 돼지갈비 손질** │ 기름기 부분과 힘줄을 떼어내고 5cm 정도로 잘라 칼집을 내고 한번 헹군 후 찬물에 담가 핏물을 제거한다.

**4 당근, 감자 썰기** │ 당근과 감자는 밤톨 모양으로 잘라 모서리를 다듬는다.

**5 양파 썰기** │ 양파는 큼직하게 3등분 정도로 썬다.

**6 고추 썰기** │ 홍고추는 어슷 썰고 찬물에 헹궈 씨를 제거한다.

**7 양념장 만들기** │ 대파·마늘은 다지고 생강은 즙을 내어 진간장 2큰술, 흰설탕 1큰술, 다진 파 1/8큰술, 다진 마늘 1/6큰술, 생강즙 약간, 후추 1/10큰술, 깨소금 1작은술, 참기름 1작은술, 물 1.5컵 정도 넣고 양념장을 만든다.

**8 갈비 데치기** │ 물을 끓여 갈비를 데친다.

**9 찌기** │ 냄비에 데친 갈비를 넣고 양념장 2/3 정도와 물을 갈비가 잠길 정도로 자작하게 부은 다음 당근도 같이 넣고 뚜껑을 덮어 중간 불에서 익힌다. 갈비가 반쯤 익으면 감자를 넣고 양파는 조금 늦게 넣어 물러지지 않게 한다. 국물이 반 정도 남았을 때 뒤집어가며 간이 골고루 배게 찜을 한다. 강한 불에서 뚜껑을 열고 윤기가 나도록 국물을 끼얹어 가며 걸쭉한 국물이 남을 때까지 조린다.

**10 담아 완성하기** │ 국물이 2큰술 정도 남았을 때 불을 끄고 그릇에 돼지갈비와 나머지 재료를 담고 남은 국물을 끼얹어 낸다.

## TiP!

- 갈비는 오래 데치지 말고 가볍게 데쳐준다.
- 적은 양의 갈비를 익힐 때는 갈비와 당근을 동시에 넣어 익힌다.
- 완성품은 국물을 반드시 끼얹어 촉촉하게 제출한다.
- 찜 요리는 수분과 증기에 익어야 되므로 뚜껑을 덮어 익힌다.

50분

# 어선

> 민어나 광어 등 신선한 흰살 생선을 넓고 얇게 포를 떠서 달걀지단, 오이, 버섯 등의 소를 넣고 말아서 쪄낸 음식이다. 여름철 주안상에 잘 어울리는 음식이며 겨자장을 찍어 먹는다.

### 요구사항

1 생선살은 어슷하게 포를 떠서 사용하시오.
2 돌려깎은 오이, 당근, 표고버섯은 채 썰어 볶아 사용하고, 달걀은 황·백지단채로 사용하시오.
3 속재료가 중앙에 위치하도록 하여 지름 3cm 정도, 두께 2cm 정도로 6개를 만드시오.
4 초간장을 곁들이시오.

### 유의사항

1 생선살이 터지지 않게 한다.
2 속재료(소)용 채소는 볶아서 사용하고, 각 속재료(소)들의 처리에 유의한다.
3 녹말가루를 적절하게 사용하고 생선과 녹말가루는 잘 익고, 속재료(소)들의 색깔은 선명하도록 찌는 것에 유의한다.
4 완성된 모양이 잘 유지되도록 자르는 데 유의한다.

 **재료**

### 01 주재료

| | |
|---|---|
| 동태 (500~800g 정도) | 1마리 |
| 달걀 | 1개 |
| 당근(7cm) | 50g |
| 건표고버섯 | 2개 |
| 오이(20cm 정도) | 1/3개 |
| 흰설탕 | 15g |
| 생강 | 10g |
| 소금 | 10g |
| 흰 후춧가루 | 2g |
| 진간장 | 20mL |
| 참기름 | 5mL |
| 식용유 | 30mL |
| 녹말가루 | 30g |

### 02 생선살 밑간

| | |
|---|---|
| 소금 | 약간 |
| 흰 후춧가루 | 약간 |
| 생강즙 | 약간 |

## 만드는 방법

**1 재료 준비하기 |** 재료는 깨끗이 씻어서 준비한다.

**2 표고버섯 불리기 |** 뜨거운 물에 표고버섯을 불린다.

**3 오이 썰기 |** 오이는 5cm로 잘라 돌려깎기하여 채를 썰고 소금에 절인다.

**4 당근 채 썰기 |** 당근도 5cm로 잘라 채 썰어 준비한다.

**5 생선 손질하기 |** 동태는 비늘, 내장, 지느러미 등을 제거하여 깨끗이 씻어 물기를 닦고 세장 뜨기 한다. 생선의 껍질이 도마에 닿게 두고 꼬리 쪽에 칼날을 넣고 칼을 밀어 왼손으로 껍질을 당기면서 껍질을 벗겨낸다.

**6 생선 포 뜨기 |** 손질한 생선은 길이 10~13cm 정도로 얇고 어숫하게 포를 떠서 소금, 흰 후춧가루, 생강즙을 뿌려둔다.

**7 표고버섯 간하기 |** 불린 표고버섯은 기둥을 떼고 채 썰어 진간장, 흰설탕, 참기름으로 양념장을 만들어 양념하여 무친다.

**8 지단 부치기 |** 달걀은 황·백으로 나누어 부친 후 채 썬다.

**9 볶기 |** 팬에 식용유를 두르고 달구어지면 오이, 당근(소금 간 할 것), 표고버섯을 각각 볶아낸다.

**10 어선 말기 |** 도마에 김발을 놓고 그 위에 젖은 면보를 깐 다음, 생선살을 10~13cm 폭으로 빈틈없이 펴고 녹말가루를 뿌린다. 볶아 놓은 재료들을 색을 맞추어 가지런히 놓고 직경 3cm 정도로 말아 준다.

**11 찌기 |** 김이 오른 찜통에 약 10~13분쯤 쪄준다.

**12 썰기 |** 식으면 2cm 두께로 톱질하듯이 6개 자른다.

**13 담아 완성하기 |** 접시에 보기 좋게 담아낸다.

## TiP!

- 생선살 위에 녹말가루를 너무 많이 뿌리면 생선살이 익지 않은 것처럼 보인다.
- 어선 속에 들어가는 재료들은 색깔이 선명하도록 볶는다.
- 생선의 껍질을 잘 벗기려면 지느러미에서 3mm 안쪽에 길게 칼집을 넣는다.

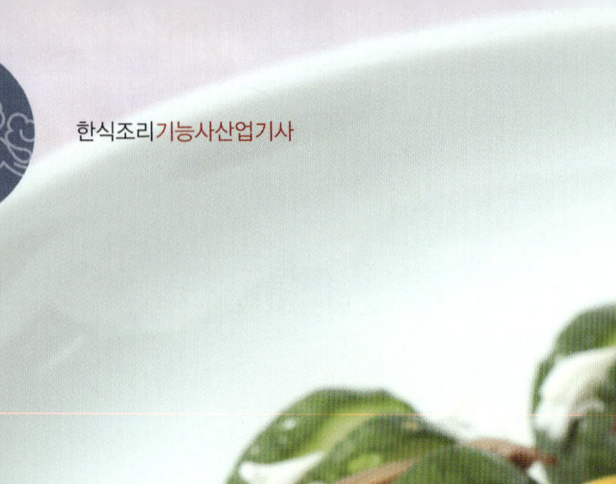

# 오이선

　　오이를 길이로 반을 자른 후 칼집을 넣어 그 사이에 여러 가지 고명을 넣고 단촛물을 끼얹어 만든 음식으로 육류요리와 잘 어울린다.

**요구사항**

1 오이를 길이로 1/2등분한 후, 4cm 간격으로 어슷하게 썰어 4개를 만드시오(반원 모양).

2 일정한 간격으로 3군데 칼집을 넣고 부재료를 일정량씩 색을 맞춰 끼우시오(단, 달걀은 황·백으로 분리하여 사용하시오).

3 단촛물을 오이선에 끼얹어 내시오.

**유의사항**

1 오이를 볶을 때는 고유의 색이 변하지 않게 주의한다.

2 어슷하게 칼집을 넣은 부분이 떨어지지 않도록 한다.

3 단촛물 배합에 주의한다.

## 재료

### 01 주재료

| | |
|---|---|
| 오이(20cm 정도) | 1/2개 |
| 소고기 | 20g |
| 건표고버섯 | 1개 |
| 달걀 | 1개 |
| 참기름 | 5mL |
| 검은 후춧가루 | 1g |
| 소금 | 20g |
| 진간장 | 5mL |
| 흰설탕 | 5g |
| 식용유 | 15mL |
| 깨소금 | 5g |
| 식초 | 10mL |
| 대파(4cm) | 1토막 |
| 마늘 | 1쪽 |

### 02 단촛물

| | |
|---|---|
| 흰설탕 | 1작은술 |
| 소금 | 1/2작은술 |
| 식초 | 1작은술 |
| 물 | 1작은술 |

### 03 양념장(소고기, 표고버섯)

| | |
|---|---|
| 진간장 | 1작은술 |
| 흰설탕 | 1/2작은술 |
| 다진 파 | 약간씩 |
| 다진 마늘 | 약간씩 |
| 검은 후춧가루 | 약간씩 |
| 깨소금 | 약간씩 |
| 참기름 | 약간씩 |

## 만드는 방법

**1 재료 준비하기** | 재료는 깨끗이 씻어서 준비하고 오이는 소금으로 비벼 깨끗이 씻는다.

**2 표고버섯 불리기** | 뜨거운 물에 표고버섯을 불린다.

**3 오이 썰기** | 오이는 길이로 반 갈라 4cm 간격으로 어슷하게 썰어 4조각이 나오게 한다. 각 조각에 일정한 간격으로 세 번 칼집을 어슷하게 넣어 소금물에 절인다.

**4 소고기 채 썰기** | 소고기는 2~3cm 이내로 곱게 채 썬다.

**5 양념장 만들기** | 대파·마늘은 곱게 다지고 진간장 1작은술, 흰설탕 1/2작은술, 다진 파·마늘 약간씩, 후추·깨소금·참기름 약간씩 넣어 양념장을 만든다.

**6 소고기, 표고버섯 양념하기** | 불린 표고버섯은 두꺼우면 얇게 저며 고운 채로 썰고 양념장으로 양념한다. 소고기도 같은 양념장으로 양념한다.

**7 지단 부치기** | 달걀은 황·백으로 분리하여 소금으로 간하여 지단을 부쳐 길이 3cm, 폭 0.1cm 정도로 자른다.

**8 볶기** | 소금에 절인 오이는 물기를 제거하고 식용유를 두른 뜨거운 팬에 파랗게 볶고 양념한 소고기와 표고버섯도 볶는다.

**9 소 넣기** | 오이 중앙에 고기와 표고버섯, 양쪽에 황·백지단을 넣는다.

**10 단촛물 만들기** | 설탕 1작은술, 소금 1/2작은술, 식초 1작은술, 물 1작은술을 섞어 단촛물을 만든다.

**11 담아 완성하기** | 오이선은 그릇에 담고 단촛물을 완성된 오이선 위에 끼얹는다.

## TiP!

- 오이선의 칼집은 일정한 간격으로 뉘어서 넣는다.
- 속재료는 곱고 가늘게 채 썰어야 모양이 보기 좋다.
- 단촛물은 내기 직전에 끼얹어야 오이의 색이 변색되지 않는다.
- 오이는 약간 따뜻한 물에 불려야 잘 절여지고, 소를 끼울 때 갈라지지 않는다.

# 제7장 조림·초·볶음 조리

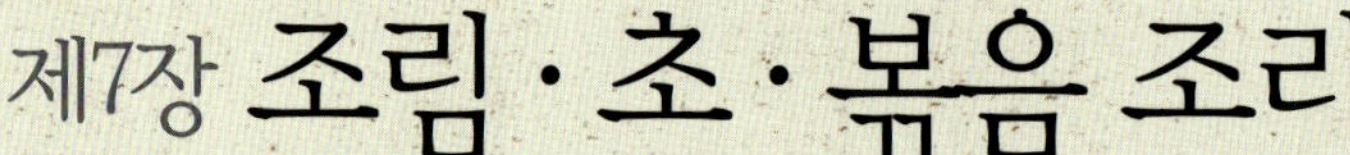

## 조림·초 조리 NCS 분류번호 1301010125_16v3

한식 조림·초 조리란 육류, 어패류, 채소류 등에 간장양념물을 넣어
국물이 거의 없도록 조림 조리를 할 수 있는 능력이다.

| 능력단위요소 | 수행준거 |
|---|---|
| 1301010125_16v3.1<br>조림·초 재료 준비하기 | 1.1 조림·초 조리에 따라 도구와 재료를 준비할 수 있다.<br>1.2 조리에 사용하는 재료를 필요량에 맞게 계량할 수 있다.<br>1.3 조림·초 조리의 재료에 따라 전 처리를 수행할 수 있다.<br>1.4 양념장 재료를 비율대로 혼합, 조절할 수 있다.<br>1.5 필요에 따라 양념장을 숙성할 수 있다. |
| 1301010125_16v3.2<br>조림·초 조리하기 | 2.1 조리종류에 따라 준비한 도구에 재료를 넣고 양념장에 조릴 수 있다.<br>2.2 재료와 양념장의 비율, 첨가 시점을 조절할 수 있다.<br>2.3 재료가 눌어붙거나 모양이 흐트러지지 않게 화력을 조절하여 익힐 수 있다.<br>2.4 조리종류에 따라 국물의 양을 조절할 수 있다. |
| 1301010125_16v3.3<br>조림·초 담기 | 3.1 조리종류와 색, 형태, 인원수, 분량 등을 고려하여 그릇을 선택할 수 있다.<br>3.2 조리종류에 따라 국물 양을 조절하여 담아낼 수 있다.<br>3.3 조림, 초, 조리에 따라 고명을 얹어 낼 수 있다. |

## <조림·초 조리작업 상황에서 고려사항>

- 조림·초 능력단위는 다음 범위가 포함된다.
  - 조림류 : 두부조림, 생선조림, 감자조림, 연근조림, 우엉조림, 호두조림, 소고기장조림, 돼지고기장조림, 꽈리고추조림, 콩조림 등
  - 초류 : 홍합초, 전복초, 삼합초 등
- 조림·초의 전 처리란 재료의 특성에 따라 다듬기, 씻기, 썰기를 말한다.
- 조림의 종류는 수조육류와 어패류조림, 채소조림 등이 있으며 양념장과 함께 조려낸 것이다.
- 조림·초의 양념장은 간장양념장이 있다.
- 조림·초 능력단위는 다음과 같은 작업상황이 필요하다.
- 조림국물은 재료가 잠길 만큼 충분하게 부어 조린 후 타지 않게 약한 불로 조려야 한다.
- 소고기 장조림은 고기를 먼저 무르게 삶아 양념장을 넣고 조려야 간도 잘 배고 육즙과 어우러져 국물 맛이 좋으며 고기도 연하다(양념장을 처음부터 고기와 함께 넣고 삶으면 육즙이 빠져 고기가 질겨진다).

- 초는 해삼, 전복, 홍합 등의 재료를 간장양념을 넣고 약한 불에서 끓이다가 조림보다 간이 약하고 달게 하며 조림국물이 거의 없게 졸이다가 윤기 나게 조려내는 음식이다. 필요에 따라 마지막에 전분 물을 넣어 걸쭉하고 윤기 나게 만들기도 한다.

## 볶음 조리 NCS 분류번호 1301010126_16v3

한식 볶음 조리란 육류, 어패류, 채소류 등에 간장이나 고추장 양념을 넣어
재료에 맛이 충분히 배이도록 볶음조리를 할 수 있는 능력이다.

| 능력단위요소 | 수행준거 |
| --- | --- |
| 1301010126_16v3.1<br>볶음 재료 준비하기 | 1.1 볶음 조리에 따라 도구와 재료를 준비할 수 있다.<br>1.2 조리에 사용하는 재료를 필요량에 맞게 계량 할 수 있다.<br>1.3 볶음 조리의 재료에 따라 요구되는 전 처리를 수행 할 수 있다.<br>1.4 양념장 재료를 비율대로 혼합, 조절하여 만들 수 있다.<br>1.5 필요에 따라 양념장을 숙성할 수 있다. |
| 1301010126_16v3.2<br>볶음 조리하기 | 2.1 조리종류에 따라 준비한 도구에 재료와 양념장을 넣어 기름으로 볶을 수 있다.<br>2.2 재료와 양념장의 비율, 첨가 시점을 조절할 수 있다.<br>2.3 재료가 눌어붙거나 모양이 흐트러지지 않게 화력을 조절하여 익힐 수 있다. |
| 1301010126_16v3.3<br>볶음 담기 | 3.1 조리종류와 색, 형태, 인원수, 분량 등을 고려하여 그릇을 선택할 수 있다.<br>3.2 그릇형태에 따라 조화롭게 담아낼 수 있다.<br>3.3 볶음 조리에 따라 고명을 얹어 낼 수 있다. |

## <볶음 조리작업 상황에서 고려사항>

- 볶음 능력단위는 다음 범위가 포함된다.
  - 볶음류 : 제육볶음, 소고기볶음, 오징어볶음, 주꾸미볶음, 낙지볶음, 버섯볶음, 미역줄기볶음, 궁중떡볶이, 멸치볶음, 마른새우볶음, 어묵볶음 등
- 볶음의 전 처리란 재료의 특성에 따라 다듬기, 씻기, 썰기를 말한다.
- 볶음의 양념장은 간장양념장과 고추장 양념장이 있다.

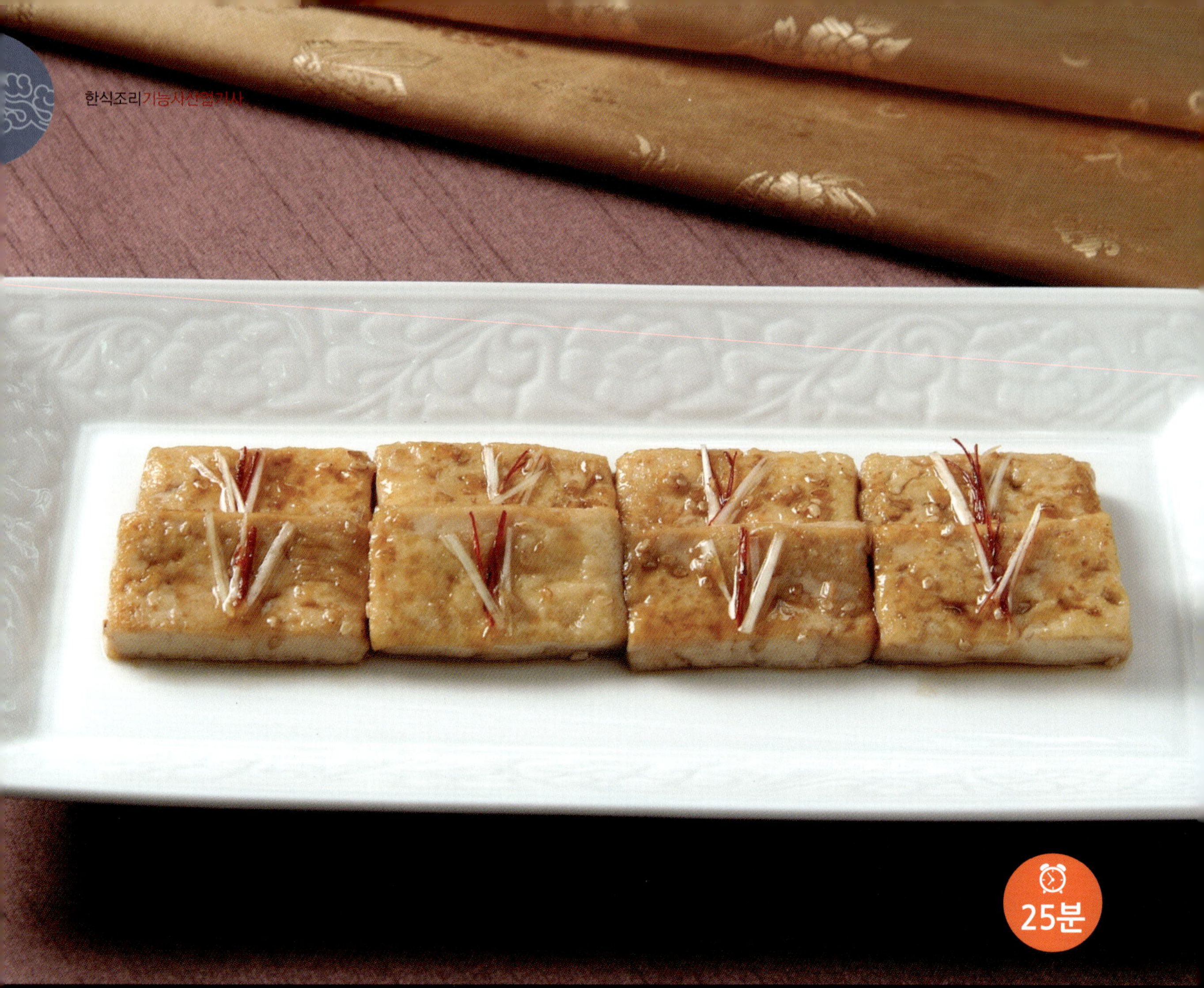

⏰ **25분**

# 두부조림

> 두부를 기름에 지진 뒤 간장양념에 조려 고명을 얹어내는 두부 찬으로, 궁중에서는 조림을 조리개라고 하며 두부에 녹말을 묻혀 두부가 부서지지 않도록 조리하였다.

1 두부는 0.8cm×3cm×4.5cm로 써시오.
2 8쪽을 제출하고 촉촉하게 보이도록 국물을 약간 끼얹어 내시오.
3 실고추와 파채를 고명으로 얹으시오.

1 두부가 부서지지 않고 질기지 않게 한다.
2 조림은 색깔이 좋고 윤기가 나도록 한다.

##  재료

### 01 주재료

| | |
|---|---|
| 두부 | 200g |
| 소금(정제염) | 5g |
| 대파(흰 부분, 4cm) | 1토막 |
| 실고추 | 1g |
| 식용유 | 30mL |
| 검은 후춧가루 | 1g |
| 참기름 | 5mL |
| 마늘(중, 깐 것) | 1쪽 |
| 진간장 | 15mL |
| 깨소금 | 5g |
| 흰설탕 | 5g |

### 02 양념장

| | |
|---|---|
| 진간장 | 1큰술 |
| 흰설탕 | 약간 |
| 다진 파 | 약간 |
| 다진 마늘 | 약간 |
| 검은 후추가루 | 약간 |
| 깨소금 | 약간 |
| 참기름 | 약간 |
| 물 | 4큰술 |

##  만드는 방법

**1 재료 준비하기** | 재료는 깨끗이 씻어서 준비하고 실고추는 2cm로 잘라 따로 담아둔다.

**2 두부 썰기** | 0.8cm×3cm×4.5cm 정도로 네모지게 썰어 소금을 뿌려 둔다. 파의 흰 부분은 다져 양념장에 쓰고, 흰 부분 4cm로 잘라 곱게 채 썰어 놓는다.

**3 양념장 만들기** | 마늘은 다지고 진간장 1큰술, 흰설탕 0.5 큰술, 다진 마늘 0.4큰술, 깨소금 1작은술, 참기름 1작은술, 검은 후춧가루 약간, 물 4큰술로 양념장을 만든다.

**4 두부 지지기** | 두부의 물기를 닦고 식용유를 두른 팬이 달궈지면 노릇하게 앞뒤로 지진다.

**5 두부 조리기** | 냄비에 지진 두부를 넣고 양념장을 골고루 얹은 뒤 물을 가장자리에서 돌려 부어 은근한 불에서 국물을 끼얹어 가며 천천히 조린다. 어느 정도 조려지면 채 썬 파와 실고추를 고명으로 얹고 잠시 뚜껑을 덮어 국물이 3~4숟가락 정도 남을 때까지 뜸을 들인다.

**6 담아 완성하기** | 그릇에 두부조림 8쪽을 담고 국물을 2큰술 정도 끼얹어 낸다.

 **TiP!**

- 식용유를 너무 많이 넣으면 색이 잘 안 난다.
- 두부를 조릴 때 양념장이 적어 뚜껑을 덮어 조리면 타기 쉬우므로 뚜껑을 열고 국물을 끼얹어가며 조린다.
- 실고추와 파채를 얹어 주는 것이 너무 늦으면 실고추가 안착되지 않는다.
- 대파는 다지지 않는다.

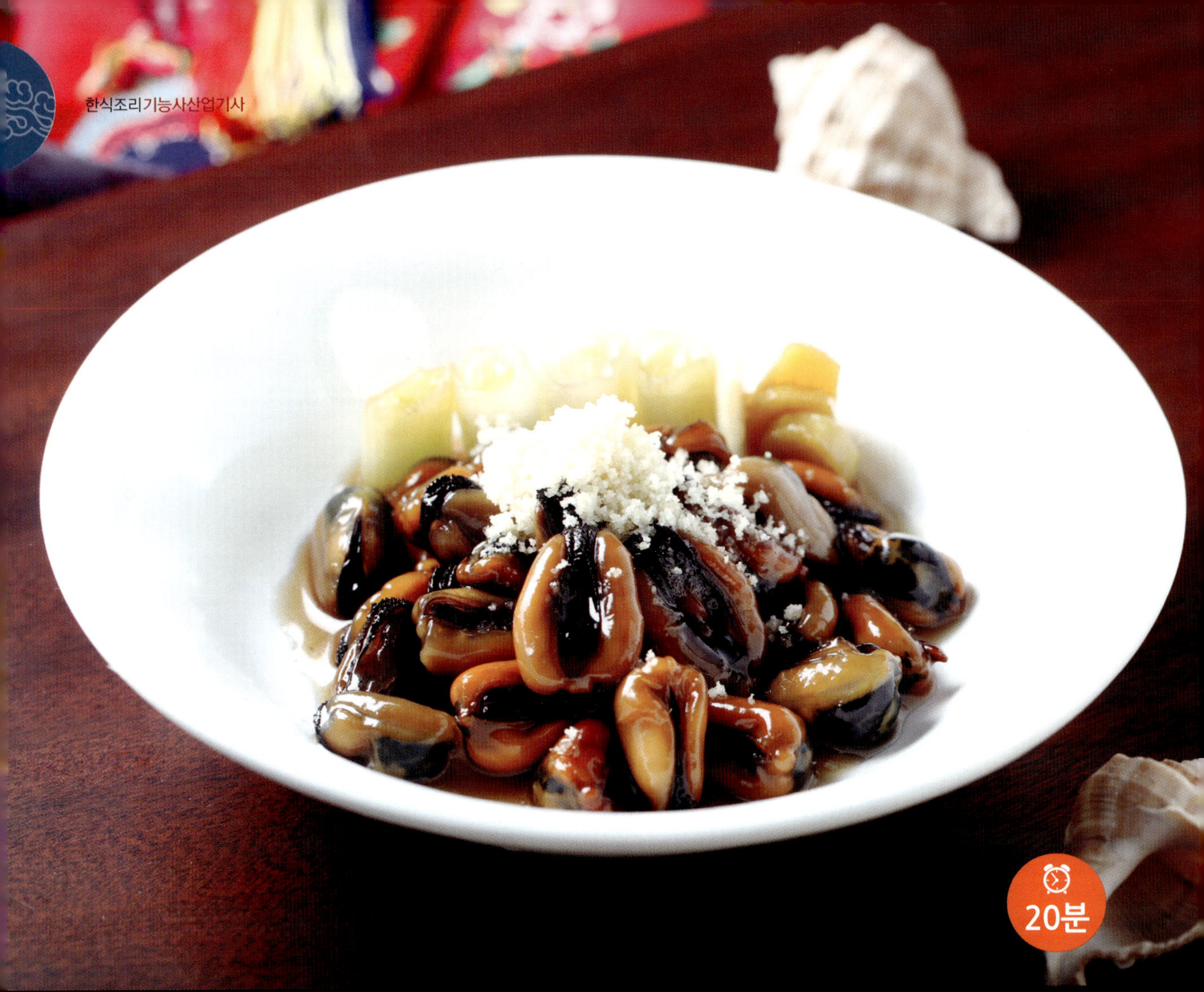

⏱ **20분**

# 홍합초

> 생홍합은 살만 떼어 내어 조리며, 말린 홍합은 충분히 부드럽게 불려서 조리는 요리로 술안주로 잘 어울리며 해삼이나 전복, 조갯살 등을 이용해 만들 수도 있다. 여기서 초(炒)란 윤기 나게 조린다는 의미이다.

**1** 마늘과 생강은 편으로, 파는 2cm로 써시오.

**2** 홍합은 전량 사용하고, 촉촉하게 보이도록 국물을 끼얹어 제출하시오.

**3** 잣가루를 고명으로 얹으시오.

**1** 홍합은 깨끗이 손질하도록 한다.

**2** 조려진 홍합이 너무 질기지 않아야 한다.

 ## 재료

### 01 주재료

| | |
|---|---|
| 생홍합<br>(굵고 싱싱한 것, 껍질 벗긴<br>것 지급) | 100g |
| 대파(흰 부분, 4cm) | 1토막 |
| 참기름 | 5mL |
| 마늘(중, 깐 것) | 2쪽 |
| 진간장 | 40mL |
| 생강 | 15g |
| 잣(깐 것) | 5개 |
| 흰설탕 | 10g |
| 검은 후춧가루 | 2g |

### 02 조림장

| | |
|---|---|
| 진간장 | 2큰술 |
| 흰설탕 | 1큰술 |
| 대파(4cm) | 1토막 |
| 물 | 2큰술 |
| 검은 후춧가루 | 2g |

## 만드는 방법

**1 재료 준비하기** | 재료는 깨끗이 씻어서 준비한다(홍합은 껍질은 골라내고 족사를 제거한 다음 소금으로 씻어 놓는다).

**2 홍합 데치기** | 생홍합은 소금물에 흔들어 씻은 후 끓는 물에 살짝 데쳐내고 찬물에 헹궈 놓는다.

**3 마늘, 생강, 대파 썰기** | 마늘, 생강은 편으로 썰고, 대파는 2cm 길이로 썬다.

**4 잣가루 다지기** | 잣은 고깔을 제거하고 종이를 깔고 칼로 다져준다.

**5 조림장 만들기** | 진간장 2큰술, 흰설탕 1큰술, 물 8큰술, 대파와 검은 후춧가루를 넣고 조림장을 만든다.

**6 조리기** | 냄비에 조림장을 넣고 끓으면 데친 홍합, 마늘, 생강편을 넣어 약한 불에서 국물을 끼얹으며 윤기 나게 조린다. 거품을 제거한 후 파를 넣고 살짝 더 익혀주며, 조림장이 2숟가락 정도 남았을 때 참기름을 넣는다.

**7 담아 완성하기** | 그릇에 홍합초를 담고 국물을 약간 끼얹고 잣가루를 뿌린다.

## TiP!

- 초(炒)란 윤기 나게 조린다는 의미로 어패류나 해물(전복, 소라, 홍합) 등을 데쳐서 조린 조림이다.
- 홍합 양이 적으면 타기 쉬우므로 끓으면 뚜껑을 열고 조린다.
- 간장 종류에 따라 색이 달라질 수 있으니 양 조절에 유의한다.
- 조림장에 후추 양이 많으면 검은색으로 변하므로 거의 보이지 않을 정도로 적게 넣는다.

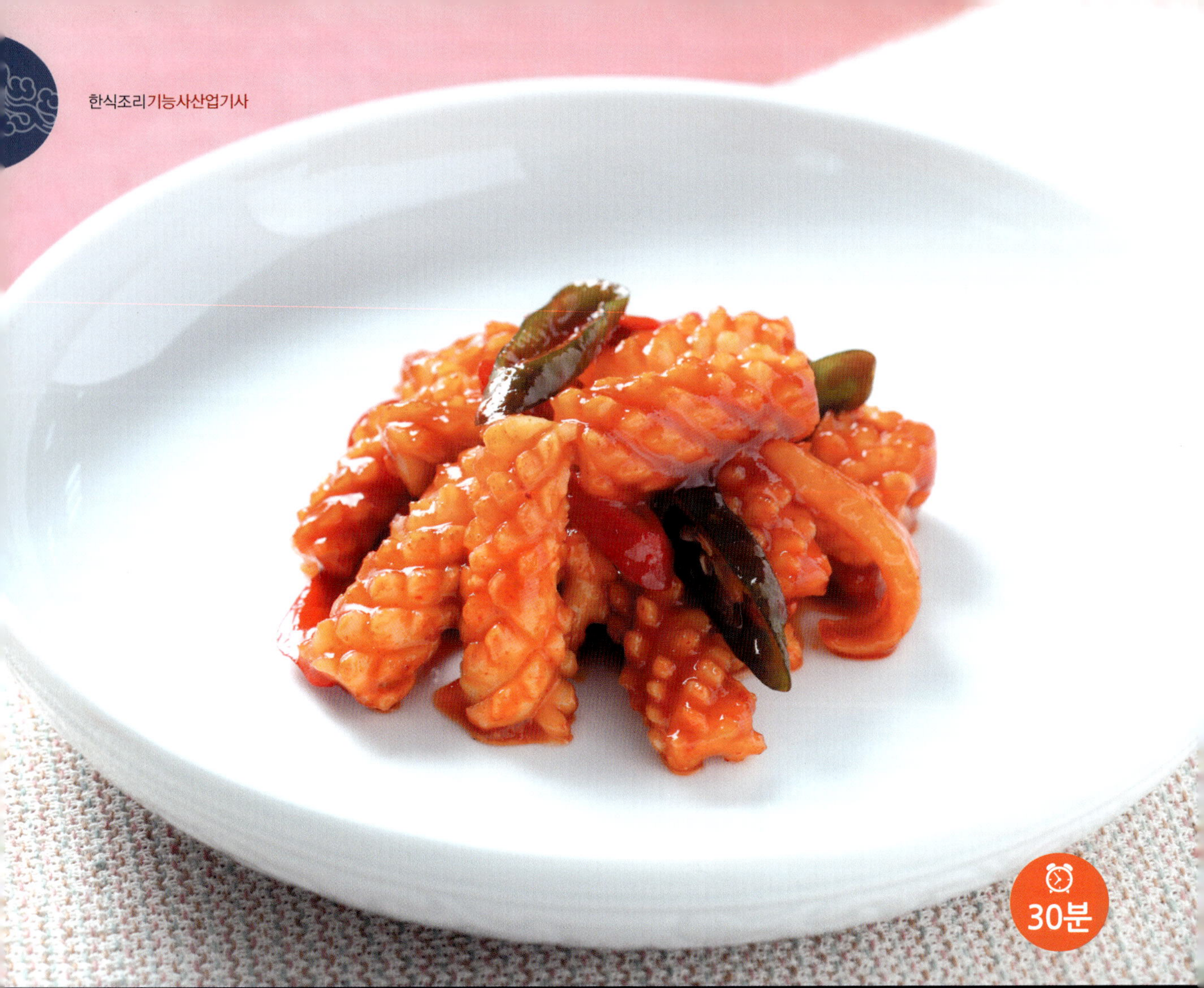

**30분**

# 오징어볶음

> 오징어의 껍질을 제거하고 칼집을 넣은 다음 썰어서 채소와 같이 고추장 양념으로 볶은 음식으로 술안주나 밥반찬으로 즐겨먹는 요리이다.

**1** 오징어는 0.3cm 폭으로 어슷하게 칼집을 넣고, 크기는 4cm×1.5cm 정도로 써시오(단, 오징어 다리는 4cm 길이로 자른다).

**2** 고추, 파는 어슷썰기, 양파는 폭 1cm로 써시오.

**1** 오징어 손질 시 먹물이 터지지 않도록 유의한다.

**2** 완성된 양념은 고춧가루 색이 배어나도록 한다.

 **재료**

### 01 주재료

| | |
|---|---|
| 물오징어(250g) | 1마리 |
| 소금(정제염) | 5g |
| 진간장 | 10mL |
| 흰설탕 | 20g |
| 참기름 | 10mL |
| 깨소금 | 5g |
| 풋고추(길이 5cm 이상) | 1개 |
| 홍고추(생) | 1개 |
| 양파(중, 150g) | 1/3개 |
| 마늘(중, 깐 것) | 2쪽 |
| 대파(흰 부분, 4cm) | 1토막 |
| 생강 | 5g |
| 고춧가루 | 15g |
| 고추장 | 50g |
| 검은 후춧가루 | 2g |
| 식용유 | 30mL |

### 02 고추장 양념

| | |
|---|---|
| 고추장 | 3큰술 |
| 고춧가루 | 1큰술 |
| 흰설탕 | 1큰술 |
| 진간장 | 약간 |
| 다진 마늘 | 0.5큰술 |
| 다진 생강 | 0.5큰술 |
| 검은 후춧가루 | 0.1작은술 |
| 깨소금 | 1작은술 |
| 참기름 | 1작은술 |
| 소금 | 약간 |

 **만드는 방법**

**1 재료 준비하기** | 재료는 깨끗이 씻어서 준비한다.

**2 오징어 손질하기** | 배를 갈라 내장과 뼈를 제거하고 지느러미(귀)를 떼어내고 껍질을 벗긴다. 다리도 껍질을 벗기고 4cm로 자른다. 몸통과 다리는 소금으로 비벼서 깨끗이 씻는다. 몸통 안쪽에 0.3cm 폭으로 대각선으로 좌우에서 칼집을 넣은 다음 4cm×1.5cm 크기로 자른다(오징어가 익으며 수축되는 것을 감안하여 완성 크기보다 크게 썬다).

**3 고추 썰기** | 어슷하게 썰어 물에 씻어 씨를 제거한다.

**4 양파 썰기** | 겉과 속 부분을 따로 분리하여 폭 1cm 정도로 일정하게 썬다.

**5 파 썰기** | 0.5cm 폭으로 어슷하게 썰어 놓는다.

**6 고추장 양념 만들기** | 마늘과 생강은 다지고 고추장 3큰술, 고춧가루 1큰술, 설탕 1큰술, 간장 약간, 다진 마늘 0.5큰술, 다진 생강 0.5큰술, 후추 0.1작은술, 깨소금 1작은술, 참기름 1작은술, 소금 약간을 넣어 만든다.

**7 볶기** | 식용유를 두른 팬이 달궈지면 양파, 풋고추, 홍고추를 볶다 오징어를 넣어 주고 오징어가 약간 익었을 때 양념장을 넣고 볶으면서 대파를 넣는다. 참기름을 살짝 넣어 마무리한다.

**8 담아 완성하기** | 그릇에 다리 부분을 먼저 깔고 칼집을 낸 몸통 부분이 위로 보이도록 채소와 조화롭게 담아낸다.

 **TiP!**

- 오징어는 내장 쪽에 칼집을 그물 모양으로 일정하게 넣어 달팽이 모양으로 말리지 않도록 한다 (가로를 길이로 세로를 폭으로 잡는다).
- 칼집을 깊게 넣어야 솔방울 모양으로 잘 말린다.
- 채소를 먼저 볶은 후 오징어를 넣고 짧은 시간에 볶아야 물이 생기지 않는다.

# 제8장 전·적·튀김 조리

## 전·적 조리 NCS 분류번호 1301010127_16v3

한식 전·적 조리란 육류, 어패류, 채소류 등의 재료를 익기 쉽게 썰고 그대로 혹은 꼬치에 꿰어서 밀가루와 달걀물을 입힌 후 식용유를 두르고 지져내는 능력이다.

| 능력단위요소 | 수행준거 |
|---|---|
| 1301010127_16v3.1<br>전·적 재료 준비하기 | 1.1 전·적의 조리종류에 따라 도구와 재료를 준비할 수 있다.<br>1.2 조리에 사용하는 재료를 필요량에 맞게 계량할 수 있다.<br>1.3 전·적의 종류에 따라 재료를 전 처리하여 준비할 수 있다. |
| 1301010127_16v3.2<br>전·적 조리하기 | 2.1 밀가루, 달걀 등의 재료를 섞어 반죽 물 농도를 맞출 수 있다.<br>2.2 조리의 종류에 따라 속 재료 및 혼합재료 등을 만들 수 있다.<br>2.3 주재료에 따라 소를 채우거나 꼬치를 활용하여 전·적의 형태를 만들 수 있다.<br>2.4 재료와 조리법에 따라 기름의 종류·양과 온도를 조절하여 지져 낼 수 있다. |
| 1301010127_16v3.3<br>전·적 담기 | 3.1 조리종류와 색, 형태, 인원수, 분량 등을 고려하여 그릇을 선택할 수 있다.<br>3.2 전·적의 조리는 기름을 제거하여 담아 낼 수 있다.<br>3.3 전·적 조리를 따뜻한 온도, 색, 풍미를 유지하여 담아낼 수 있다. |

## <전·적 조리작업 상황에서 고려사항>

- 전, 적, 능력단위는 다음 범위가 포함된다.
  - 전류 : 생선전, 육원전, 호박전, 표고버섯전, 깻잎전, 파전, 묵전, 녹두전, 장떡, 메밀
    전병 등
  - 적류 : 섭산적, 화양적, 지짐누름적, 김치적, 두릅산적, 파산적, 떡산적, 사슬적 등
- 적(炙)은 고기를 비롯한 재료를 꼬치에 꿰어서 불에 구워 조리하는 것을 말하며 석쇠로 굽는
  직화구이와 팬에 굽는 간접구이로 구분한다.
- 전·적에 사용하는 기름은 옥수수유, 대두유, 포도씨유, 카놀라유 등 발연점이 높은 식용
  유를 사용한다.
- 한 번 사용한 기름은 산화되기 쉬우므로 이물질을 제거하여 적합하게 폐유 처리해야 하며
  하수구로 흘려보내서는 안 된다.
- 전·적의 전처리란 다듬기, 씻기, 자르기, 수분 제거하기를 말한다.
- 전의 속 재료는 두부, 육류, 해산물을 다지거나 으깨서 양념한 것을 말한다.
- 전·적을 따뜻하게 제공하는 온도는 70℃이상이다.
- 전·적은 초간장을 곁들여 낸다.

## 튀김 조리 NCS 분류번호 1301010128_16v3

한식 튀김조리란 육류, 어패류, 채소류 등의 재료를
밀가루 등의 반죽옷을 입혀 기름에 조리하는 능력이다.

| 능력단위요소 | 수행준거 |
| --- | --- |
| 1301010128_16v3.1<br>튀김 재료 준비하기 | 1.1 튀김 조리종류에 따라 도구와 재료를 준비할 수 있다.<br>1.2 조리에 사용하는 재료를 필요량에 맞게 계량할 수 있다.<br>1.3 튀김의 종류에 맞추어 재료를 전 처리하여 준비할 수 있다. |
| 1301010126_16v3.2<br>튀김 조리하기 | 2.1 밀가루, 달걀 등의 재료를 섞어 반죽옷 농도를 맞출 수 있다.<br>2.2 조리의 종류에 따라 속 재료 및 혼합재료 등을 만들 수 있다.<br>2.3 재료와 조리법에 따라 기름의 종류·양과 온도를 조절하여 튀길 수 있다. |
| 1301010126_16v3.3<br>튀김 담기 | 3.1 조리종류와 색, 형태, 인원수, 분량 등을 고려하여 그릇을 선택할 수 있다.<br>3.2 튀김은 기름을 제거하여 담아 낼 수 있다.<br>3.3 튀김 조리를 따뜻한 온도, 색, 풍미를 유지하여 담아낼 수 있다. |

### <튀김 조리작업 상황에서 고려사항>

- 튀김 능력단위는 다음 범위가 포함된다.
  - 튀김류 : 새우튀김, 고구마튀김, 단호박튀김, 오징어튀김, 깻잎튀김, 채소튀김, 고기튀김 등
- 튀김에 사용하는 기름은 옥수수유, 대두유, 포도씨유, 카놀라유 등 발연점이 높은 식용유를 사용한다.
- 한 번 사용한 기름은 산화되기 쉬우므로 이물질을 제거하여 적합하게 폐유 처리해야 하며 하수구로 흘려보내서는 안 된다.
- 튀김의 전처리란 다듬기, 씻기, 자르기, 수분 제거하기를 말한다.
- 튀김 온도는 170~180℃이며 전분식품은 호화를 위해 단백질 식품보다 조리시간이 오래 걸리므로 조금 낮은 온도에서 튀긴다.
- 튀김을 따뜻하게 제공하는 온도는 70℃이상을 말한다.
- 튀김은 초간장을 곁들여 낸다.

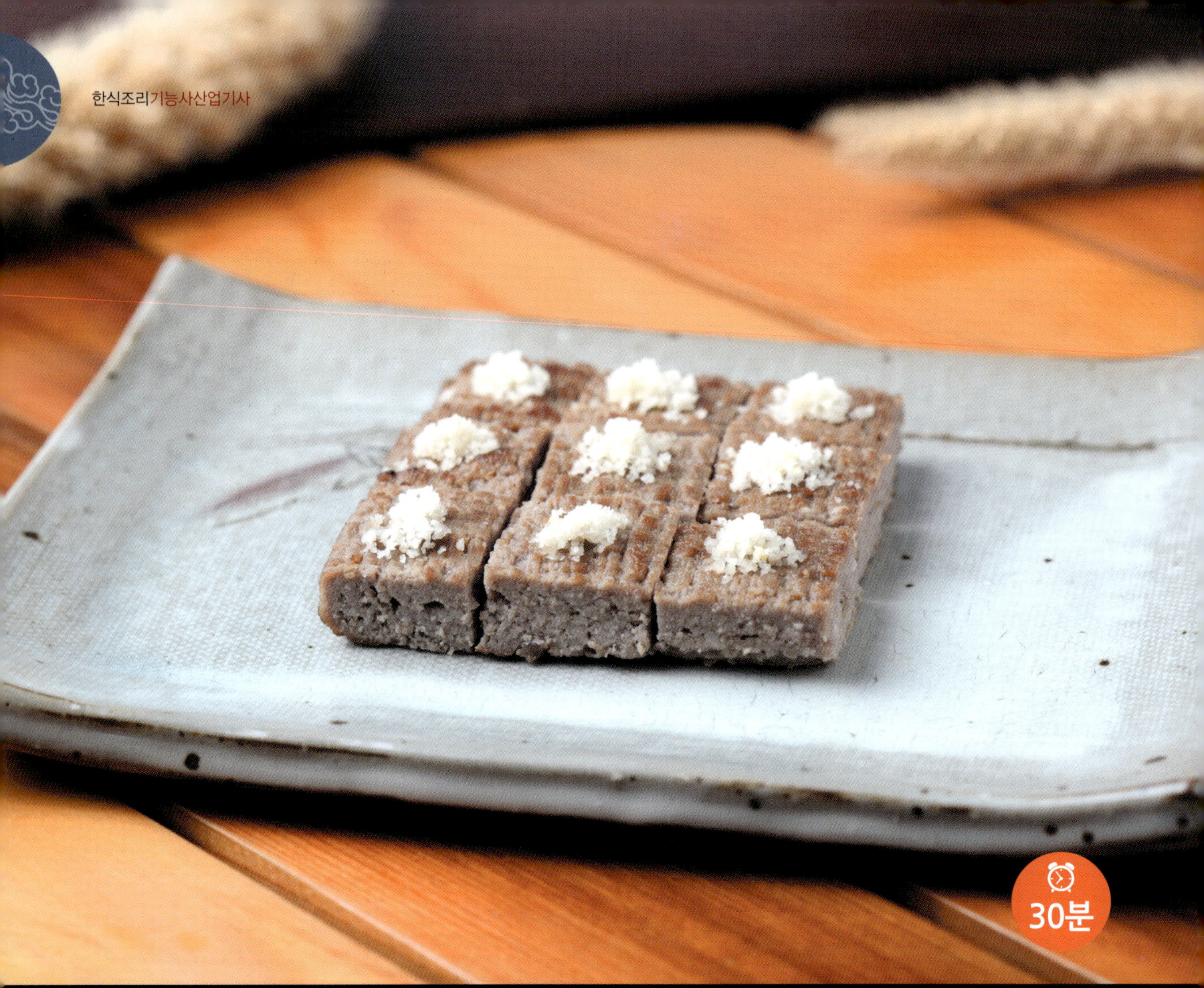

30분

# 섭산적

> **❝** 소고기를 곱게 다지고 양념하여 으깬 두부와 섞은 뒤 넓적하게 반대기를 만들어 구운 산적으로 잘게 썰어 간장에 조리면 장산적이라 한다. **❞**

**1** 고기와 두부의 비율을 3:1로 하시오.

**2** 다져서 양념한 소고기는 크게 반대기를 지어 석쇠에 구우시오.

**3** 완성된 섭산적은 0.7cm×2cm×2cm로 9개 이상 제출하시오.

**1** 다져서 양념한 소고기는 크게 반대기를 지어 구운 뒤 자른다.

**2** 고기가 타지 않게 잘 구워지도록 유의한다.

## 재료

### 01 주재료

| | |
|---|---|
| 소고기(살코기) | 80g |
| 두부 | 30g |
| 대파(흰 부분, 4cm) | 1토막 |
| 마늘(중, 깐 것) | 1쪽 |
| 소금(정제염) | 5g |
| 흰설탕 | 10g |
| 깨소금 | 5g |
| 참기름 | 5mL |
| 검은 후춧가루 | 2g |
| 잣(깐 것) | 10개 |
| 식용유 | 30mL |

### 02 고기 양념

| | |
|---|---|
| 소금 | 1/2작은술 |
| 다진 파 | 0.4큰술 |
| 다진 마늘 | 0.3큰술 |
| 소금 | 0.5작은술 |
| 흰설탕 | 1작은술 |
| 참기름 | 1작은술 |
| 검은 후춧가루 | 약간 |
| 깨소금 | 약간 |

## 만드는 방법

**1 재료 준비하기** | 재료는 깨끗이 씻어서 준비한다.

**2 소고기 다지기** | 기름기 없는 우둔살이나 대접살을 준비하여 핏물을 제거한 후 곱게 다진다.

**3 고기 물기 제거** | 다진 고기는 면보로 물기를 제거한다.

**4 두부 물기 짜서 으깨기** | 두부는 면보에 물기를 꼭 짠 후 칼등으로 으깨어 준다.

**5 양념하기** | 고기, 두부, 다진 파 0.4큰술, 다진 마늘 0.3큰술, 소금 0.5작은술, 흰설탕 1작은술, 후추, 깨소금 작은술, 참기름 1작은술을 넣어 양념하고 잘 치대준다.

**6 모양 만들기** | 양념한 고기를 놓고 두께가 0.8cm가 되게 모양을 만든 다음 칼 바닥을 이용해 평평하게 고른다. 가로 세로로 잔 칼집을 넣는다.

**7 굽기** | 석쇠에 식용유를 발라 고기를 올려 타지 않게 고루 익힌다. 잣은 종이 위에 놓고 잘게 다져 보슬보슬하게 만든다.

**8 자르기** | 구운 섭산적이 식으면 가장자리를 정리하고 0.7cm×2cm×2cm 크기로 썬다.

**9 담아 완성하기** | 그릇에 담고 잣가루를 뿌려낸다.

## TiP!

- 소고기와 두부는 곱게 다지고 꽉꽉 쥐어가며 치대면 결착력이 잘 생겨 빠른 시간에 완성할 수 있다.
- 소고기와 두부비율은 3:1이다.
- 섭산적 반대기를 만들 때 도마 위에 식용유를 바르면 석쇠에 옮길 때 부서지지 않는다.
- 직화구이를 하면 수분증발이 일어나 산적의 두께가 얇아지기 때문에 완성된 크기보다 약간 두껍게 반대기를 짓는다.

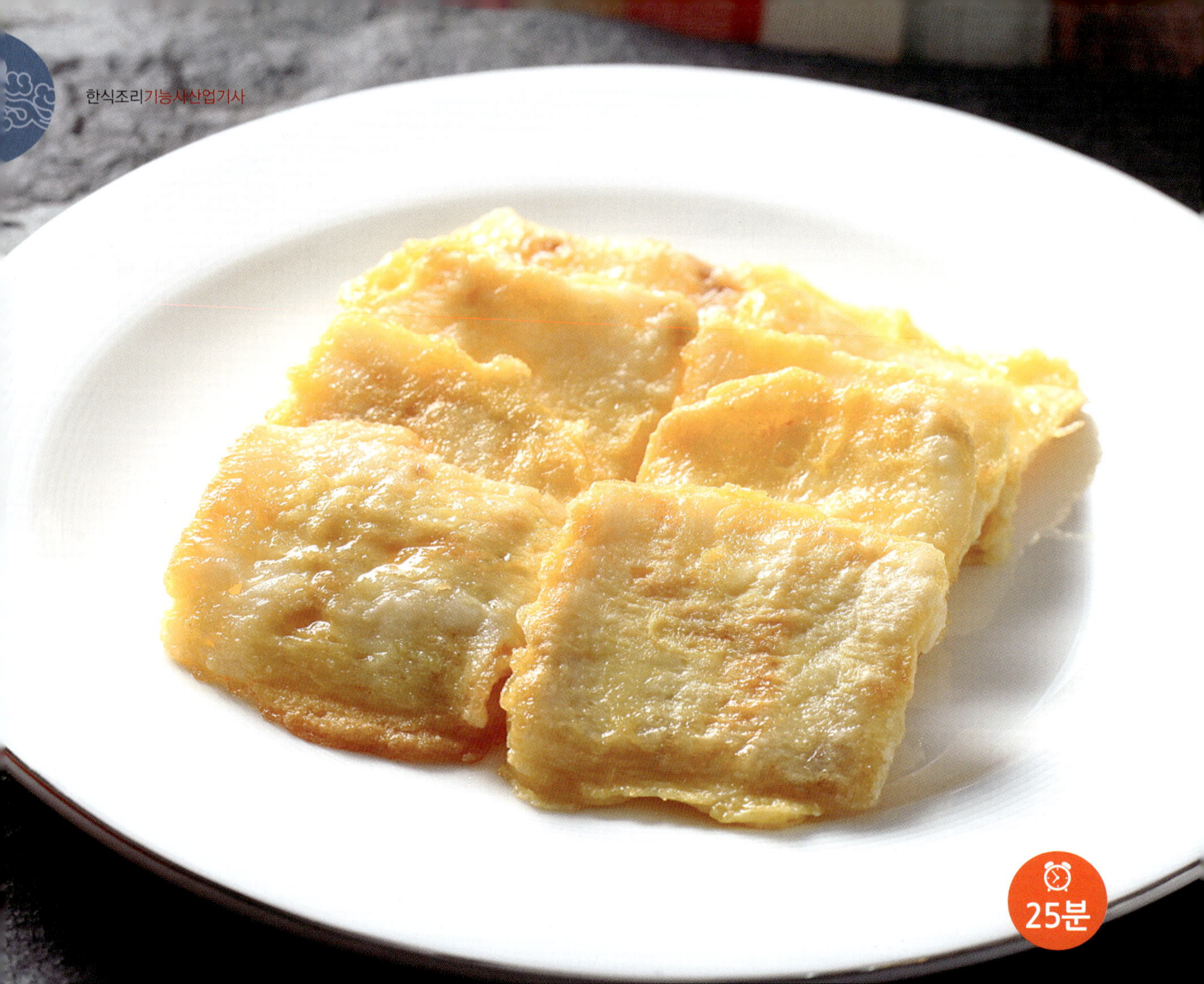

25분

# 생선전

> 흰살 생선을 포를 떠서 밀가루와 달걀물을 씌워 지진 음식이다. 전은 식용유를 둘러 지진다는 뜻으로 전유어, 저냐, 전냐 등으로 부르고 궁중에서는 전유화(煎油花)라고도 하였다.

1 생선전은 0.5cm×5cm×4cm로 하시오.

2 달걀은 흰자, 노른자를 혼합하여 사용하시오.

3 생선전은 8개 제출하시오.

1 생선살이 부서지지 않도록 한다.

2 달걀옷이 떨어지지 않도록 한다.

## 재료

### 01 주재료

| | |
|---|---|
| 동태(400g) | 1마리 |
| 소금(정제염) | 10g |
| 흰 후춧가루 | 2g |
| 밀가루(중력분) | 30g |
| 달걀 | 1개 |
| 식용유 | 50mL |

## 만드는 방법

**1 재료 준비하기** | 재료는 깨끗이 씻어서 준비한다.

**2 생선 손질** | 생선의 비늘을 제거하고 머리는 잘라낸 뒤, 배를 갈라 내장과 내장 안쪽의 검은 막까지 제거한 다음 깨끗이 씻는다. 껍질 쪽이 밑으로 가도록 두고 꼬리 쪽에 칼을 넣어 조금 떠 벗겨진 껍질을 왼손에 잡은 상태에서 칼을 밀어 껍질을 잡아당겨 가며 제거한다.

**3 3장 뜨기** | 껍질 쪽이 도마에 닿게 해서 꼬리 쪽부터 칼을 뉘어서 포를 뜬다.

**4 포 뜨기** | 손질된 생선살은 0.5cm×5cm×4cm가 되도록 포를 떠서 소금, 후추로 간한다. 달걀노른자에 흰자를 반 정도 섞고 소금을 넣어 잘 풀어 체에 내린다.

**5 밀가루 묻히기** | 생선살을 마른 면보로 눌러 준 후 밀가루를 고루 묻힌다.

**6 달걀 묻히기** | 달걀물을 골고루 묻힌다.

**7 지지기** | 기름 두른 팬에서 노릇하게 지져낸다.

**8 담아 완성하기** | 그릇에 8쪽을 보기 좋게 담는다.

## TiP!

- 생선살은 요구사항보다 조금 크게 포를 떠서 양끝을 정리해서 지지면 깔끔하다.
- 지느러미를 중심으로 껍질에 배와 등 쪽 모두 칼집을 넣고 시작해야 잘 발라지고 빨리 바를 수 있다.
- 생선살이 부서지지 않도록 포를 뜬다.
- 밀가루는 미리 묻히지 말고 지지기 직전 묻히고, 여분의 가루는 털어내고 지져야 전의 표면이 매끄럽고 색이 곱다.

# 육원전

> 곱게 다진 소고기 또는 돼지고기를 두부와 섞고 완자를 빚어서 밀가루와 달걀물에 무쳐 지져낸 음식으로 옛날 돈처럼 생겼다고 해서 돈전 또는 완자전이라고도 한다.

**요구사항**

1 육원전은 지름 4cm, 두께 0.7cm가 되도록 하시오.
2 달걀은 흰자, 노른자를 혼합하여 사용하시오.
3 육원전은 6개를 제출하시오.

**유의사항**

1 고기와 두부의 배합이 맞아야 한다.
2 전의 속까지 잘 익도록 한다.
3 모양이 흐트러지지 않아야 한다.

 ## 재료

### 01 주재료

| | |
|---|---|
| 소고기(살코기) | 70g |
| 두부 | 30g |
| 밀가루(중력분) | 20g |
| 달걀 | 1개 |
| 대파(흰 부분, 4cm) | 1토막 |
| 검은 후춧가루 | 2g |
| 참기름 | 5mL |
| 소금(정제염) | 5g |
| 마늘(중, 깐 것) | 1쪽 |
| 식용유 | 30mL |
| 깨소금 | 5g |
| 흰설탕 | 5g |

### 02 육원전 양념

| | |
|---|---|
| 다진 파 | 1/4작은술 |
| 다진 마늘 | 1/4작은술 |
| 소금 | 약간 |
| 흰설탕 | 약간 |
| 깨소금 | 약간 |
| 후추 | 약간 |
| 참기름 | 약간 |

 ## 만드는 방법

**1 재료 준비하기** | 재료는 깨끗이 씻어서 준비한다.

**2 소고기 다지기** | 기름기를 제거하고 곱게 다져 물기를 제거한다.

**3 두부 으깨기** | 면보에 물기를 짜서 칼등으로 밀어 으깬다.

**4 양념하기** | 파·마늘을 곱게 다져 고기와 두부는 3 : 1로 넣고 다진 파·마늘 1/4작은술, 소금·흰설탕·깨소금·후추·참기름 약간으로 양념한다.

**5 완자 만들기** | 소고기와 두부를 합하여 양념을 넣고 고루 섞어 끈기가 나도록 치댄다. 일정량씩 떼어 동그랗게 빚어준 다음 손으로 살짝 눌러 두께 0.7cm, 지름 4cm 원형의 완자를 만든다.

**6 밀가루 묻히기** | 밀가루를 묻히고 다시 표면을 매끄럽게 만져 준다.

**7 달걀 묻히기** | 달걀은 노른자에 흰자 1큰술 정도 넣고 소금을 넣어 체에 내려 완자를 묻힌다.

**8 지지기** | 팬에 식용유를 약간 두르고 약한 불에서 지지고 어느 정도 익으면 가장자리도 익혀준다.

**9 담아 완성하기** | 그릇에 육원전 6개를 담아낸다.

 ## TiP!

- 소고기는 곱게 다지고 두부는 잘 으깨어 끈기가 나도록 치대야 가장자리가 갈라지지 않고 익혔을 때 표면이 매끄럽다.
- 전은 지질 때 자주 뒤집지 않고 먼저 익혔던 부분을 위로 해서 제시한다.
- 빨리 뒤집어서 한쪽으로 달걀물이 흐르는 것을 방지한다.

20분

# 표고전

> 불린 표고버섯의 갓 안쪽에 간장으로 밑간하고 양념한 소고기로 소를 채워서 기름에 지진 음식이다.

**요구사항**

1 표고버섯과 속은 각각 양념하여 사용하시오.
2 표고전은 5개를 제출하시오.

**유의사항**

1 표고버섯의 색깔을 잘 살릴 수 있도록 해야한다.
2 고기가 완전히 익도록 해야 한다.

## 재료

**01 주재료**

건표고버섯
(지름 2.5~4cm) ············· 5개
소고기(살코기) ············· 30g
두부 ························· 15g
밀가루(중력분) ············· 20g
달걀 ························· 1개
대파(흰 부분, 4cm) ····· 1토막
검은 후춧가루 ············· 1g
참기름 ····················· 5mL
깨소금 ····················· 5g
마늘(중, 깐 것) ············ 1쪽
진간장 ····················· 5mL
흰설탕 ····················· 5g
소금(정제염) ··············· 5g
식용유 ··················· 20mL

**02 고기소 양념**

다진 파 ············· 1/4작은술
다진 마늘 ··········· 1/4작은술
소금 ······················ 약간
흰설탕 ···················· 약간
깨소금 ···················· 약간
후추 ······················ 약간
참기름 ···················· 약간

**03 표고버섯 밑간(유장)**

간장 ······················ 약간
참기름 ···················· 약간
흰설탕 ···················· 약간

## 만드는 방법

**1 재료 준비하기** | 재료는 깨끗이 씻어서 준비한다.

**2 표고버섯 불리기** | 물을 끓여 표고버섯을 불린다.

**3 두부 으깨기** | 두부의 물기를 짜서 칼로 밀어 으깬다.

**4 소고기 다지기** | 소고기는 핏물을 제거한 후 곱게 다진다.

**5 소고기 양념하기** | 파·마늘은 곱게 다져서 소고기와 두부를 합하여 다진 파·마늘 1/4작은술, 소금·설탕·깨소금·후추· 참기름 약간 넣고 양념하여 골고루 치댄다.

**6 표고버섯 손질** | 불린 표고버섯은 기둥을 떼고 면보에 살짝 눌러 물기를 짠다.

**7 표고버섯 간하기** | 표고버섯 안쪽에 유장을 바른다.

**8 표고버섯에 밀가루 묻히기** | 표고버섯 안쪽에 밀가루를 살짝 발라준다.

**9 소 넣기** | 양념한 고기소를 편편하게 채운다.

**10 밀가루 묻히기** | 밀가루를 묻히고 살살 눌러 매끈하게 정리한다.

**11 달걀 묻히기** | 달걀은 노른자에 흰자를 1큰술 정도 섞어 소금을 약간 넣어 잘 푼 후 체에 내려 준비하고 옆으로 흐르지 않게 살짝 묻힌다.

**12 지지기** | 팬이 달궈지면 높지 않은 온도에서 팬의 가장자리에 달걀물이 흐르지 않게 소가 채워진 부분부터 지지고 뒷면도 살짝 익힌다.

**13 담아 완성하기** | 완성된 표고전을 그릇에 보기 좋게 담는다.

---

**TiP!**

• 고기소를 편편하게 채워야 골고루 지질 수 있다.

• 표고버섯은 기둥을 떼고 물기를 꼭 짜서 밑간해야 지질 때 물이 덜 생긴다.

• 전의 색을 살리기 위하여 흰자는 적당히 사용한다(고추전, 표고전, 육원전, 생선전 공통).

25분

# 풋고추전

요구사항

1 풋고추는 먼저 5cm 길이로, 소를 넣어 지져
  내시오.
2 풋고추는 잘라 데쳐서 사용하며, 완성된 풋고
  추전은 8개를 제출하시오.

유의사항

1 완성된 풋고추전의 색에 유의한다.

 ## 재료

### 01 주재료

풋고추
(길이 11cm 이상) ………… 2개
소고기(살코기) …………… 30g
두부 ……………………… 15g
밀가루(중력분) …………… 15g
달걀 ………………………… 1개
대파(흰 부분, 4cm) …… 1토막
검은 후춧가루 ……………… 1g
참기름 …………………… 5mL
소금(정제염) ……………… 5g
깨소금 ……………………… 5g
식용유 …………………… 20mL
흰설탕 ……………………… 5g
마늘(중, 깐 것) ………… 1쪽

### 02 고기소 양념

다진 파 …………… 1/4작은술
다진 마늘 ………… 1/4작은술
흰설탕 …………………… 약간
소금 ……………………… 약간
검은 후춧가루 …………… 약간
깨소금 …………………… 약간
참기름 …………………… 약간

 ## 만드는 방법

**1 재료 준비하기** │ 재료는 깨끗이 씻어서 준비한다.

**2 고추 손질하기** │ 풋고추는 5cm 정도 길이로 자르고, 반으로 갈라 씨를 발라내어 끓는 소금물에 살짝 데쳐 찬물에 식힌다.

**3 두부 으깨기** │ 두부는 면보에 물기를 꼭 짜서 칼등으로 밀어서 으깬다.

**4 소고기 다지기** │ 소고기는 핏물을 제거하여 곱게 다진다.

**5 양념하기** │ 소고기와 두부를 합해 다진 파·마늘 1/4작은술, 설탕·소금·후추·깨소금·참기름을 약간 넣어 양념하여 치댄다.

**6 고추 속에 밀가루 묻히기** │ 손질한 고추 안쪽에 밀가루를 살짝 뿌리고 털어낸다.

**7 소 넣기** │ 소를 채운다.

**8 밀가루 묻히기** │ 밀가루를 묻히고 살살 만져서 매끈하게 정리한다.

**9 달걀 묻히기** │ 달걀은 노른자에 흰자를 1큰술 정도 넣고 소금을 넣어 잘 풀어 체에 내려 소 쪽에만 달걀물이 옆으로 흐르지 않도록 묻힌다. 식용유를 두른 팬에 약한 불로 노릇하게 지진다.

**10 담아 완성하기** │ 그릇에 보기 좋게 담는다.

## TiP!

- 소고기와 두부를 곱게 다져 끈기 있게 쳐준 뒤 소를 채워 지지면 고추전의 표면이 매끄럽다.
- 색을 좋게 하기 위해 달걀흰자의 양을 줄여 사용한다.
- 초간장은 요구사항을 확인하고 제시한다.

35분

# 지짐누름적

> 소고기와 도라지, 당근, 표고버섯 등을 익히고 실파와 함께 꼬치에 색을 맞추어 끼워 밀가루와 달걀물로 지져낸 음식이다.

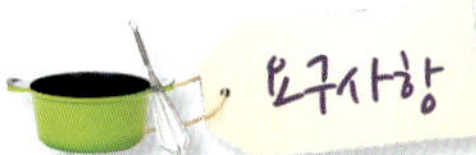

## 요구사항

1 각 재료는 0.6cm×1cm×6cm로 하시오.
2 누름적의 수량은 2개를 제출하고, 꼬치는 빼서 제출하시오.

## 유의사항

1 각각의 준비된 재료는 조화 있게 끼워서 색을 잘 살릴 수 있도록 지진다.
2 당근과 통도라지는 기름으로 볶으면서 소금으로 간을 한다.

## 재료

### 01 주재료

소고기(살코기, 길이 7cm)·· 50g
건표고버섯(지름 5cm, 물에
불린 것) ················· 1개
당근(곧은 것, 길이 7cm) ·· 50g
통도라지(껍질 있는 것,
길이 20cm) ·············· 1개
쪽파(중) ··············· 2뿌리
밀가루(중력분) ·········· 20g
달걀 ··················· 1개
참기름 ················· 5mL
산적꼬치(길이 8~9cm) ··· 2개
식용유 ················· 30mL
소금(정제염) ·············· 5g
진간장 ················· 10mL
대파(흰 부분, 4cm) ····· 1토막
마늘(중, 깐 것) ·········· 1쪽
검은 후춧가루 ············ 2g
흰설탕 ··················· 5g
깨소금 ··················· 5g

### 02 소고기, 표고버섯 양념

진간장 ············· 1작은술
흰설탕 ··········· 1/2작은술
다진 파 ··············· 약간
다진 마늘 ·············· 약간
참기름 ················· 약간
검은 후춧가루 ··········· 약간

## 만드는 방법

**1 재료 준비하기** │ 재료는 깨끗이 씻어서 준비한다.

**2 표고버섯 불리기** │ 끓인 물에 표고버섯을 불린다.

**3 도라지 손질** │ 껍질을 들어서 돌려 깐 다음 6cm로 잘라 6cm×1cm×0.5cm로 썰어 소금물에 절인다.

**4 당근 썰기** │ 6cm로 잘라 6cm×1cm×0.5cm로 썬다.

**5 쪽파 썰기** │ 6cm로 썰어 참기름에 무쳐 놓는다.

**6 소고기 썰기** │ 핏물을 제거하고 7cm×1cm×0.5cm로 썰어 잔 칼집을 넣는다.

**7 표고버섯 썰기** │ 불린 표고버섯은 기둥을 떼고 길이 6cm×1cm×0.5cm로 썬다.

**8 양념장 만들기** │ 소고기는 간장 1작은술, 설탕 1/2작은술, 다진 파·마늘 약간, 참기름을 약간 넣은 양념장으로 무친다.

**9 표고버섯 간하기** │ 표고버섯은 진간장·흰설탕·참기름으로 무친다.

**10 당근, 도라지 데치기** │ 당근, 도라지는 소금물에 데쳐 놓는다.

**11 볶기** │ 당근, 도라지는 소금을 살짝 넣고 볶아 놓는다. 소고기, 표고버섯도 볶아 놓고 고기는 익으면 오그라들기 때문에 다시 한 번 같은 폭이 되도록 잘라 놓는다.

**12 꼬치 끼우기** │ 꼬치를 다듬어 색을 맞추어 끼워준 다음 아래 위를 잘라 같은 길이로 자른다. 달걀노른자에 흰자 1큰술 정도를 섞어 소금을 넣어 잘 풀은 후 체에 내린다.

**13 지지기** │ 밀가루, 달걀 순으로 묻히고 팬에서 파가 숨이 죽을 정도로 익힌 뒤 식으면 꼬치를 뺀다.

**14 담아 완성하기** │ 그릇에 보기 좋게 담는다.

## TiP!

- 산적은 지지기 전에 각 재료들의 크기를 맞추어 지진다(단, 표고버섯의 크기는 지급된 재료 크기로 한다).
- 재료 사이가 떨어지지 않도록 뒷면은 밀가루를 넉넉히 묻히고 앞면은 얇게 입힌다.
- 뒷면은 노릇하고 단단하게 지진다.

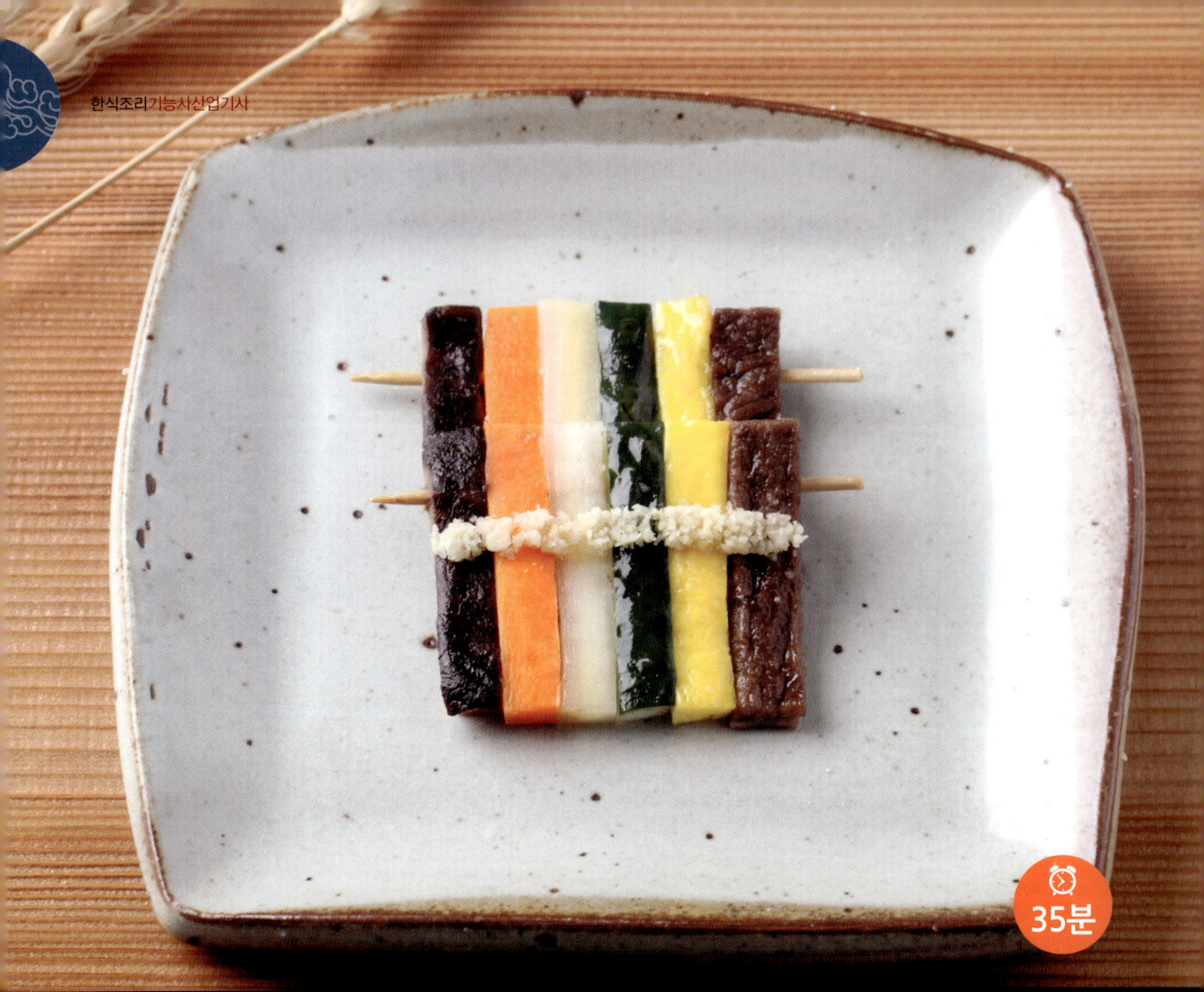

⏱ 35분

# 화양적



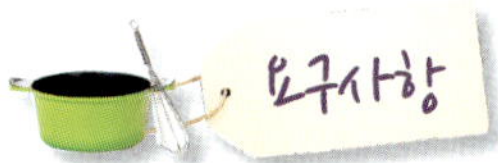 요구사항

1 화양적은 0.6cm×6cm×6cm로 만드시오.
2 달걀노른자로 지단을 만들어 사용하시오.
  (단, 달걀흰자 지단을 사용하는 경우 오작 처리)
3 화양적은 2꼬치를 만들고 잣가루를 고명으로
  얹으시오.

 유의사항

1 통도라지는 쓴맛을 잘 뺀다.
2 끼우는 순서는 색의 조화가 잘 이루어지도록
  한다.

## 재료

### 01 주재료

소고기(살코기, 길이 7cm) ··· 50g
건표고버섯(지름 5cm, 물에
불린 것) ···················· 1개
당근(곧은 것, 길이 7cm) ··· 50g
오이(가늘고 곧은 것,
길이 20cm) ··············· 1/2개
통도라지(껍질 있는 것,
길이 20cm) ··············· 1개
산적꼬치(길이 8~9cm) ··· 2개
진간장 ····················· 5mL
대파(흰 부분, 4cm) ····· 1토막
마늘(중, 깐 것) ············ 1쪽
소금(정제염) ··············· 5g
흰설탕 ······················ 5g
깨소금 ······················ 5g
참기름 ····················· 5mL
검은 후춧가루 ·············· 2g
잣(깐 것) ················· 10개
달걀 ······················· 2개
식용유 ···················· 30mL

### 02 양념(소고기, 표고버섯)

진간장 ················· 1작은술
흰설탕 ··············· 1/2작은술
다진 파 ··················· 약간
다진 마늘 ················· 약간
검은 후춧가루 ············· 약간
깨소금 ···················· 약간
참기름 ···················· 약간

## 만드는 방법

**1 재료 준비하기** | 재료는 깨끗이 씻어서 준비한다.

**2 도라지 손질** | 도라지는 껍질을 돌려가며 벗긴 다음 6cm로 잘라 6cm×1cm×0.6cm로 썰어 소금물에 절인다.

**3 오이 썰기** | 오이는 6cm로 잘라 6cm×1cm×0.6cm로 썰어 소금을 뿌려 절인다.

**4 당근 썰기** | 6cm로 잘라 6cm×1cm×0.6cm로 썬다.

**5 소고기 썰기** | 7cm×1cm×0.6cm로 잘라 칼끝으로 콕콕 칼집을 넣어 칼등으로 두드린다.

**6 표고버섯 썰기** | 불린 표고버섯은 밑동을 잘라내고 물기를 제거한 후 6cm×1cm×0.6cm로 잘라 놓는다.

**7 양념장 만들기** | 대파·마늘을 다져 진간장 1작은술, 흰설탕 1/2작은술, 다진 대파·마늘·후추·깨소금·참기름 약간 넣어 양념장을 만들어 소고기와 표고버섯을 양념한다.

**8 달걀노른자 지단 만들기** | 달걀노른자에 소금을 약간 넣고 0.6cm 두께로 부쳐 다른 재료들과 같은 크기로 썬다(달걀흰자는 사용하지 않음).

**9 도라지, 당근 데치기** | 도라지와 당근을 소금물에 살짝 데쳐 찬물에 헹궈준다.

**10 볶기** | 팬에 식용유를 두르고 오이, 도라지, 당근, 표고버섯, 소고기 순으로 각각 볶는다. 잣은 종이 위에 두고 고깔을 떼어 곱게 다진다.

**11 꼬치 끼우기** | 산적꼬치에 재료를 색 맞추어 끼워 꼬치 양쪽이 1cm 정도 남도록 한다.

**12 담아 완성하기** | 그릇에 화양적을 담고 잣가루를 뿌려낸다.

## TiP!

- 화양적은 당근, 도라지를 꼭 삶아 볶은 후 끼운다.
- 각 재료의 크기와 두께를 일정하게 자르고 색은 선명하게 살려서 지진다.
- 당근은 부러지기 쉬우므로 제일 나중에 끼운다.

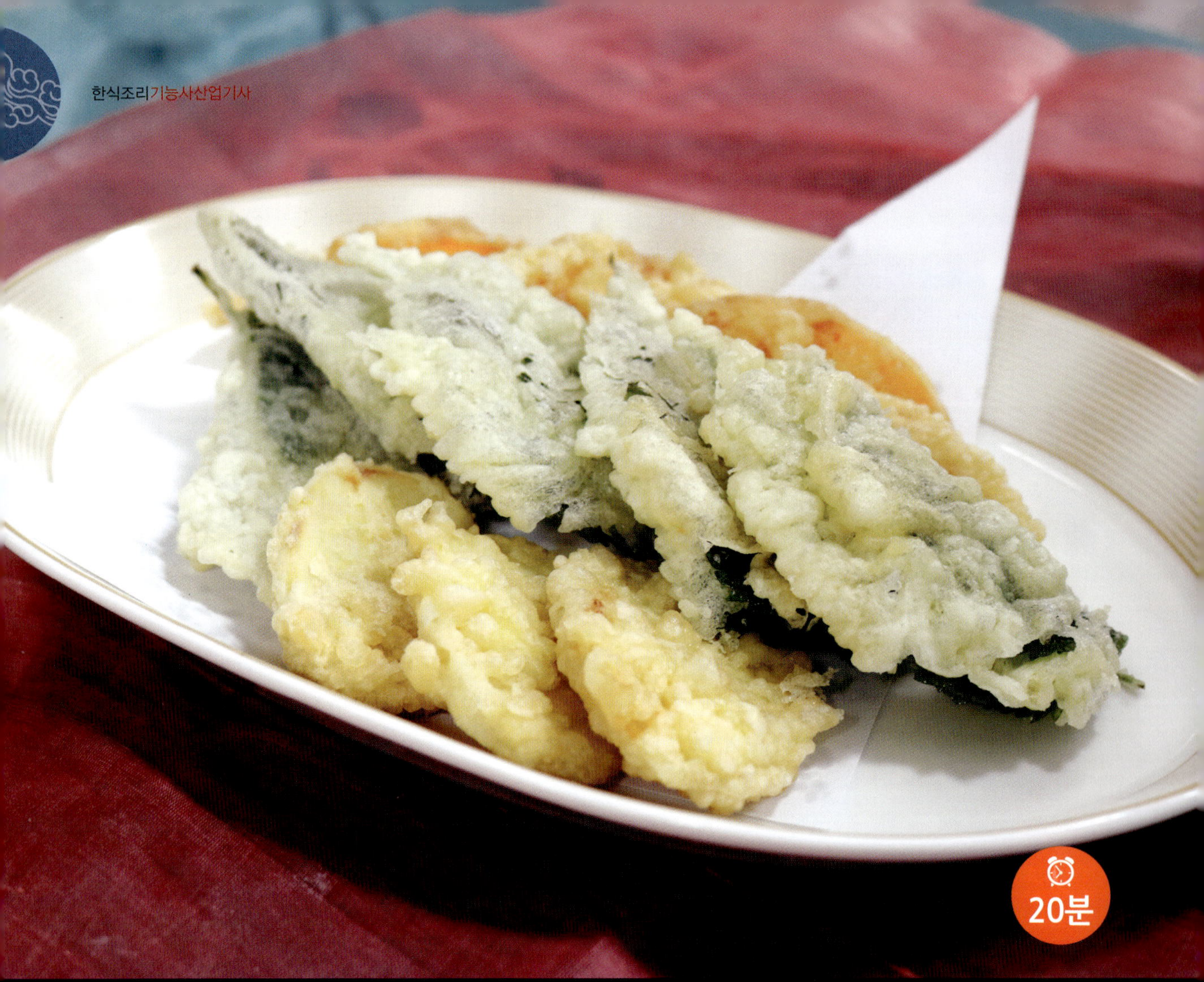

# 채소튀김

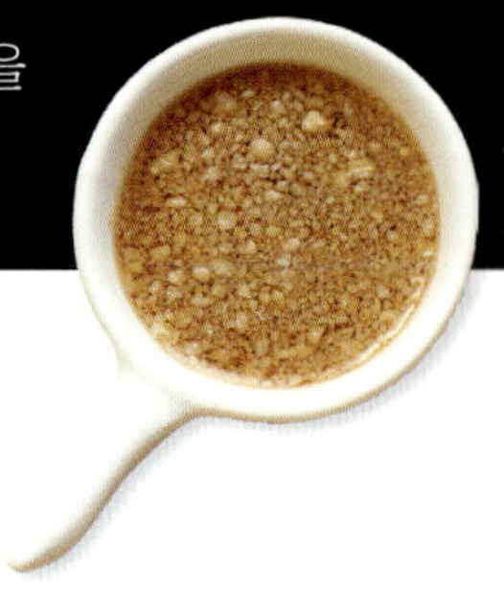

## 요구사항

**1** 단호박은 길이로 잘라 씨와 속을 긁어내고 0.3cm 두께로 자르시오.

**2** 고구마는 0.3cm 두께 원형으로 잘라 전분기를 제거하여 사용하시오.

**3** 깻잎은 찬물에 담가 두었다가 물기를 제거하고 사용하시오.

**4** 밀가루와 달걀을 섞어 반죽을 만들고, 튀김은 각 3개씩 제출하시오.

**5** 초간장에 잣가루를 뿌려 곁들여 내시오.

## 재료

| | |
|---|---|
| 단호박 | 100g |
| 고구마 | 100g |
| 깻잎 | 3장 |
| 밀가루(박력분) | 100g |
| 달걀 | 1개 |
| 식용유 | 500mL |
| 진간장 | 10mL |
| 흰설탕 | 5g |
| 식초 | 10mL |
| 잣 | 2알 |
| A4용지 | 1장 |
| 키친타월(18×20cm) | 2장 |

## 만드는 방법

**1 재료 준비하기** │ 모든 재료는 깨끗이 씻고 깻잎은 찬물에 담가 둔다.

**2 재료 손질** │ 고구마는 껍질을 제거하고 0.3cm 두께로 자른 후 찬물에 담가 전분기를 제거한다. 호박은 길이로 썰어 한쪽을 잘라 씨와 껍질을 제거한 후 0.3cm 두께로 썰어 놓는다.

**4 밀가루 체치기** │ 밀가루는 입자가 고운 체로 쳐놓는다.

**5 초(간)장 만들기** │ 진간장 10mL, 식초 10mL, 흰설탕 5g을 합하여 초장을 만든다.

**6 잣 손질** │ 잣은 A4용지를 깔고 칼등을 이용하여 다져 기름을 빼 놓는다.

**7 튀김 준비** │ 고구마, 깻잎은 물기를 제거하고 호박과 같이 그릇에 담아 놓는다. 준비한 채소들에 밀가루를 골고루 묻혀놓고 튀김 팬을 불에 올린다.

**8 튀김옷 반죽하기** │ 노른자에 물 1컵을 넣어 풀어두고 밀가루 1컵을 반죽에 넣어 가볍게 저어서 풀어준다.

**9 튀기기** │ 튀김 온도를 확인한 후 고구마와 호박에 튀김옷을 묻혀서 튀긴다. 약한 불에서 한 번 튀긴 후 건져서 온도를 높여 다시 한 번 튀겨준다. 깻잎은 반죽을 묻혀 흘러내리는 것을 살짝 제거하고 튀겨준다.

**10 기름 제거** │ 튀겨진 것은 키친 타월에 올려 기름을 제거한다.

**11 담아 완성하기** │ 양 옆으로 고구마와 호박을 가지런히 담고 중앙에 깻잎을 담아 준다.

**12 초장 제출하기** │ 초장에 잣가루를 넣어 튀김에 곁들여 담아준다.

### 유의사항

1 튀긴 채소는 타거나 설익지 않도록 한다.
2 튀김옷의 농도에 유의하여야 한다.
3 달걀물이 흐르지 않게 해야 한다.
4 온도를 낮게 해야 한다.
5 반죽은 미리 해놓지 말고 튀기기 직전에 한다.
6 반죽을 휘젓지 말고 콕콕 찍듯이 해야 한다.

### TiP!

- 물과 밀가루 양을 동량으로 하면 반죽의 농도가 적당하다.
- 튀김 반죽의 상태가 덜 풀린 것 같은 농도에서 시작한다.
- 튀김 반죽을 휘휘 저어가면서 하면, 글루텐이 형성되어 튀김옷이 바삭해지지 않으므로 절대로 저어가면서 반죽하지 않는다.

# 제9장 구이 조리

## NCS 분류번호 1301010109_16v3

한식 구이 조리란 육류, 어패류, 채소류, 버섯류 등의 재료를
소금이나 양념장에 재워 직접, 간접 화력으로 익혀낼 수 있는 능력이다.

| 능력단위요소 | 수행준거 |
|---|---|
| 1301010109_16v3.1<br>구이 재료 준비하기 | 1.1 구이의 종류에 맞추어 도구와 재료를 준비할 수 있다.<br>1.2 조리에 사용하는 재료를 필요량에 맞게 계량할 수 있다.<br>1.3 재료에 따라 요구되는 전 처리를 수행할 수 있다.<br>1.4 양념장 재료를 비율대로 혼합, 조절할 수 있다.<br>1.5 필요에 따라 양념장을 숙성할 수 있다. |
| 1301010109_16v3.2<br>구이 조리하기 | 2.1 구이종류에 따라 유장처리나 양념을 할 수 있다.<br>2.2 구이종류에 따라 초벌구이를 할 수 있다.<br>2.3 온도와 불의 세기를 조절하여 익힐 수 있다.<br>2.4 구이의 색, 형태를 유지할 수 있다. |
| 1301010109_16v3.3<br>구이 담기 | 3.1 조리종류와 색, 형태, 인원수, 분량 등을 고려하여 그릇을 선택할 수 있다.<br>3.2 조리한 음식을 부서지지 않게 담을 수 있다.<br>3.3 구이 종류에 따라 따뜻한 온도를 유지하여 담을 수 있다.<br>3.4 조리종류에 따라 고명으로 장식할 수 있다. |

## <구이 조리작업 상황에서 고려사항>

- 구이 조리 능력단위는 다음 범위가 포함된다.
  - 구이류 : 더덕구이, 생선구이, 북어구이, 오징어구이, 제육구이, 불고기, 너비아니구이, 뱅어포구이, 맥적구이, 갈비구이 등
- 구이의 전 처리란 다듬기, 씻기, 수분제거, 핏물제거, 자르기를 말한다.
- 구이의 색과 형태의 유지란 부스러지지 않고, 타지 않게 굽는 것을 말한다.
- 구이의 양념
  - 소금구이: 방자구이, 민어소금구이 등
  - 간장양념구이: 너비아니구이, 염통구이, 콩팥구이, 쇠갈비구이 등
  - 고추장 양념구이: 제육구이, 북어구이, 병어고추장구이, 더덕구이 등
- 양념하여 재워두는 시간은 양념 후 30분 정도가 좋으며 간을 하여 오래두면 육즙이 빠져 맛이 없고 육질이 질겨지므로 부드럽지 않은 구이가 된다.
- 유장처리란(간장과 참기름을 섞은 것) 고추장 양념을 발라 구우면 타기 쉬우므로 유장을 발라 먼저 구워 초벌구이 하는 것을 말한다.
- 구이의 따뜻한 온도는 75℃ 이상을 말한다.
- 구이의 열원
  - 직접구이: 복사열로 석쇠나 브로일러를 사용하여 조리할 식품을 직접 불 위에 올려 굽는 방법
  - 간접구이: 금속판에 의하여 열이 전달되는 전도열로 철판이나 프라이팬에 식용유를 두르고 지지는 것

# 너비아니구이

> 소고기의 연한 부위를 얇게 저며
> 양념장에 재웠다가 굽는 구이 요리로
> 너붓너붓하게 썰어서 너비아니라고
> 이름 붙여진 듯하다.

**요구사항**

1 완성된 너비아니는 0.5cm×4cm×5cm로
하시오.
2 석쇠를 사용하여 굽고, 6쪽 제출하시오.
3 잣가루를 고명으로 얹으시오.

**유의사항**

1 고기가 연하도록 손질한다.
2 구워진 정도와 모양과 색깔에 유의한다.

## 재료

### 01 주재료

| | |
|---|---|
| 소고기(안심 또는 등심)·· | 100g |
| 진간장 | 50mL |
| 대파(흰 부분, 4cm) | 1토막 |
| 흰설탕 | 10g |
| 마늘(중, 깐 것) | 2쪽 |
| 검은 후춧가루 | 2g |
| 깨소금 | 5g |
| 참기름 | 10mL |
| 배 | 1/8개(50g) |
| 식용유 | 10mL |
| 잣(깐 것) | 5개 |

### 02 양념장

| | |
|---|---|
| 진간장 | 1.5큰술 |
| 흰설탕 | 1큰술 |
| 다진 파 | 약간 |
| 다진 마늘 | 약간 |
| 검은 후춧가루 | 약간 |
| 깨소금 | 약간 |
| 참기름 | 약간 |
| 배즙 | 1큰술 |

## 만드는 방법

**1 재료 준비하기** | 재료는 깨끗이 씻어서 준비한다.

**2 소고기 손질** | 핏물, 기름 등을 제거하고 가로, 세로 5cm× 6cm, 두께 0.4cm 정도로 얇게 포를 떠서 칼로 자근자근 두드린다.

**3 배즙 내기** | 배를 껍질을 벗겨서 강판에 갈아 거즈로 배즙을 짠다.

**4 양념 만들기** | 파·마늘은 곱게 다지고 간장 1.5큰술, 설탕 1큰술, 다진 파·마늘, 후추·깨소금·참기름 약간, 배즙 1큰술 넣어 양념장을 만든다.

**5 고기 재우기** | 양념장에 고기를 한 장씩 재워 맛이 고루 배도록 20분 정도 재워둔다. 잣은 종이 위에 놓고 곱게 다져 보슬보슬하게 만든다.

**6 굽기** | 석쇠에 식용유를 바르고 달군 뒤 양념장에 재운 고기를 놓고 석쇠자국이 나지 않게 한쪽 석쇠를 들고 뒤집어가며 굽는데, 강한 불에서 약한 불로 천천히 굽는다.

**7 정리하기** | 자르지 않는 것이 좋으나 잘라야 하면 겹쳐서 한 번에 자른다.

**8 담아 완성하기** | 구운 고기를 완성 접시에 담고 잣가루를 뿌린다.

## TiP!

- 너비아니는 궁중 불고기로, 고기 부위는 안심이나 등심 부위를 사용했다.
- 칼등으로 잘 두드려 주어야 양념도 잘 배고 잘 익고 맛도 부드럽다.
- 직화로 굽는 구이류의 양념장에 들어가는 재료는 곱게 다지고 적게 사용해야 구울 때 덜 탄다.
- 고기가 익으면 줄어드는 것을 고려하여 완성된 크기보다 크게 자른다.
- 배는 강판에 갈아 즙만 사용한다.

# 제육구이



> 돼지고기의 등심 또는 안심 부위를 도톰하게 썰어
> 잔 칼집을 넣고 고추장 양념에 재워 불에 구운
> 대표적인 고추장 양념구이다.

**요구사항**

1 완성된 제육은 0.4cm×4cm×5cm로 하시오.
2 고추장 양념하여 석쇠에 구우시오.
3 제육구이는 전량 제출하시오.

**유의사항**

1 구워진 표면이 마르지 않도록 한다.
2 구워진 고기의 모양과 색깔에 유의하여 굽는다.

## 재료

### 01 주재료

| | |
|---|---|
| 돼지고기 (등심살 또는 볼깃살) | 150g |
| 고추장 | 40g |
| 흰설탕 | 15g |
| 진간장 | 10mL |
| 대파(흰 부분, 4cm) | 1토막 |
| 마늘(중, 깐 것) | 2쪽 |
| 검은 후춧가루 | 2g |
| 깨소금 | 5g |
| 참기름 | 5mL |
| 식용유 | 10mL |
| 생강 | 10g |

### 02 고추장 양념장

| | |
|---|---|
| 고추장 | 2큰술 |
| 흰설탕 | 1큰술 |
| 진간장 | 1큰술 |
| 다진 파 | 1/4작은술 |
| 다진 마늘 | 1/4작은술 |
| 생강즙 | 약간 |
| 검은 후춧가루 | 약간 |
| 깨소금 | 약간 |
| 참기름 | 약간 |
| 물 | 약간 |

## 만드는 방법

**1 재료 준비하기** | 재료는 깨끗이 씻어서 준비한다.

**2 돼지고기 기름 제거** | 돼지고기는 핏물, 기름 등을 제거한다.

**3 고기 썰기** | 줄어들 것을 감안하여 결 반대로 0.4cm×5cm ×6cm로 썰어 칼집을 넣고 칼등으로 자근자근 두드려 준다.

**4 고추장 양념 만들기** | 파·마늘을 곱게 다져 고추장 2큰술, 설탕 1큰술, 간장 1큰술, 다진 파·마늘 1/4작은술, 생강즙·후추·깨소금·참기름·물을 약간 넣고 양념장을 만든다.

**5 양념에 재우기** | 고기에 고추장 양념장을 골고루 묻혀 차곡차곡 겹쳐서 간이 배도록 15분 이상 재운다.

**6 굽기** | 석쇠에 식용유를 발라 달군 후 양념한 고기를 타지 않게 고루 익히면서 굽는다.

**7 담아 완성하기** | 그릇에 제육구이를 겹쳐서 담아준다.

## TiP!

- 양념장이 되직하면 물을 약간 넣어 농도를 조절한다.
- 너무 강한 불에서 구우면 양념은 타고 속은 익지 않으므로 불 조절을 잘하여 고루 익힌다.
- 처음 익힐 때 양념장을 적게 발라 익히면, 덧발라 구울 때 타지 않고 속까지 잘 익힐 수 있다.
- 고기가 익으면 수축되므로 제시된 크기보다 크게 썬다.

30분

# 더덕구이

66 얇게 저민 더덕을 소금물에 담가 쓴맛을 우려내어 양념장을 발라 석쇠에 구워내는 별미 보양식이다. 99

1 더덕은 껍질을 벗겨 사용하시오.
2 유장으로 초벌구이 하고, 고추장 양념으로 석쇠에 구우시오.
3 완성품은 전량 제출하시오.

1 더덕이 부서지지 않도록 두드린다.
2 더덕이 타지 않도록 굽는 데 주의한다.

## 재료

### 01 주재료

| | |
|---|---|
| 통더덕(껍질 있는 것, 길이 10~15cm) | 3개 |
| 진간장 | 10mL |
| 대파(흰 부분, 4cm) | 1토막 |
| 마늘(중, 깐 것) | 1쪽 |
| 고추장 | 30g |
| 흰설탕 | 5g |
| 깨소금 | 5g |
| 참기름 | 10mL |
| 소금(정제염) | 10g |
| 식용유 | 10mL |

### 02 유장

| | |
|---|---|
| 참기름 | 1큰술 |
| 간장 | 1작은술 |

### 03 고추장 양념

| | |
|---|---|
| 고추장 | 2큰술 |
| 흰설탕 | 1.5큰술 |
| 다진 파 | 약간 |
| 다진 마늘 | 약간 |
| 진간장 | 약간 |
| 깨소금 | 약간 |
| 참기름 | 약간 |
| 물 | 약간 |

## 만드는 방법

**1 재료 준비하기** | 재료는 깨끗이 씻어서 준비한다.

**2 더덕 껍질 벗기기** | 통더덕은 깨끗이 씻어 껍질을 돌려가며 벗긴다.

**3 더덕 자르기** | 부스러기나 흠을 제거하고 더덕을 길이로 반을 잘라준다.

**4 더덕 우리기** | 찬물에 소금을 약간 넣고 쓴맛과 아린 맛을 우려낸다.

**5 더덕 펼치기** | 더덕을 깨끗한 행주에 싸서 방망이를 이용하여 자근자근 두드리고 밀대로 밀어 가며 펼쳐준다.

**6 유장 만들기** | 참기름 1큰술, 간장 1작은술의 비율로 유장을 만든다.

**7 초벌구이** | 유장을 발라 구울 때는 온도를 약간 올려서 굽는다.

**8 고추장 양념 만들기** | 파·마늘을 다져 고추장 2큰술, 설탕 1.5큰술, 다진 파·마늘 약간, 간장·깨소금·참기름·물을 약간 넣어 고추장 양념을 만든다.

**9 굽기** | 석쇠에 식용유를 발라 낮은 불에서 천천히 굽는다.

**10 자르기** | 더덕을 여러 개 겹쳐 한 번에 잘라준다.

**11 담아 완성하기** | 그릇에 5cm로 잘라 가지런히 담아낸다.

## TiP!

- 유장은 참기름과 간장의 비율이 3 : 1 이다.
- 더덕에 유장은 조금만 바른다. 많이 바르면 고추장 양념이 잘 흡수되지 않고 색도 칙칙해 보인다.
- 더덕을 두드려 펼 때 행주로 싸서 해야 부서지지 않는다.

⏰ **20분**

# 북어구이

> 66 마른 북어를 부드럽게 불려서 유장에 재워 애벌구이한 후,
> 고추장 양념을 발라가며 구운 음식이다. 99

**1** 구워진 북어의 길이는 5cm로 하시오.

**2** 유장으로 초벌구이 하고, 고추장 양념으로 석쇠에 구우시오.

**3** 완성품은 3개를 제출하시오(단, 세로로 잘라 3/6토막 제출할 경우 수량부족으로 미완성 처리).

**1** 북어를 물에 불려 사용한다(이때 부서지지 않도록 유의한다).

**2** 북어가 타지 않도록 잘 굽는다.

**3** 고추장 양념장을 만들어 북어에 부쳐서 재운다.

## 재료

### 01 주재료

북어포(반을 갈라 말린 껍질이 있는 것, 40g) ···········1마리
진간장 ······················ 20mL
대파(흰 부분, 4cm) ·······1토막
마늘(중, 깐 것) ················· 2쪽
고추장 ······················· 40g
흰설탕 ······················· 10g
깨소금 ························· 5g
참기름 ······················ 15mL
검은 후춧가루 ················· 2g
식용유 ······················ 10mL

### 02 유장

참기름 ······················· 1큰술
진간장 ····················· 1작은술

### 03 고추장 양념

고추장 ······················ 2큰술
흰설탕 ······················ 1큰술
다진 대파 ·················· 1작은술
다진 마늘 ·················· 1작은술
진간장 ··················· 1/2작은술
검은 후춧가루 ·············· 1작은술
깨소금 ··················· 1/2작은술
참기름 ···················· 1작은술
물 ······················· 1작은술

## 만드는 방법

**1 재료 준비하기** | 재료는 깨끗이 씻어서 준비한다.

**2 북어 손질** | 머리를 가위나 칼로 자르고 물에 담가 살짝 불린다. 면보에 싸서 물기를 제거하고 밀대로 살살 두드린 다음 가시를 발라내고, 지느러미를 제거하여 6cm 길이 3토막으로 잘라 껍질 쪽에 칼집을 낸다.

**3 유장 만들기** | 참기름 1큰술, 간장 1작은술의 비율로 유장을 만든다.

**4 유장 바르기** | 유장을 조금씩 골고루 바른다.

**5 초벌구이** | 유장 바른 북어를 석쇠에 올려서 약한 불에서 천천히 구워 준다.

**6 고추장 양념 만들기** | 고추장 2큰술, 설탕 1큰술, 다진 파·마늘 약간, 간장·후추·깨소금·참기름·물을 약간 넣어 양념을 만든다. 북어에 고추장 양념을 골고루 바른 다음 석쇠에 올려 낮은 온도에서 천천히 구워준다.

**7 담아 완성하기** | 그릇에 머리 쪽부터 순서대로 겹쳐 놓는다.

## TiP!

- 북어포가 충분히 부드러워졌을 때 조리한다.
- 불 위에서 오래 익히면 딱딱해진다.
- 북어 껍질에 잔 칼집을 넣어 오그라들지 않게 한다.
- 직화 구이를 할 경우에는 수분 증발이 일어나기 때문에 고추장 양념에 물을 넣고 농도를 조절하여 완성했을 때 촉촉해 보이도록 한다.

**30분**

# 생선양념구이

> 생선을 유장에 재워 애벌구이 한 후 고추장 양념을 발라 석쇠에 구운 음식이다.

### 요구사항

1 생선은 머리와 꼬리를 포함하여 통째로 사용하고 내장은 아가미쪽으로 제거하시오.
2 유장으로 초벌구이하고, 고추장 양념으로 석쇠에 구우시오.
3 생선구이는 머리 왼쪽, 배 앞쪽 방향으로 담아내시오.

### 유의사항

1 석쇠를 사용하며 부서지지 않게 굽도록 유의한다.
2 생선을 담을 때는 방향을 고려해야 한다.

## 재료

### 01 주재료

| | |
|---|---|
| 조기(100~120g) | 1마리 |
| 진간장 | 20mL |
| 대파(흰 부분, 4cm) | 1토막 |
| 마늘(중, 깐 것) | 1쪽 |
| 고추장 | 40g |
| 흰설탕 | 5g |
| 소금(정제염) | 20g |
| 깨소금 | 5g |
| 참기름 | 5mL |
| 검은 후춧가루 | 2g |
| 식용유 | 10mL |

### 02 유장

| | |
|---|---|
| 참기름 | 1큰술 |
| 진간장 | 1작은술 |

### 03 고추장 양념

| | |
|---|---|
| 고추장 | 1큰술 |
| 흰설탕 | 2/3큰술 |
| 다진 파 | 1/2작은술 |
| 다진 마늘 | 1/2작은술 |
| 진간장 | 약간 |
| 검은 후춧가루 | 약간 |
| 깨소금 | 약간 |
| 참기름 | 약간 |
| 물 | 약간 |

## 만드는 방법

**1 재료 준비하기** | 재료는 깨끗이 씻어서 준비한다.

**2 생선 손질하기** | 꼬리에서 머리 쪽으로 긁어 비늘과 지느러미를 제거한다. 꼬리는 끝만 살짝 자르고, 배를 가르지 않고 아가미로 내장을 제거한다. 생선의 크기에 따라 대각선으로 칼집을 2~3번 넣어준다.

**3 씻은 후 물기 제거** | 씻어서 행주로 물기를 제거하고 소금을 살짝 뿌려준다.

**4 양념장 만들기** | 파·마늘을 곱게 다져 고추장 1큰술, 흰설탕 2/3큰술, 다진 파·마늘 1/2작은술, 진간장·후추·깨소금·참기름·물을 약간 넣어 양념장을 만든다.

**5 유장 만들어 바르기** | 참기름 1큰술, 진간장 1작은술의 비율로 유장을 만든다. 생선의 물기를 닦고 유장을 발라서 재워 놓는다.

**6 초벌 굽기** | 식용유를 바른 석쇠를 잘 달군 후 유장 바른 생선을 초벌구이 한다.

**7 양념구이** | 생선살이 거의 익으면 고추장 양념장을 발라서 타지 않게 잘 굽는다.

**8 담아 완성하기** | 생선을 담을 때 머리는 왼쪽, 꼬리는 오른쪽, 배는 앞쪽으로 오게 담는다.

## TiP!

- 내장은 아가미로 나무젓가락을 넣어 돌려 뺀다.
- 애벌구이에서 생선을 거의 익힌다.
- 생선의 내장을 완전히 제거하지 않으면 고추장을 발라 구울 때 물이 생긴다.
- 고추장 농도가 되직하면 물을 약간 넣어 농도를 맞춘다.

# 제10장 생채 · 숙채 · 회 조리

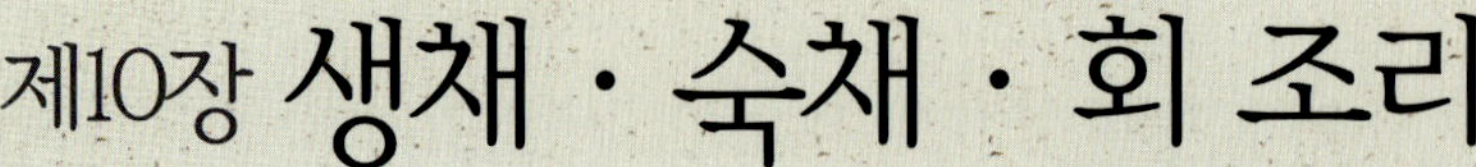

**생채 · 회 조리 NCS 분류번호 1301010129_16v3**

한식 생채 · 회 조리란 채소를 살짝 절이거나 생것을 양념하는 조리이며
회 조리는 데치거나 생것을 신선한 상태로 조리 할 수 있는 능력이다.

| 능력단위요소 | 수행준거 |
|---|---|
| 1301010129_16v3.1<br>생채 · 회 재료 준비하기 | 1.1 생채·회의 종류에 맞추어 도구와 재료를 준비할 수 있다.<br>1.2 조리에 사용하는 재료를 필요량에 맞게 계량할 수 있다.<br>1.3 재료에 따라 요구되는 전 처리를 수행할 수 있다. |
| 1301010129_16v3.2<br>생채 · 회 조리하기 | 2.1 양념장 재료를 비율대로 혼합, 조절할 수 있다.<br>2.2 재료에 양념장을 넣고 잘 배합되도록 무칠 수 있다.<br>2.3 재료에 따라 회 · 숙회로 만들 수 있다. |
| 1301010129_16v3.3<br>생채 · 회 담기 | 3.1 조리종류와 색, 형태, 인원수, 분량 등을 고려하여 그릇을 선택할 수 있다.<br>3.2 생채 · 회의 색, 형태, 분량을 고려하여 그릇에 담아낼 수 있다.<br>3.3 조리종류에 따라 양념장을 곁들일 수 있다. |

## <생채 · 회 조리작업 상황에서 고려사항>

- 한식생채, 회 조리 능력단위는 다음 범위가 포함된다.
  - 생채류 : 무생채, 도라지생채, 오이생채, 더덕생채, 부추생채, 미나리생채, 배추생채, 굴생채, 상추 생채, 해파리냉채, 겨자냉채, 미역무침, 파래무침, 실파무침, 채소무침, 달래무침 등
  - 회류 : (생것)육회, (숙회)문어숙회, 오징어숙회, 미나리강회, 파강회 등
- 생채, 회 조리의 전처리란 다듬기, 씻기, 삶기, 데치기, 자르기를 말한다.
- 생채 양념장은 간장이나 고추장을 기본으로 하여 고춧가루, 설탕, 식초, 소금 등을 혼합하여 산뜻한 맛이 나도록 만든 것이다.
- 냉채 양념장은 겨자장, 잣즙 등을 곁들인다.
  - 겨자는 봄 갓의 씨를 가루로 낸 것으로 갤수록 매운맛이 짙어지므로 겨자가루에 40℃의 따뜻한 물을 넣고 개어서 따뜻한 곳에 엎어 20~30분 두었다가 매운맛이 나면 식초, 설탕, 소금, 연유를 넣고 잘 저어 주면 겨자장이 된다.
- 생채는 양념장을 사용하기도 하지만 고춧가루를 주로 사용하여 무칠 경우에는 고춧기루로 먼저 색을 고루 들이고 설탕, 소금, 식초 순으로 간을 한다.

- 회 양념장은 고추장, 식초, 설탕 등을 혼합하여 만든 것이다.
- 회와 숙회의 차이는 날것과 익힌 것을 말한다.
- 어채 : 포를 뜬 흰 살 생선과 채소에 녹말을 묻혀 끓는 물에 데친 다음, 색을 맞추어 돌려 담는 음식이다. 봄에 즐겨 먹으며, 주안상에 어울리는 음식이다. 어채는 차게 먹는 음식이므로 생선은 비린내가 나지 않는 숭어, 민어 등의 흰 살 생선을 이용하고, 표고, 목이, 석이버섯 같은 버섯류와 채소류가 쓰이며 해삼, 전복 같은 어패류를 사용하기도 한다. 초고추장과 함께 낸다.

## 숙채 조리 NCS 분류번호 1301010130_16v3

한식 숙채 조리란 채소를 손질하여 물에 데치거나 삶아 양념으로 무치거나
볶아서 조리할 수 있는 능력이다.

| 능력단위요소 | 수행준거 |
|---|---|
| 1301010130_16v3.1<br>숙채 재료 준비하기 | 1.1 숙채의 종류에 맞추어 도구와 재료를 준비할 수 있다.<br>1.2 조리에 사용하는 재료를 필요량에 맞게 계량할 수 있다.<br>1.3 재료에 따라 요구되는 전 처리를 수행할 수 있다. |
| 1301010130_16v3.2<br>숙채 조리하기 | 2.1 양념장 재료를 비율대로 혼합, 조절할 수 있다.<br>2.2 조리법에 따라서 삶거나 데칠 수 있다.<br>2.3 양념이 잘 배합되도록 무치거나 볶을 수 있다. |
| 1301010130_16v3.3<br>숙채 담기 | 3.1 조리종류와 색, 형태, 인원수, 분량 등을 고려하여 그릇을 선택할 수 있다.<br>3.2 숙채의 색, 형태, 재료, 분량을 고려하여 그릇에 담아낼 수 있다.<br>3.3 조리종류에 따라 고명을 올리거나 양념장을 곁들일 수 있다. |

### <숙채 조리작업 상황에서 고려사항>

- 숙채 조리 능력단위는 다음 범위가 포함된다.
  - 숙채류 : 고사리나물, 도라지나물, 애호박나물, 시금치나물, 숙주나물, 비름나물, 취나물, 무나물, 방풍나물, 고비나물, 깻잎나물, 오이나물, 콩나물, 머위나물, 시래기나물
  - 기타 채류 : 잡채, 원산잡채, 어채, 탕평채, 월과채, 죽순채, 칠절판, 구절판 등
- 숙채 조리의 전처리란 다듬기, 씻기, 삶기, 데치기, 자르기를 말한다.
- 숙채 양념장은 간장, 깨소금, 참기름, 들기름 등을 혼합하여 만들거나 겨자장을 사용한다.

# 겨자채

> 채소와 편육, 배, 밤, 황·백지단을 함께 섞어 겨자즙으로 무쳐낸 음식이다. "

35분

 요구사항

 유의사항

**1** 채소, 편육, 황·백지단, 배는 0.3cm×1cm× 4cm로 써시오.

**2** 밤은 모양대로 납작하게 써시오.

**3** 겨자는 발효시켜 매운맛이 나도록 하여 간을 맞춘 후 재료를 무쳐서 담고, 잣은 고명으로 올리시오.

**1** 채소를 썰어 물에 담가 싱싱하게 준비한다.

**2** 마른 겨자를 매운맛이 나도록 조리한다.

**3** 잣은 반을 쪼개어 고명으로 얹는다.

## 재료

### 01 주재료

| | |
|---|---|
| 양배추 | 50g |
| 오이(가늘고 곧은 것, 길이 20cm) | 1/3개 |
| 소고기(살코기) | 50g |
| 당근(곧은 것, 길이 7cm) | 50g |
| 밤(중, 생 것, 껍질 깐 것) | 2개 |
| 달걀 | 1개 |
| 배(중, 길이로 등분) | 1/8개 |
| 잣(깐 것) | 5개 |
| 흰설탕 | 20g |
| 소금(정제염) | 5g |
| 식초 | 10mL |
| 진간장 | 5mL |
| 겨잣가루 | 6g |
| 식용유 | 10mL |

### 02 발효겨자

| | |
|---|---|
| 겨자분 | 1큰술 |
| 따뜻한 물 | 1큰술 |

### 03 겨자소스

| | |
|---|---|
| 발효겨자 | 1큰술 |
| 설탕 | 2큰술 |
| 식초 | 2큰술 |
| 소금 | 1작은술 |
| 진간장 | 1/3작은술 |

## 만드는 방법

**1 재료 준비하기** | 재료는 깨끗이 씻고, 오이는 소금으로 씻고, 밤은 찬물에 담근다.

**2 겨자 개기 및 고기 삶기** | 냄비에 물을 올려 따뜻해지면 겨자를 개고, 끓으면 고기를 넣어 삶는다.

**3 겨자 발효** | 겨자분에 따뜻한 물을 동량으로 넣어 발효시킨다(발효 온도 50℃ 전후).

**4 양배추 썰기** | 굵은 줄기를 제거하고 1cm×4cm로 자른 다음 찬물에 담근다.

**5 오이 썰기** | 오이는 4cm로 잘라 반을 쪼개서 얇게 자른다. 자른 것을 겹쳐서 껍질 쪽을 살리고 폭을 1cm로 자른 다음 찬물에 담근다.

**6 당근 썰기** | 당근도 1cm×4cm로 잘라 얇게 자른다.

**7 배 썰기** | 배는 껍질을 벗기고 1cm×4cm로 자른 다음 바로 설탕물에 담가 놓는다.

**8 비늘잣 만들기** | 고깔을 제거하고 반을 갈라 비늘잣을 만든다.

**9 밤 썰기** | 밤을 건져서 모양을 살려 썰어 준다.

**10 지단 만들기 및 썰기** | 달걀은 흰자·노른자 분리한다. 팬에 식용유를 두르고 지단을 부친 후, 채소와 같은 크기로 썬다.

**11 겨자 소스 만들기** | 발효겨자 1큰술, 설탕 2큰술, 식초 2큰술, 소금 1작은술, 진간장 1/3작은술을 넣어 소스를 만든다.

**12 고기 썰기** | 삶은 고기도 채소와 같은 크기로 썰어 놓는다.

**13 물기 제거** | 아삭해진 채소를 건지고 거즈로 물기를 제거한다.

**14 무치기** | 지단을 제외한 모든 재료를 넣고 소스를 넣어 무쳐준다. 지단을 추가해서 가볍게 무쳐준다.

**15 담아 완성하기** | 그릇에 겨자채를 담고 고명으로 비늘잣을 올려 낸다.

## TiP!

- 편육은 꼬치로 찔러 보고 완전히 익었는지 확인한 후 꺼낸다.
- 편육은 식은 후에 썰어야 부스러지지 않는다.
- 모든 채소는 균일한 크기로 썰어야 모양이 좋다.
- 겨자채는 내기 직전에 버무려야 물기가 생기지 않고 싱싱해 보인다.

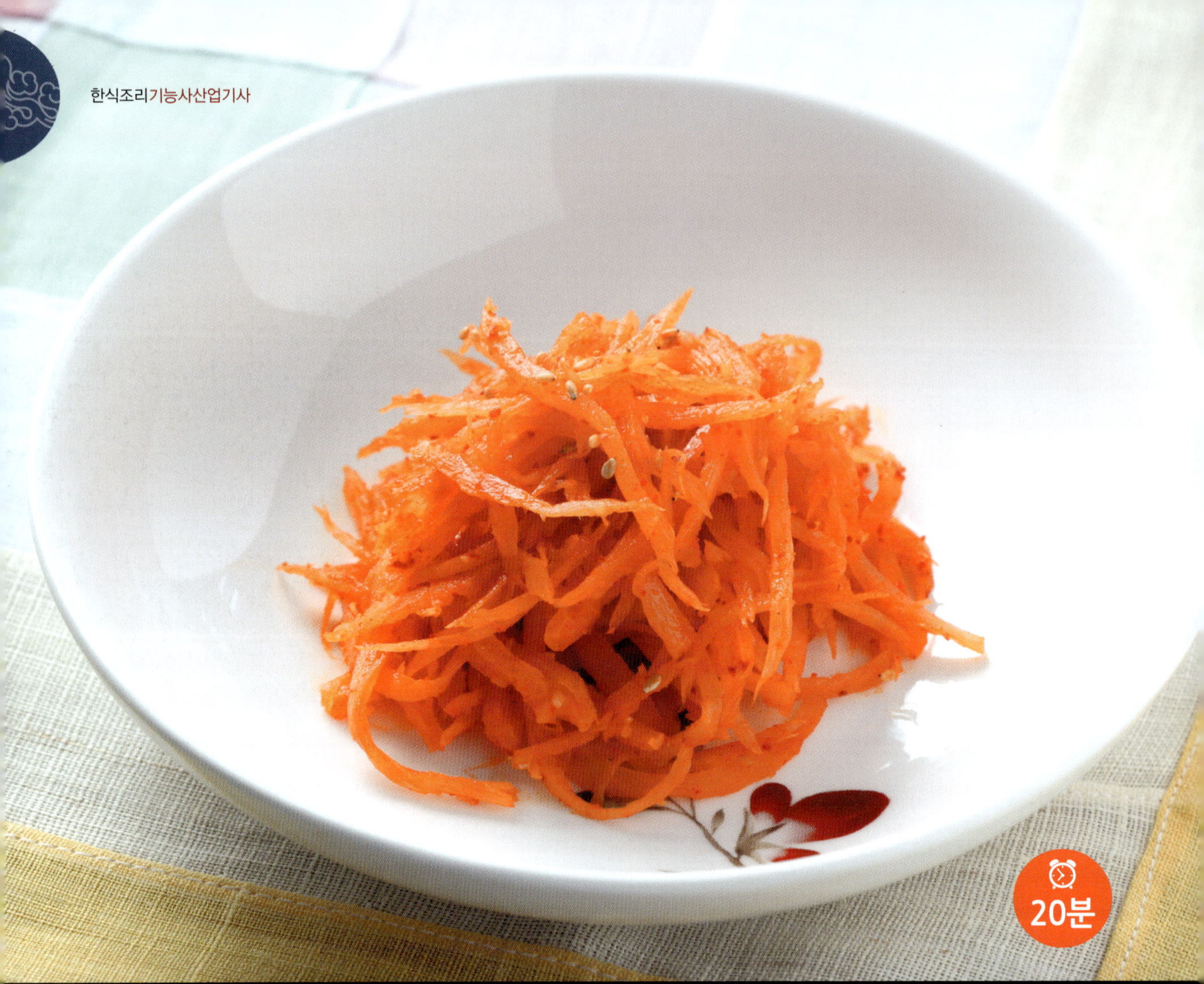

20분

# 더덕생채

> 더덕을 두들겨 가늘게 찢어 고추장 양념에 새콤달콤하게 무친 생채로 더덕의 씁쓸한 맛과 특유의 향기가 입맛을 돋운다.

1 더덕은 5cm로 썰어 두들겨 편 후 찢어서 쓴맛을 제거하여 사용하시오.
2 고춧가루로 양념하고, 전량 제출하시오.

1 더덕을 두드릴 때 부서지지 않도록 주의한다.
2 무치기 전에 쓴맛을 빼도록 한다.
3 무친 상태가 깨끗하고 빛깔이 고와야 한다.

## 재료

### 01 주재료

| | |
|---|---|
| 통더덕(껍질 있는 것, 길이 10~15cm) | 2개 |
| 마늘(중, 깐 것) | 1쪽 |
| 흰설탕 | 5g |
| 식초 | 5mL |
| 대파(흰 부분, 4cm) | 1토막 |
| 소금(정제염) | 5g |
| 깨소금 | 5g |
| 고춧가루 | 20g |

### 02 생채 양념

| | |
|---|---|
| 고춧가루 | 1큰술 |
| 다진 파 | 약간 |
| 다진 마늘 | 약간 |
| 흰설탕 | 적당량 |
| 식초 | 적당량 |
| 깨소금 | 약간 |

## 만드는 방법

**1 재료 준비하기 |** 재료는 깨끗이 씻어서 준비한다.

**2 더덕 손질하기 |** 더덕을 잘 씻어서 돌려가며 껍질을 벗기고 부스러기와 흠까지 모두 제거한다. 길이로 반을 갈라서 행주를 깔고 더덕을 놓은 다음 자근자근 두드려서 밀대로 살살 밀어준다.

**3 소금물에 담그기 |** 더덕을 소금물에 담가 쓴맛과 아린 맛을 빼고, 대파·마늘은 곱게 다져준다.

**4 더덕 찢기 |** 물기를 제거하여 가늘고 길게(5cm×0.3cm) 찢는다.

**5 무치기 |** 고춧가루 1큰술, 다진 파·마늘 약간, 설탕·식초 적당량, 깨소금 약간 넣고 무친다.

**6 담아 완성하기 |** 그릇에 소복하게 담는다.

## TiP!

- 더덕은 이쑤시개를 이용하면 가늘게 찢기가 쉽다.
- 더덕의 물기를 잘 제거해야 양념장이 뭉치지 않는다.
- 생채류는 내기 직전에 무쳐야 물이 생기지 않는다.
- 고춧가루 입자가 굵을 때에는 고운 체에 내려 사용한다.

# 도라지생채

> 생도라지를 손질하여 소금물에 담가 쓴맛을 우려내고 가늘게 채 썰거나 찢어 고추장과 설탕, 식초를 넣어 새콤달콤하게 무쳐 먹는다.

### 요구사항

1 도라지는 0.3cm×0.3cm×6cm로 써시오.
2 생채는 고추장과 고춧가루 양념으로 무쳐 제출하시오.

### 유의사항

1 도라지는 굵기와 길이를 일정하게 하도록 한다.
2 양념이 거칠지 않고 색이 고와야 한다.

## 재료

### 01 주재료

통도라지(껍질 있는 것) … 3개
소금(정제염) ························· 5g
고추장 ······························· 20g
고춧가루 ···························· 10g
흰설탕 ······························· 10g
식초 ································· 15mL
대파(흰 부분, 4cm) ····· 1토막
마늘(중, 깐 것) ··············· 1쪽
깨소금 ································ 5g

### 02 생채 양념

고추장 ···························· 1큰술
고춧가루 ······················ 1작은술
흰설탕 ···························· 1큰술
식초 ······························ 1.5큰술
다진 파 ···························· 약간
다진 마늘 ························· 약간
깨소금 ···························· 약간

## 만드는 방법

**1 재료 준비하기** | 재료는 깨끗이 씻어서 준비한다.

**2 도라지 껍질 벗기기** | 껍질을 돌려가며 이물질이 남지 않게 벗긴다.

**3 도라지 썰기** | 0.3cm×0.3cm×6cm 길이로 채 썰어준다.

**4 절이기** | 소금물에 주물러 쓴맛을 없애고 물에 헹구어 물기를 눌러 짠다.

**5 양념 만들기** | 파·마늘을 곱게 다져서 고추장, 고춧가루, 설탕, 식초, 깨소금과 잘 섞어 초고추장을 만든다.

**6 헹구기** | 체에 밭쳐서 소금기를 살짝 헹구어 준 다음 행주로 물기를 제거한다.

**7 무치기** | 도라지에 초고추장을 조금씩 넣어가며 고루 무친다.

**8 담아 완성하기** | 그릇에 소복하게 담는다.

## TiP!

- 도라지는 일정한 규격으로 썰고 소금으로 주물러 쓴맛을 뺀 후 물기를 꼭 짜서 무쳐야 물기가 덜 생긴다.
- 생채 종류는 양념을 제출하기 직전에 무쳐서 내어야 물이 생기지 않는다.

**15분**

# 무생채

> 무를 곱게 채 썰어 고운 고춧가루, 설탕, 식초를 넣어 새콤달콤하고 매콤하게 만든 생채이다. 무채는 결 방향으로 썰어 무쳐야 부서지지 않는다.

### 요구사항

1 무는 0.2cm×0.2cm×6cm로 썰어 사용하시오.
2 생채는 고춧가루를 사용하시오.
3 무생채는 70g 이상 제출하시오.

### 유의사항

1 무채는 길이와 굵기가 일정하게 썰고 무채의 색에 주의한다.
2 무쳐 놓은 생채는 싱싱하고 깨끗해야 한다.
3 간을 맞출 때, 식초와 설탕의 양에 유의한다.

 **재료**

### 01 주재료

| | |
|---|---|
| 무(길이 7cm) | 100g |
| 소금(정제염) | 5g |
| 고춧가루 | 10g |
| 식초 | 5mL |
| 대파(흰 부분, 4cm) | 1토막 |
| 마늘(중, 깐 것) | 1쪽 |
| 깨소금 | 5g |
| 생강 | 5g |
| 흰설탕 | 10g |

### 02 생채 양념

| | |
|---|---|
| 소금 | 1/3작은술 |
| 다진 파 | 약간 |
| 다진 마늘 | 약간 |
| 생강즙 | 약간 |
| 흰설탕 | 1작은술 |
| 식초 | 1.5작은술 |
| 깨소금 | 약간 |

 **만드는 방법**

**1** **재료 준비하기** │ 재료는 깨끗이 씻어서 준비한다.

**2** **무채 썰기** │ 무는 길이 6cm, 두께와 폭은 0.2cm 크기로 일정하게 썰어 놓는다.

**3** **색 내기** │ 고운 체에 내린 고춧가루로 잘 비벼서 고춧가루 물이 잘 들게 한다.

**4** **파·마늘 다지기** │ 파·마늘은 다진다.

**5** **무치기** │ 다진 파·마늘을 넣고 깨소금, 설탕, 식초, 소금을 넣는다.

**6** **담아 완성하기** │ 그릇에 소복이 담는다.

 **TIP!**

- 고춧가루는 고운 체에 내려 사용하여 무를 붉게 물들인다.
- 무는 절이지 않고 고춧가루에 물만 들인 후 무쳐내야 싱싱해 보인다.

35분

# 잡채

> 여러 가지 채소, 소고기, 당면을 각각 볶아 한데 섞어 무친 음식으로 잔칫상에 빠지지 않는 대중적인 음식이다. 

**요구사항**

1 소고기, 양파, 오이, 당근, 도라지, 표고버섯은 0.3cm×0.3cm×6cm로 썰어 사용하시오.
2 숙주는 데치고 목이버섯은 찢어서 사용하시오.
3 딩면은 삶아서 유장처리하여 볶으시오.
4 황·백지단은 0.2cm×0.2cm×4cm로 썰어 고명으로 얹으시오.

**유의사항**

1 주어진 재료는 굵기와 길이가 일정하게 한다.
2 당면은 알맞게 삶아서 간한다.
3 모든 재료는 양과 색깔의 배합에 유의한다.

 ## 재료

### 01 주재료

| | |
|---|---|
| 당면 | 20g |
| 소고기(살코기, 길이 7cm) | 30g |
| 건표고버섯(지름 5cm, 물에 불린 것) | 1개 |
| 건목이버섯(지름 5cm, 물에 불린 것) | 2개 |
| 양파(중, 150g) | 1/3개 |
| 오이(가늘고 곧은 것, 길이 20cm) | 1/3개 |
| 당근(곧은 것, 길이 7cm) | 50g |
| 통도라지(껍질 있는 것, 길이 20cm) | 1개 |
| 달걀 | 1개 |
| 숙주(생 것) | 20g |
| 진간장 | 20mL |
| 대파(흰 부분, 4cm) | 1토막 |
| 마늘(중, 깐 것) | 2쪽 |
| 식용유 | 50mL |
| 깨소금 | 5g |
| 검은 후춧가루 | 1g |
| 참기름 | 5mL |
| 소금(정제염) | 15g |
| 흰설탕 | 10g |

### 02 당면 양념

| | |
|---|---|
| 진간장 | 1큰술 |
| 흰설탕 | 1작은술 |
| 참기름 | 1작은술 |

### 03 양념(소고기, 버섯류)

| | |
|---|---|
| 진간장 | 1작은술 |
| 흰설탕 | 1/2작은술 |
| 다진 파 | 1작은술 |
| 다진 마늘 | 1/2작은술 |
| 검은 후춧가루 | 약간 |
| 깨소금 | 1작은술 |
| 참기름 | 1작은술 |

 ## 만드는 방법

**1 재료 준비하기** | 재료는 깨끗이 씻어서 준비하고, 숙주는 거두절미 한다.

**2 당면, 목이버섯, 표고버섯 불리기** | 냄비에 물을 올려 끓으면 당면, 목이버섯, 표고버섯을 불려둔다.

**3 숙주 데치기** | 거두절미한 숙주는 데치고 유장으로 무쳐놓는다.

**4 오이 썰기** | 6cm로 돌려깎기 하여 폭 0.3cm, 두께 0.3cm로 채 썰어 소금에 살짝 절였다가 물기를 짠다.

**5 도라지 썰기** | 껍질을 돌려까서 벗긴 후 6cm로 썰어 소금물에 담가 쓴맛을 우려내고 물기를 짠다.

**6 당근 썰기** | 6cm로 잘라 채 썬다.

**7 양파 썰기** | 양파는 채 썬다. 소고기와 표고버섯도 같은 크기로 채 썰고, 목이버섯은 찢어서 각각 양념장으로 무친다.

**8 양념하기** | 소고기, 표고버섯, 목이버섯에 양념장을 넣어 무친다. 달걀은 황·백지단으로 부쳐 0.2cm×0.2cm×4cm로 채 썬다.

**9 소금간한 것 볶기** | 팬에 식용유를 두르고 소금간한 양파, 당근, 오이를 볶아낸다.

**10 간장양념한 것 볶기** | 소고기, 표고버섯, 목이버섯을 볶아낸다.

**11 당면 삶아 볶기** | 당면을 끓는 물에 삶아 물에 헹구어 건져서 길이를 짧게 끊어 간장, 설탕, 참기름으로 무쳐 볶는다.

**12 무치기** | 볶아 놓은 재료와 당면을 한 그릇에 담고 골고루 무쳐준다.

**13 담아 완성하기** | 그릇에 담고 달걀지단을 고명으로 얹는다.

### TiP!

- 당면은 물에 담갔다가 삶으면 잘 익으므로 조리시간을 절약 할 수 있다.
- 재료를 깨끗한 순서부터 팬에서 볶아 낸다.

35분

# 탕평채

> 청포묵에 소고기, 숙주, 미나리, 물쑥 등을 넣고 초간장으로 버무린 묵무침으로 봄철의 별미로 영조 때 당쟁을 폐지하고자 탕평책을 위한 잔치에서 묵에 채소를 섞어서 묵무침을 하였던 것에서 유래하였다고 한다.

## 요구사항

1 청포묵은 0.4cm×0.4cm×6cm로 썰어 데쳐서 사용하시오.
2 모든 부재료의 길이는 4~5cm로 써시오.
3 소고기, 미나리, 거두절미한 숙주는 각각 조리하여 청포묵과 함께 초간장으로 무쳐 담아내시오.
4 황·백지단은 4cm 길이로 채 썰고, 김은 구워 부셔서 고명으로 얹으시오.

## 유의사항

1 청포묵의 굵기와 길이는 일정하게 한다.
2 숙주는 거두절미하고, 미나리는 다듬어 데친다.

## 재료

### 01 주재료

청포묵(중, 길이 6cm) ··· 150g
숙주(생 것) ················· 20g
미나리(줄기 부분) ········ 10g
소고기(살코기, 길이 5cm) ·· 20g
달걀 ······························· 1개
김 ······························· 1/4장
진간장 ························ 20mL
마늘(중, 깐 것) ············· 2쪽
대파(흰 부분, 4cm) ····· 1토막
검은 후춧가루 ················ 1g
흰설탕 ···························· 5g
참기름 ························· 5mL
식초 ···························· 5mL
소금(정제염) ················· 5g
식용유 ······················ 10mL
깨소금 ···························· 5g

### 02 초간장

진간장 ························ 1큰술
흰설탕 ························ 1큰술
식초 ···························· 1큰술
물 ······························· 1큰술

### 03 소고기 양념

진간장 ······················ 1작은술
흰설탕 ··················· 1/2작은술
다진 파 ························· 약간
다진 마늘 ····················· 약간
검은 후춧가루 ··············· 약간
깨소금 ························· 약간
참기름 ························· 약간

## 만드는 방법

**1 재료 준비하기** | 재료는 깨끗이 씻어서 준비하고 숙주는 거두절미 한다.

**2 미나리 손질 및 데치기** | 다듬은 미나리는 끓는 물에 소금을 약간 넣어 데친 뒤 찬물에 헹궈 5cm로 자른다.

**3 묵 썰기** | 청포묵을 길이 6cm, 두께와 폭은 0.4cm로 썰어 끓는 물에 데쳐 투명해지면, 찬물에 헹궈 물기를 빼고 소금, 참기름으로 무친다.

**4 숙주 데치기** | 거두절미한 숙주는 소금물에 데치고 유장으로 무친다.

**5 소고기 썰기** | 소고기는 5cm로 채 썬다.

**6 양념장 만들기** | 간장 1작은술, 설탕 1/2작은술, 다진 파·마늘 약간, 후추·깨소금·참기름 약간 넣어 양념장을 만든다.

**7 고기 양념하기** | 양념장으로 소고기를 양념한다.

**8 지단 썰기** | 달걀은 황·백지단을 나누어 소금을 넣어 각각 부쳐 4cm 길이로 채 썬다. 김은 구워서 부순다.

**9 고기 볶기** | 팬에 식용유를 두르고 고기를 볶아 놓는다.

**10 초간장 무치기** | 간장 1큰술, 설탕 1큰술, 식초 1큰술, 물 1큰술을 넣어 초간장을 만들어 고명을 제외한 재료를 무친다.

**11 담아 완성하기** | 그릇에 탕평채를 담고 김, 황·백지단채를 고명으로 얹는다.

## TiP!

- 묵은 겹쳐서 썰면 잘 안 썰리는 경우가 많으므로 두 겹으로 놓고 써는 것이 좋다.
- 탕평채는 내기 직전에 초간장에 무쳐야 부피감과 색감이 좋다.
- 준비한 초간장양념은 준비된 탕평채의 양에 맞추어 적당히 넣는다.

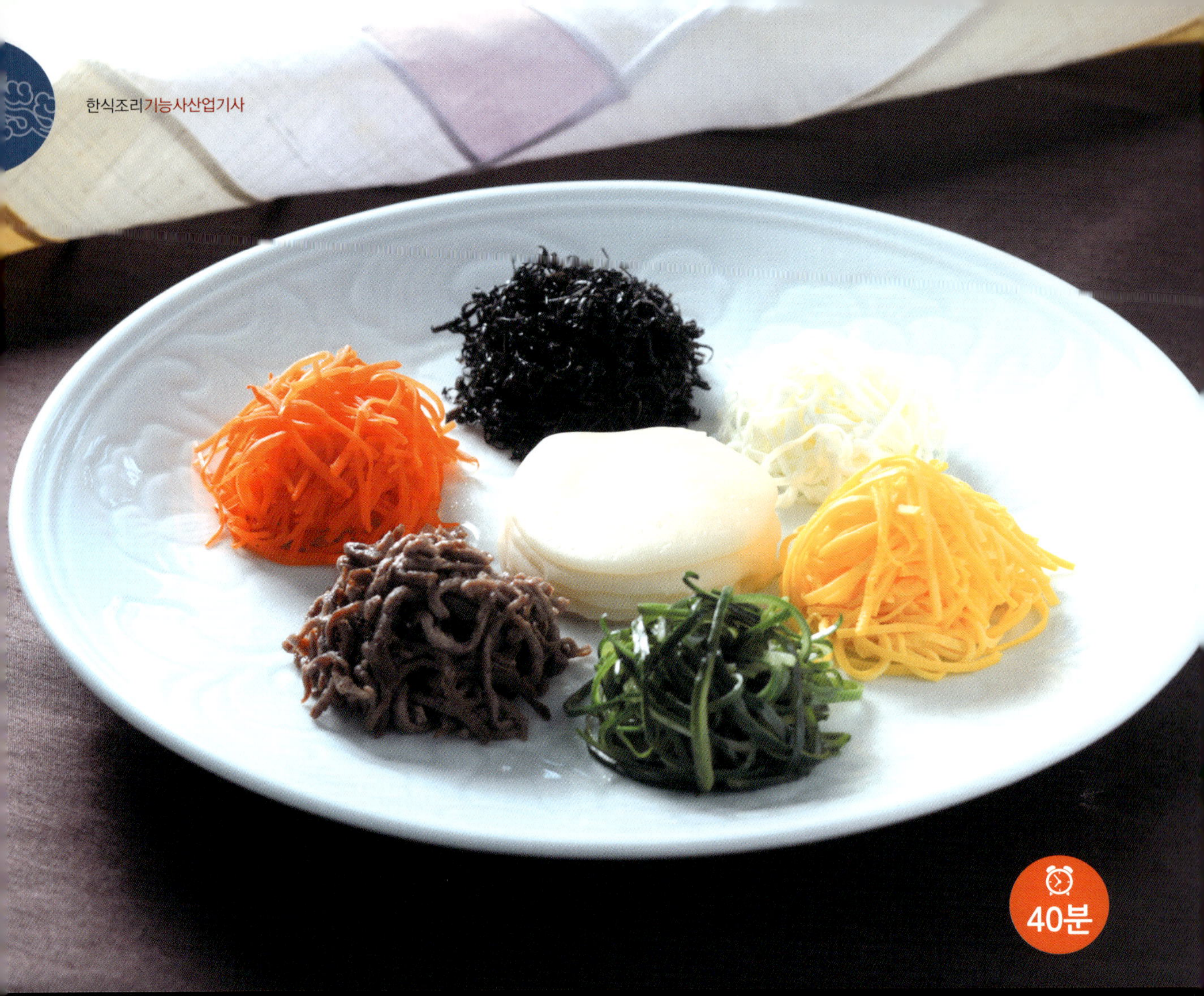

**40분**

# 칠절판

### 요구사항

**1** 밀전병은 지름이 8cm가 되게 6개를 만드시오.

**2** 채소와 황·백지단, 소고기는 0.2cm×0.2cm ×5cm로 써시오.

**3** 석이버섯은 곱게 채를 써시오.

### 유의사항

**1** 밀전병의 반죽 상태에 유의한다.

**2** 완성된 채소 색깔에 유의한다.

## 재료

### 01 주재료

소고기(살코기, 길이 6cm) · 50g
달걀 ································· 1개
오이(가늘고 곧은 것,
길이 20cm) ·············· 1/2개
당근(곧은 것, 길이 7cm) ··· 50g
석이버섯(부서지지 않은 것,
마른 것) ····················· 5g
밀가루(중력분) ············ 50g
진간장 ····················· 20mL
마늘(중, 깐 것) ············· 2쪽
대파(흰 부분, 4cm) ····· 1토막
검은 후춧가루 ··············· 1g
참기름 ····················· 10mL
흰설탕 ······················· 10g
깨소금 ························· 5g
식용유 ····················· 30mL
소금(정제염) ················ 10g

### 02 밀전병

밀가루 ···················· 5큰술
물 ························· 6큰술
소금 ························· 약간

### 03 소고기 양념

진간장 ···················· 1작은술
흰설탕 ·················· 1/2작은술
다진 파 ····················· 약간
다진 마늘 ··················· 약간
깨소금 ······················ 약간
검은 후춧가루 ··············· 약간
참기름 ······················ 약간

## 만드는 방법

**1 재료 준비하기** │ 재료는 깨끗이 씻어서 준비하고 오이는 소금으로 문질러 씻는다.

**2 석이버섯 불리기** │ 따뜻한 물에 석이버섯을 불린다.

**3 오이 및 당근 썰기** │ 오이는 5cm로 토막 내어 돌려 깎고 0.2cm 두께로 채 썰어 소금물에 절이고 당근도 같은 크기로 채 썬다.

**4 밀전병 반죽하기** │ 밀가루를 체로 쳐서 소금을 넣고 밀가루 4~5큰술, 물 6큰술을 넣고 잘 풀어서 체에 걸러 둔다.

**5 소고기 썰기** │ 소고기는 0.2cm로 가늘게 채 썬다.

**6 양념하기** │ 간장 1작은술, 설탕 1/2작은술, 다진 파·마늘, 깨소금·후추·참기름 약간 넣어 양념하여 소고기를 양념한다. 석이버섯도 이끼를 제거하고 손으로 문질러 씻고 채 썰어 소금, 참기름에 무친다.

**7 지단 부치기 및 썰기** │ 달걀은 황·백지단을 나누어 소금을 넣고 지단을 부쳐 0.2cm×0.2cm×5cm로 채를 썬다.

**8 밀전병 부치기** │ 밀전병 반죽은 직경 8cm로 얇게 6개 나오도록 부친다.

**9 볶기** │ 팬에 식용유를 두르고 오이, 당근, 석이버섯, 소고기 순으로 볶는다.

**10 담아 완성하기** │ 그릇 중앙에 밀전병을 놓고 준비한 재료를 색 맞추어 돌려 담는다.

## TiP!

- 밀전병 반죽을 미리 해두면 끈기가 생겨 부칠 때 잘 찢어지지 않는다.
- 밀전병 반죽은 2/3큰술 정도가 1개 분량이다.
- 팬에 식용유를 적게 둘러야 전병이 기름지지 않고 담백하다.

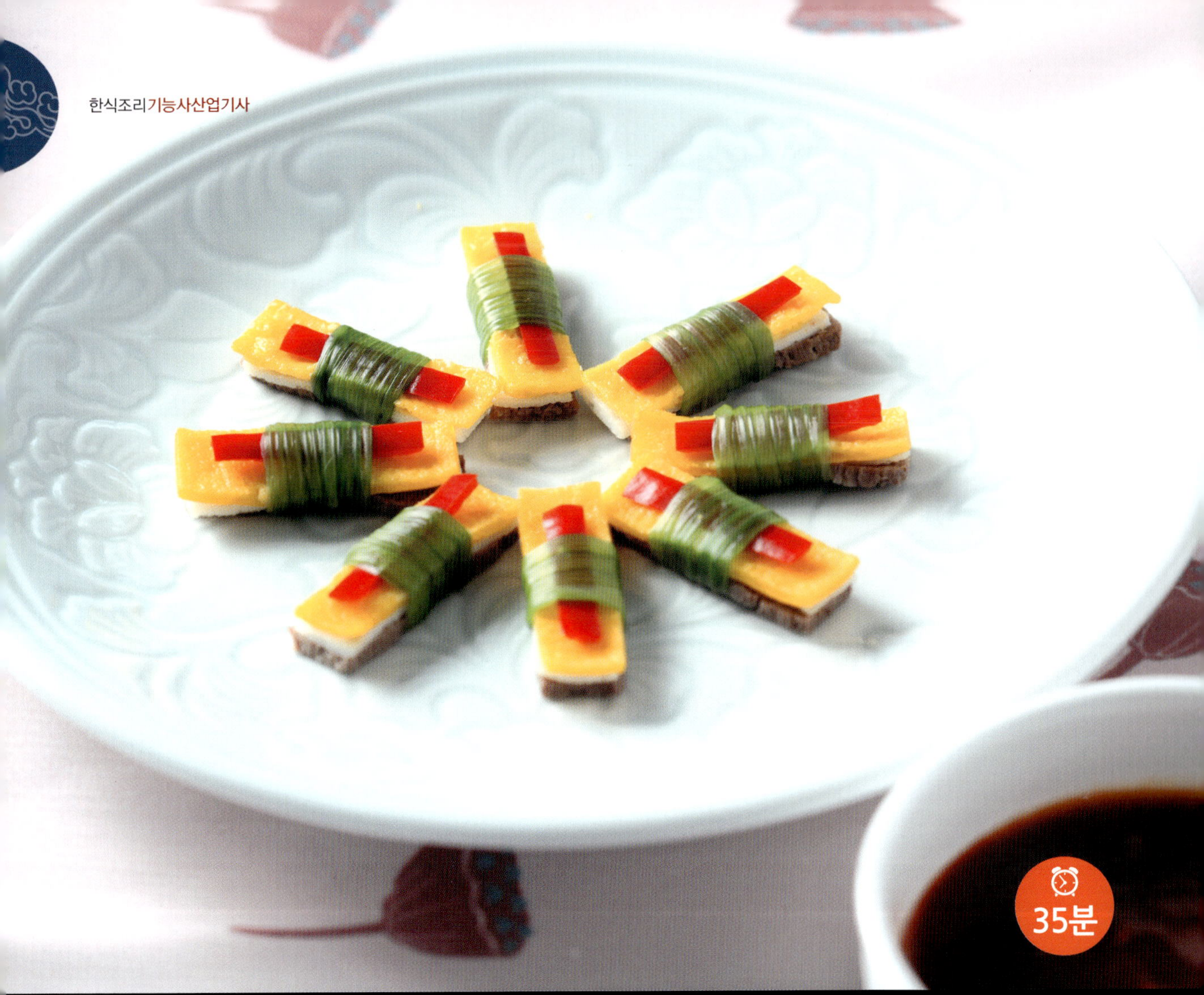

# 미나리강회

데친 미나리로 편육과 지단, 홍고추를 한데 묶어서 만든 숙회로 초고추장을 곁들이며 강회란 숙회의 일종으로 실파, 미나리 등의 채소를 살짝 데쳐 다른 재료들과 말아 만든 것을 말한다.

35분

**1** 강회의 폭은 1.5cm, 길이는 5cm로 만드시오.

**2** 붉은 고추의 폭은 0.5cm, 길이는 4cm로 하시오.

**3** 강회는 8개를 만들어 초고추장과 함께 제출하시오.

**1** 각 재료의 크기를 같게 한다(홍고추의 폭은 제외).

**2** 색깔은 조화 있게 만든다.

## 재료

### 01 주재료

| | |
|---|---|
| 미나리(줄기 부분) | 30g |
| 소고기(살코기, 길이 7cm) | 80g |
| 홍고추(생) | 1개 |
| 달걀 | 2개 |
| 고추장 | 15g |
| 흰설탕 | 5g |
| 식초 | 5mL |
| 소금(정제염) | 5g |
| 식용유 | 10mL |

### 02 초고추장

| | |
|---|---|
| 고추장 | 1작은술 |
| 흰설탕 | 1.5작은술 |
| 식초 | 1작은술 |

## 만드는 방법

**1 재료 준비하기** | 재료는 깨끗이 씻어서 준비하고 미나리는 잎을 떼고 손질한다.

**2 소고기 삶기** | 물이 끓으면 소고기를 덩어리째 넣고 삶는다.

**3 미나리 데치기** | 다듬은 미나리는 줄기 부분만 끓는 물에 소금을 넣고 데쳐서 찬물에 헹구어 물기를 제거하고 굵은 부분은 반으로 가른다.

**4 홍고추 썰기** | 4cm로 잘라 반을 쪼개서 씨를 제거하고 0.5cm 폭으로 자른다.

**5 지단 부치기** | 팬에 식용유를 두르고 달걀은 황·백지단으로 부쳐 5cm×1.5cm로 자른 다음 접시에 담아 놓는다.

**6 소고기 썰기** | 삶은 소고기는 식혀서 길이 5cm, 폭 1.5cm, 두께 0.3cm 정도로 썬다.

**7 말기** | 소고기, 황·백지단, 홍고추 순으로 겹쳐서 잡는다. 밑면에서 시작 부위를 살짝 눌러 감기 시작해 1/3 정도를 4~5 회 정도 돌려 감아 마지막에 고기와 흰색 지단 사이를 벌려 끼우고 나온 부위를 잘라 마무리한다.

**8 초고추장 만들기** | 고추장 1작은술, 설탕 1.5작은술, 식초 1작은술을 넣어 초고추장을 만든다.

**9 담아 완성하기** | 그릇에 미나리강회를 돌려 담고 초고추장을 곁들여 낸다.

### TiP!

- 노른자 지단을 부칠 때 노른자에 흰자를 조금 섞어 부친다(노른자만 사용하면 강회가 8개가 나오지 않기 때문).
- 미나리강회에서 미나리 4~5줄기가 나오면 길이로 갈라서 사용한다.
- 편육은 충분히 익었는지 꼬치로 찔러 보아 확인하고 꺼낸다.
- 홍고추는 다른 재료보다 크기가 작게 제시되므로 길이와 폭에 유의하여 썬다.

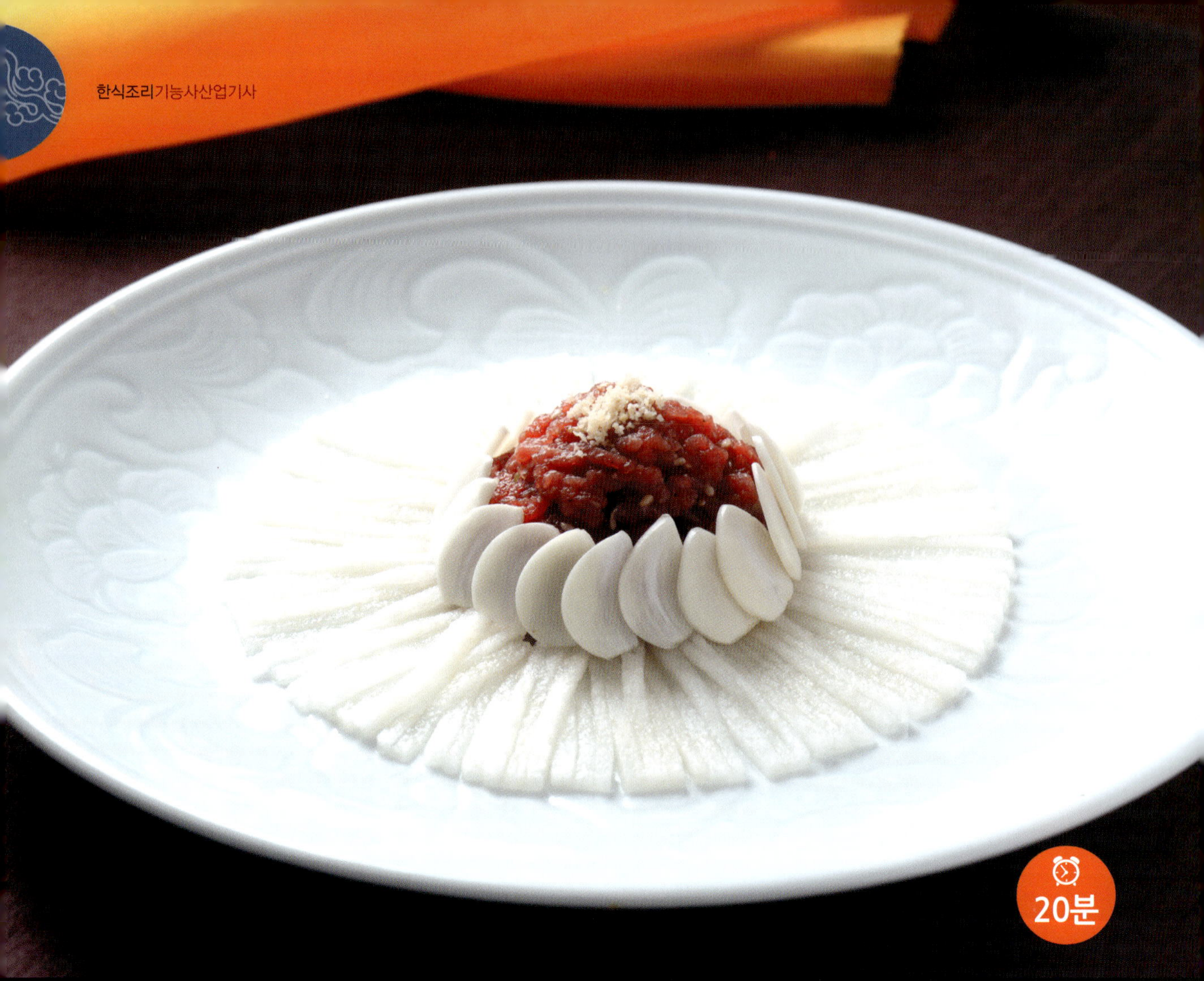

# 육회

> 육회는 연하고 기름기 없는 소고기 부위인 우둔살이나 홍두깨살을 가늘게 채 썰어 양념장에 무쳐서 내는 음식이다. 대체로 배와 마늘을 곁들여 먹는다.

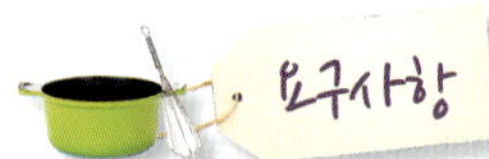


**1** 소고기는 0.3cm×0.3cm×6cm로 썰어 소금 양념으로 하시오

**2** 마늘은 편으로 썰어 장식하고 잣가루를 고명으로 얹으시오.

**3** 소고기는 손질하여 전량 사용하시오..

**1** 소고기의 채를 고르게 썬다.

**2** 배와 양념한 소고기의 변색에 유의한다.

## 재료

### 01 주재료

| | |
|---|---|
| 소고기(살코기) | 90g |
| 마늘(중, 깐 것) | 3쪽 |
| 배(중, 100g) | 1/4개 |
| 잣(깐 것) | 5개 |
| 소금(정제염) | 5g |
| 대파(흰 부분, 4cm) | 2토막 |
| 검은 후춧가루 | 2g |
| 참기름 | 10mL |
| 흰설탕 | 30g |
| 깨소금 | 5g |

### 02 양념장

| | |
|---|---|
| 소금 | 1/2작은술 |
| 흰설탕 | 1작은술 |
| 다진 파 | 1작은술 |
| 다진 마늘 | 1작은술 |
| 검은 후춧가루 | 약간 |
| 깨소금 | 1작은술 |
| 참기름 | 1큰술 |

## 만드는 방법

**1 재료 준비하기** | 재료는 깨끗이 씻어서 준비하고 잣은 따로 담아둔다.

**2 배 썰기** | 배는 석세포를 자르고 껍질을 벗긴 후 상하의 길이를 맞추어 자르고 납작하게 썰어 겹쳐 놓고 0.3cm×0.3cm×5cm 정도로 채 썰어 놓는다.

**3 배 갈변 방지** | 물 1컵에 설탕 1큰술 정도를 넣고 배를 담가 놓는다.

**4 소고기 채 썰기** | 주어진 소고기는 기름을 제거하고 0.3cm×0.3cm×6cm로 가늘게 채 썰어 준비한다.

**5 마늘 썰기 및 다지기** | 마늘 2쪽은 편으로 썰고 1쪽은 다진다.

**6 파 다지기** | 곱게 다진다.

**7 양념장 만들기** | 소금, 흰설탕, 다진 파, 마늘, 검은 후춧가루, 깨소금, 참기름을 넣어 양념장을 만든다.

**8 고기 양념하기** | 양념장으로 소고기를 양념한다. 잣은 고깔을 떼고 다져 보슬보슬한 가루를 만든다.

**9 담아 완성하기** | 접시에 배를 건져서 물기를 제거하고 중앙을 중심으로 돌려 담는다.

**10 소고기 올리기** | 중앙에 양념한 고기를 올려준다.

**11 마늘 올리기** | 마늘을 고기 주위로 돌려 담는다. 육회 위에 잣가루 올려 마무리 한다.

### TiP!

- 배 가장자리를 잘 맞춰야 모양이 좋다.
- 고기는 미리 양념하지 말고 내기 직전에 무쳐낸다.
- 배는 석세포가 약간 있더라도 완전히 파내지 말고 일자로 자르고 납작하게 썰어 배 길이를 맞춘다.

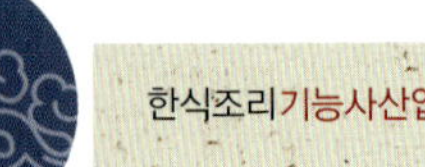

# 제11장 김치 조리

## NCS 분류번호 1301010111_16v3

김치 조리란 무, 배추, 오이 등과 같은 채소를 소금이나 장류에 절여 고추, 파, 마늘, 생강 등 여러 가지 양념에 버무려 숙성시켜 저장성을 갖는 발효식품을 만드는 능력이다.

| 능력단위요소 | 수행준거 |
|---|---|
| 1301010111_16v3.1<br>김치 재료 준비하기 | 1.1 김치의 종류에 맞추어 도구와 재료를 준비할 수 있다.<br>1.2 김치에 사용하는 재료를 필요량에 맞게 계량할 수 있다.<br>1.3 재료에 따라 요구되는 전 처리를 수행할 수 있다.<br>1.4 배추나 무 등의 김치 재료를 적정한 시간과 염도에 맞춰 절일 수 있다. |
| 1301010111_16v3.2<br>김치 양념 배합하기 | 2.1 김치종류에 따른 양념 재료를 비율대로 혼합, 조절할 수 있다.<br>2.2 김치종류, 저장기간에 따라 양념의 비율을 조절할 수 있다.<br>2.3 양념을 용도에 맞게 활용할 수 있다. |
| 1301010111_16v3.3<br>김치 담그기 | 3.1 김치의 특성에 맞도록 주재료에 부재료와 양념의 비율을 조절하여 소를 넣거나 버무릴 수 있다.<br>3.2 김치의 종류에 따라 국물의 양을 조절할 수 있다.<br>3.3 온도와 시간을 조절하여 숙성하여 보관할 수 있다. |
| 1301010111_16v3.4<br>김치 담아 완성하기 | 4.1 김치의 종류에 따라 다양한 그릇을 선택할 수 있다.<br>4.2 적정한 온도를 유지하도록 담을 수 있다.<br>4.3 김치의 종류에 따라 조화롭게 담아낼 수 있다. |

## <김치 조리작업 상황에서 고려사항>

- 김치 담그기의 능력단위는 다음 범위가 포함된다.
  - 김치류 : 깍두기, 보쌈김치, 오이소박이, 장김치, 파김치, 열무김치, 배추김치, 백김치, 갓김치, 나박김치
- 김치는 10% 소금물에서 7~8시간 절인다.
- 김치는 실온(18~20℃)에서 2일간 두었다가 냉장온도(3~4℃)에 숙성시킨다.
- 김치 담그기의 전 처리란 다듬기, 씻기, 절이기를 말한다.

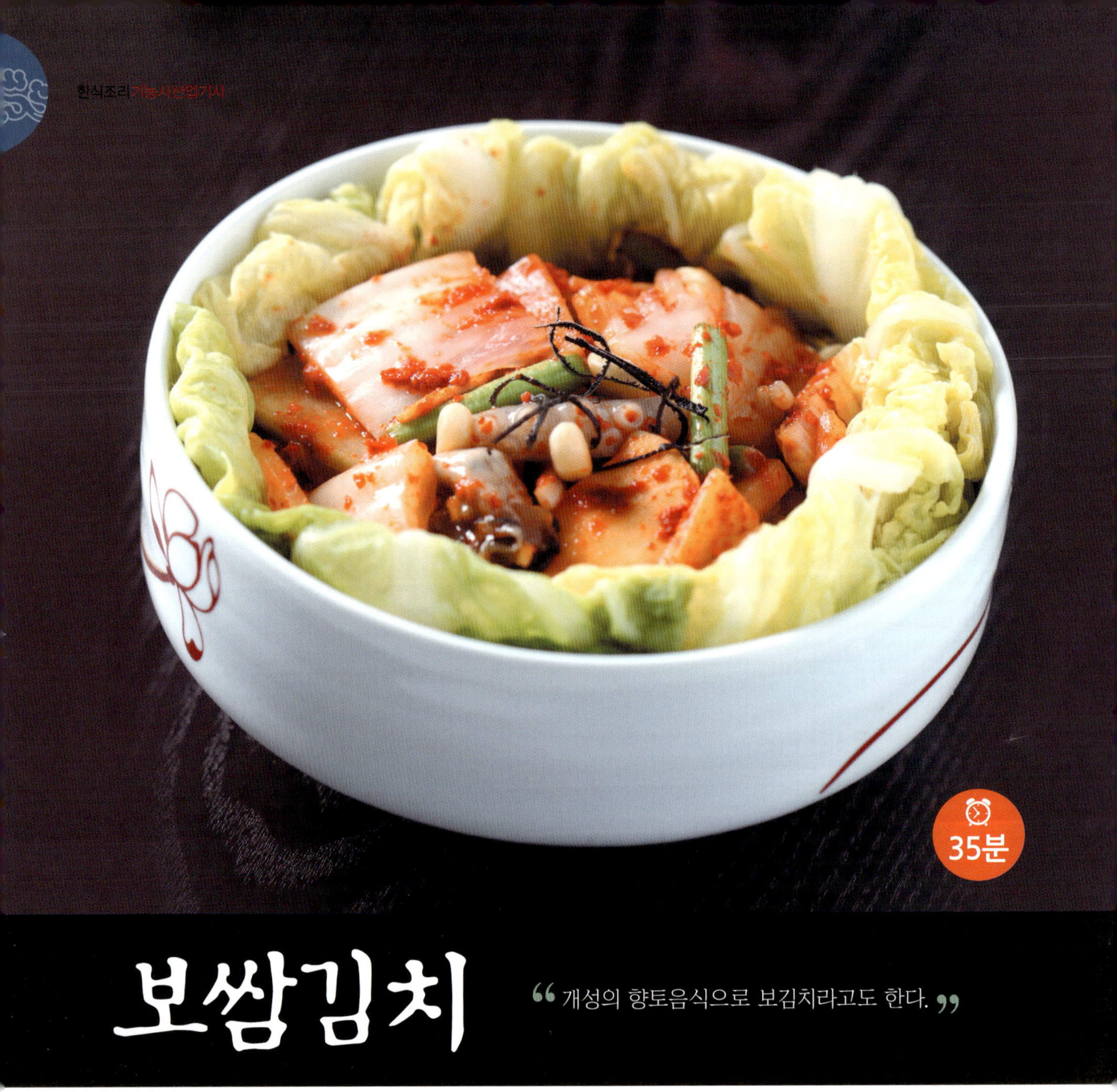

35분

# 보쌈김치

### 요구사항

1 김치 속재료는 3cm 정도로 하고, 무·배추는 나박썰기, 배·밤은 편썰기 하시오.
2 그릇 바닥을 배추로 덮은 후 내용물을 담아, 내용물이 보이도록 하여 제출하시오.
3 보쌈김치에 국물을 만들어 부으시오.
4 석이버섯, 대추, 잣은 고명으로 얹으시오.

### 유의사항

1 내용물의 배합비율이 적절하게 되도록 한다.
2 김치를 버무리는 순서와 양념의 분량에 유의한다.

## 재료

**01 주재료**

| | |
|---|---|
| 절인 배추 | 1/6포기 |
| 무 | 50g |
| 밤 | 1개 |
| 배 | 1/10개 |
| 실파 | 1뿌리 |
| 마늘 | 2쪽 |
| 생강 | 5g |
| 미나리 | 30g |
| 갓(적겨자 대체 가능) | 20g |
| 대추 | 1개 |
| 석이버섯 | 5g |
| 잣 | 5알 |
| 굴 | 20g |
| 낙지다리 | 50g |
| 고춧가루 | 20g |
| 새우젓 | 20g |
| 소금 | 5g |

## 만드는 방법

**1 재료 준비하기** | 재료는 깨끗이 씻어서 준비한다.

**2 석이버섯 불리기** | 따뜻한 물에 석이버섯을 불려둔다.

**3 굴 손질** | 소금물에 해감하여 껍질 등 이물질을 제거한 후 깨끗이 씻어서 따로 담아 놓는다.

**4 무 썰기** | 무는 3cm×3cm×0.3cm로 썰어 소금에 절인다.

**5 배추 썰기** | 절인 배추는 깨끗이 씻어서 잎 부분은 25cm 길이로 잘라 보자기용으로 사용하고 줄기 부분은 0.3cm×3cm ×3cm 길이로 자른다.

**6 고춧가루 색내기** | 배추와 무는 고춧가루를 넣고 색을 들인다.

**7 배 썰기** | 배는 무와 같은 크기로 썬다.

**8 갓 썰기** | 미나리, 갓, 실파는 3cm 길이로 썬다.

**9 낙지 자르기 및 재료 손질** | 낙지는 소금으로 비벼 씻어 3cm로 자른다(굵은 쪽은 채 썬다). 밤은 납작하게 편으로 썰고, 대추는 씨를 제거하고 마늘, 생강과 함께 채 썬다.

**10 고명 썰기** | 석이버섯은 이끼를 제거하고 손질하여 채 썰고, 잣은 고깔을 떼어 놓는다.

**11 보쌈소 만들기** | 고춧가루에 마늘, 생강, 새우젓, 소금을 넣어 양념을 만들고 무, 배추를 넣어 버무려 나머지 재료를 모두 넣어 버무린다.

**12 담아 완성하기(보쌈 만들기)** | 작은 그릇에 배추의 잎 부분을 겹쳐서 보쌈을 쌀 주머니를 만든다. 보쌈 주머니에 소를 넣고 주머니 끝을 밖으로 접어 안으로 아물려 놓는다.

**13 고명 및 국물 넣기** | 석이버섯, 잣, 대추 고명을 올리고 남은 소에 물과 소금을 넣어 간한 국물을 반 정도 잠기게 넣는다.

### TiP!

- 고춧가루를 새우젓으로 미리 불려 버무리면 김치 양념의 색이 곱다.
- 배를 설탕물에 담그면 오작처리 된다(설탕은 재료에 없음).

20분

# 오이소박이

“오이 안쪽이 십자모양이 되도록 칼집을 넣은 후 그 안에 소를 넣고 익힌 김치이다.”

### 요구사항

1 오이소박이는 길이 6cm 정도로 3개 만들고, 부추는 0.5cm 정도 길이로 소를 만드시오.

### 유의사항

1 오이에 3~4 갈래로 칼집을 넣을 때 양쪽이 잘라지지 않도록 한다(양쪽이 약 1cm씩 남도록).
2 절여진 오이의 간과 소의 간을 잘 맞춘다.
3 그릇에 묻은 양념을 이용하여 김칫국을 만들어 소박이 위에 붓는다.

## 재료

### 01 주재료

| | |
|---|---|
| 오이 | 1개 |
| 부추 | 20g |
| 대파(4cm) | 1토막 |
| 마늘 | 1쪽 |
| 생강 | 5g |
| 소금 | 15g |
| 고춧가루 | 10g |

### 02 소 양념

| | |
|---|---|
| 고춧가루 | 1큰술 |
| 물 | 1큰술 |
| 다진 파 | 약간 |
| 다진 마늘 | 약간 |
| 생강 | 약간 |
| 소금 | 약간 |

## 만드는 방법

**1 재료 준비하기** | 재료는 깨끗이 씻어서 준비한다. 부추는 이물질을 제거하여 씻어 놓고 오이는 소금으로 비벼 씻는다.

**2 오이 썰기** | 오이는 6cm 길이로 잘라 양끝을 1cm씩 남기고 열십(+)자 칼집을 넣어준다.

**3 오이 절이기** | 오이는 15분 정도 소금물에 절인다.

> **절임법의 예**
> - 이쑤시개 끼우고 절이기
> - 미지근한 물에 절이기
> - 비닐봉지에 넣어 절이기

**4 부추 썰기** | 부추는 0.5cm 길이로 썰어 준다. 파, 마늘, 생강은 곱게 다진다.

**5 소 만들기** | 고춧가루에 다진 파, 마늘, 생강, 소금, 물을 넣고 고루 섞어 양념하여 부추를 넣고 소를 만든다.

**6 물기 제거** | 오이가 절여지면 행주로 물기를 제거한다.

**7 소 넣기** | 절인 오이의 칼집 사이에 다른 부위에 묻지 않게 조심해서 소를 고루 채워 넣는다.

**8 담아 완성하기** | 소박이를 보기 좋게 담고 소를 버무린 그릇에 1큰술 정도의 물을 넣어 양념을 씻어 소박이 위에 부어 낸다.

### TiP!

- 고춧가루 1큰술에 물 1큰술 정도를 넣고 고춧가루를 불린 뒤 오이소를 만들어 양념하면 젓가락으로 오이 속을 채우기가 좋다.
- 오이는 미지근한 물에 충분히 절이고 자주 뒤집어 주어야 잘 절여지고, 소를 넣을 때 끝이 갈라지지 않는다.

# 제12장 한과 조리

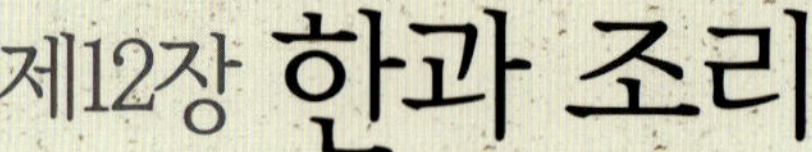

## NCS 분류번호 1301010113_16v3

한과 조리란 곡물에 꿀, 엿, 설탕 등을 넣어 반죽하여 기름에 지지거나 또는 과일, 열매 등을 조려서 유밀과, 유과, 정과, 숙실과, 강정 등을 만들 수 있는 조리 능력이다.

| 능력단위요소 | 수행준거 |
|---|---|
| 1301010113_16v3.1<br>한과 재료 준비하기 | 1.1 한과의 종류에 맞추어 도구와 재료를 준비할 수 있다.<br>1.2 한과에 사용하는 재료를 필요량에 맞게 계량할 수 있다.<br>1.3 재료에 따라 요구되는 전 처리를 수행할 수 있다. |
| 1301010113_16v3.2<br>한과 재료 배합하기 | 2.1 쌀가루나 밀가루에 원하는 색이 나오도록 발색 재료를 첨가, 조절할 수 있다.<br>2.2 주재료와 부재료를 배합할 수 있다.<br>2.3 배합한 재료를 용도에 맞게 활용할 수 있다. |
| 1301010113_16v3.3<br>한과 조리하기 | 3.1 한과제조에 필요한 재료를 반죽할 수 있다.<br>3.2 한과의 종류에 따라 모양을 만들 수 있다.<br>3.3 한과의 종류에 따라 조리방법을 달리하여 조리할 수 있다.<br>3.4 꿀이나 설탕시럽에 담가둔 후 꺼내거나 끼얹을 수 있다.<br>3.5 고명을 사용하여 장식할 수 있다. |
| 1301010113_16v3.4<br>한과 담기 | 4.1 한과 담을 그릇을 선택할 수 있다.<br>4.2 색과 모양의 조화를 맞춰 담아낼 수 있다.<br>4.3 한과 종류에 따라 보관과 저장을 할 수 있다. |

## <한과 조리작업 상황에서 고려사항>

- 한과조리 능력 단위는 다음 범위가 포함된다.
  - 한과류 : 매작과, 약과, 도라지정과, 연근정과, 무정과, 호박오가리정과, 수삼정과, 사과정과, 밤초, 대추초, 조란, 율란, 강란, 다식, 깨강정, 쌀강정, 오미자편, 귤편, 포도편 등
- 한과의 전 처리란 다듬기, 씻기, 불리기, 수분제거를 말한다.
- 유과: 찹쌀가루를 반죽하여 썰어 건조시켰다가 기름에 튀긴 후 고물(깨, 흑임자, 잣, 튀밥)을 묻힌 과자이다.
- 숙실과: 밤, 대추 등을 익혀서 꿀이나 설탕에 조린 밤초, 대추초와 과일의 열매에서 씨를 빼고 무르게 삶아 꿀이나 설탕에 조려 다시 원래 과일 모양이나, 다른 모양으로 빚어서 계핏가루나 잣가루를 묻힌 율란, 조란, 생란 등의 과자이다.
- 과편: 과일과 전분, 설탕 등을 조려서 묵처럼 엉기게 하여 만든 과자이다. 과일로는 살구나 모과, 앵두, 귤, 버찌, 오미자 등을 쓴다. 대개는 질감이 부드럽고 단맛을 낸다.
- 엿강정: 견과류나 곡물을 튀기거나 볶아서 물엿으로 버무려 만든 과자이다.
- 정과: 과일이나 생강, 연근, 인삼, 당근, 도라지 따위를 꿀이나 설탕에 재거나 조려 만든 과자이다.
- 유밀과: 밀가루나 찹쌀가루를 반죽하여 과줄판에 찍어 내거나 일정한 모양으로 빚어 기름에 튀겨 낸 다음 꿀이나 조청을 듬뿍 먹이거나 바른다. 매작과, 약과, 다식과, 타래과 등의 과자이다.
- 즙청(汁淸) 이란 약과나 주악 등을 꿀이나 시럽 등에 재워두는 것을 말한다.

# 매작과



> 밀가루에 내 천(川)자로 칼집을 내고 뒤집어 기름에
> 튀겨낸 후 꿀에 집청한 유밀과에 속한 과자이다. 🙎

**요구사항**

1 매작과 완성품의 크기는 5cm×2cm×0.3cm 정
  도로 균일하게 만드시오.

2 매작과 모양은 중앙에 세군데 칼집을 넣으시오.

3 시럽을 사용하고 잣가루를 뿌려 10개를 제출하
  시오.

**유의사항**

1 밀가루 반죽 상태에 유의한다.

2 매작과를 튀길 때 기름온도에 유의한다.

## 재료

### 01 주재료

| | |
|---|---|
| 밀가루 | 50g |
| 소금 | 5g |
| 생강 | 10g |
| 잣 | 5개 |
| 식용유 | 300mL |
| A4 용지 | 1장 |
| 흰설탕 | 40g |

### 02 시럽

| | |
|---|---|
| 물 | 5큰술 |
| 흰설탕 | 5큰술 |

## 만드는 방법

**1 재료 준비하기 |** 재료는 깨끗이 씻어서 준비한다.

**2 시럽 만들기 |** 물과 설탕을 동량으로 넣어 반으로 졸인다.

**3 생강즙 만들기 |** 강판에 갈아 즙을 짠다.

**4 반죽하기 |** 밀가루를 체에 친 다음 덧가루는 조금 남기고 소금, 생강즙, 물과 함께 섞어 되직하게 반죽하여 젖은 면보나 비닐에 싸 놓는다.

**5 잣 다지기 |** 잣은 고깔을 떼고 면보로 닦아서 종이 위에서 보슬보슬하게 다져놓는다.

**6 밀대로 밀기 |** 매작과 반죽은 방망이로 밀어서 길이 5cm, 폭 2cm, 두께 0.3cm로 잘라 중심에 칼집을 내 천(川)자처럼 세군데 칼집을 넣어 가운데로 한번 뒤집는다.

**7 튀기기 |** 기름온도가 130~150℃ 정도가 되면 매작과를 넣는다. 색이 나기 시작하면 불을 줄여 노릇노릇하게 튀겨낸다.

**8 시럽 묻히기 |** 시럽을 데워 살짝 버무린다.

**9 담아 완성하기 |** 매작과는 그릇에 담고, 잣가루를 뿌려낸다.

## TiP!

- 생강즙은 강판에 갈아 면보에 짜는 방법과 생강을 곱게 다져 물에 섞어 즙을 내는 방법이 있다.
- 매작과는 낮은 온도에서 튀기면서 온도를 높여야 기포가 덜 생긴다.
- 색이 나기 시작하면 순식간에 변하므로 불을 줄여야 한다.
- 반죽이 되직해야 모양이 잘 나온다.

# 한식조리
# 산업기사

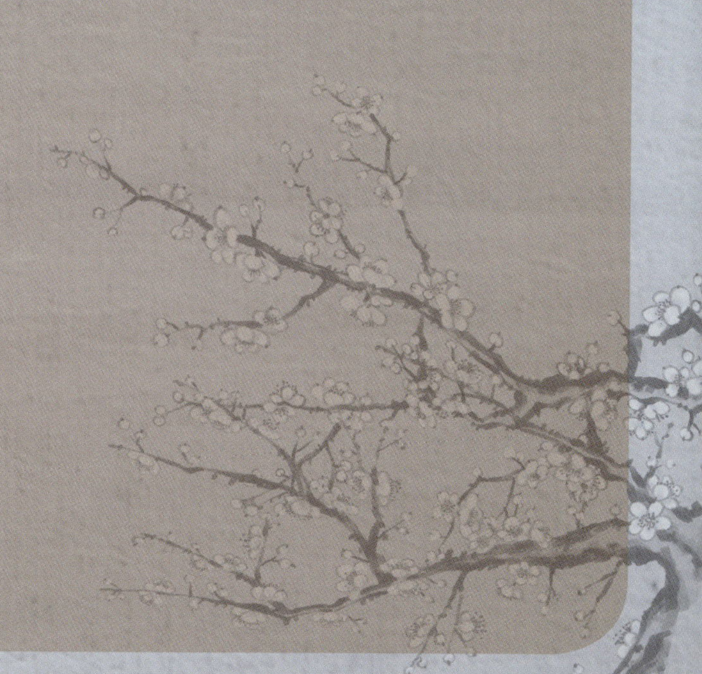

# ◆ 한식조리산업기사 실기 출제기준

| 직무분야: 음식 서비스 | 중직무분야: 조리 | 자격종목: 한식조리산업기사 | 적용기간: 2019.1.1 ~ 2021.12.31 |
| --- | --- | --- | --- |

**직무내용:** 한식메뉴 계획에 따라 식재료를 선정, 구매, 검수, 보관 및 저장하며 맛과 영양을 고려하여 안전하고 위생적으로 음식을 조리하고 조리기구와 시설관리 및 급식·외식경영을 수행하는 직무

**수행준거:**
1. 한식의 고유한 형태와 맛을 표현할 수 있고 메뉴개발을 할 수 있다.
2. 식재료의 특성을 이해하고 용도에 맞게 손질할 수 있다.
3. 한식 조리에 필요한 식재료의 분량과 양념의 비율을 맞출 수 있다.
4. 조리과정의 순서를 알고 적절한 도구를 사용할 수 있다.
5. 기초조리기술을 능숙하게 할 수 있다.
6. 완성한 음식을 적절한 그릇을 선택하여 담는 원칙에 따라 모양 있게 담을 수 있다.
7. 한식 상차림을 할 수 있다.
8. 위생적인 조리와 정리정돈을 잘 할 수 있다.

| 실기검정방법: 작업형 | 시험시간: 2시간 정도 |
| --- | --- |

| 과목명 | 주요항목 | 세부항목 | 세세항목 |
| --- | --- | --- | --- |
| 한식<br>조리<br>실무 | 1. 기초<br>조리작업 | 1. 식재료 식별하기<br>2. 식재료 기초 손질 및 모양썰기 | 1. 식재료의 상태를 식별할 수 있다.<br>1. 식재료를 각 음식의 형태와 특징에 따라 분류하고 손질할 수 있다. |
| | 2. 음식에<br>따른 조리작업 | 1. 밥·죽 조리하기 | 1. 재료의 특성을 이해하고 주어진 재료를 사용하여 요구사항대로 밥·죽류를 조리할 수 있다. |
| | | 2. 면류와 만두류 조리하기 | 1. 재료의 특성을 이해하고 주어진 재료를 사용하여 요구사항대로 면류와 만두류를 조리할 수 있다. |
| | | 3. 국과 탕류 조리하기 | 1. 재료의 특성을 이해하고 주어진 재료를 사용하여 요구사항대로 국과 탕류를 조리할 수 있다. |
| | | 4. 전골과 찌개류 조리하기 | 1. 재료의 특성을 이해하고 주어진 재료를 사용하여 요구사항대로 전골과 찌개류를 조리할 수 있다. |
| | | 5. 찜과 선류 조리하기 | 1. 재료의 특성을 이해하고 주어진 재료를 사용하여 요구사항대로 찜과 선류를 조리할 수 있다. |
| | | 6. 생채류 조리하기 | 1. 재료의 특성을 이해하고 주어진 재료를 사용하여 요구사항대로 생채류를 조리할 수 있다. |
| | | 7. 숙채류 조리하기 | 1. 재료의 특성을 이해하고 주어진 재료를 사용하여 요구사항대로 숙채류를 조리할 수 있다. |
| | | 8. 전, 적, 튀김류 조리하기 | 1. 재료의 특성을 이해하고 주어진 재료를 사용하여 요구사항대로 전, 적, 튀김류를 조리할 수 있다. |
| | | 9. 구이류 조리하기 | 1. 재료의 특성을 이해하고 주어진 재료를 사용하여 요구사항대로 구이류를 조리할 수 있다. |
| | | 10. 조림과 초류 조리하기 | 1. 재료의 특성을 이해하고 주어진 재료를 사용하여 요구사항대로 조림과 초류를 조리할 수 있다. |

| | | | |
|---|---|---|---|
| 2. 음식에 따른 조리작업 | | 11. 볶음류 조리하기 | 1. 재료의 특성을 이해하고 주어진 재료를 사용하여 요구사항대로 볶음류를 조리할 수 있다. |
| | | 12. 회류 조리하기 | 1. 재료의 특성을 이해하고 주어진 재료를 사용하여 요구사항대로 회류를 조리할 수 있다. |
| | | 13. 마른찬류 조리하기 | 1. 재료의 특성을 이해하고 주어진 재료를 사용하여 요구사항대로 마른찬류를 조리할 수 있다. |
| | | 14. 장아찌류 조리하기 | 1. 재료의 특성을 이해하고 주어진 재료를 사용하여 요구사항대로 장아찌류를 조리할 수 있다. |
| | | 15. 김치류 조리하기 | 1. 재료의 특성을 이해하고 주어진 재료를 사용하여 요구사항대로 김치류를 조리할 수 있다. |
| | | 16. 한과만들기 | 1. 재료의 특성을 이해하고 주어진 재료를 사용하여 요구사항대로 한과를 만들 수 있다. |
| | | 17. 음청류 만들기 | 1. 재료의 특성을 이해하고 주어진 재료를 사용하여 요구사항대로 음청류를 조리 할 수 있다. |
| 한식 조리 작업 | 3. 상차림 | 1. 상차림 하기 | 1. 적절한 그릇에 담는 원칙에 따라 음식을 모양 있게 담아 음식의 특성을 살려 낼 수 있다.<br>2. 상차림(5첩반상)에 따라 음식이 놓여지는 위치를 알고 배선할 수 있다. |
| | 4. 조리작업 관리 | 1. 조리작업, 안전, 위생관리하기 | 1. 조리복·위생모 착용, 개인위생 및 청결 상태를 유지할 수 있다.<br>2. 식재료를 청결하게 취급하며 전 과정을 위생적이고 안전하게 정리 정돈하고 조리할 수 있다. |

※ 한식조리산업기사 관련 최신 정보는 Q-net(www.q-net.or.kr)에서 확인할 수 있다.

# 감자조림

66 먹기 좋게 썬 감자를 살짝 데치고 소고기를 볶아 감자와 합하여 양념간장을 넣고 조린 음식이다. 99

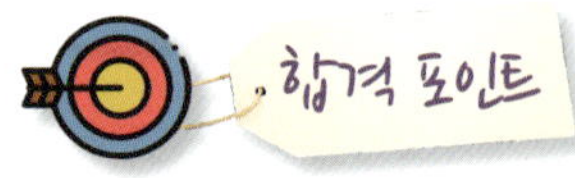


**1** 감자는 살짝 데쳐 전분기를 제거 한다.

**2** 감자가 부시지는 것을 막으려면 간장에 먼저 절였다가 조리며, 자주 젓지 않는다.

##  재료

| [주재료와 부재료] | | [양념] | | 조림장 | |
|---|---|---|---|---|---|
| 감자 | 350g | **소고기 양념** | | 진간장 | 2큰술 |
| 실고추 | 1g | 진간장 | 1/4작은술 | 흰설탕 | 1큰술 |
| 풋고추 | 1개 | 흰설탕 | 1/2작은술 | 다진 파 | 1작은술 |
| 참기름 | 1작은술 | 다진 파 | 1/4작은술 | 다진 마늘 | 1작은술 |
| 소고기 | 30g | 다진 마늘 | 1/4작은술 | 참기름 | 1작은술 |
| | | 참기름 | 1/2작은술 | 깨소금 | 1작은술 |
| | | 깨소금 | 약간 | 후춧가루 | 1/8작은술 |
| | | 후춧가루 | 1/8작은술 | 물 | 1/2컵 |

##  만드는 방법

1. 소고기는 3cm×1cm×0.3cm로 얇게 썰어 양념을 한 후 달군 팬에 참기름을 두르고 살짝 볶는다.

2. 감자는 껍질을 벗기고 밤 크기로 썰어 모서리를 다듬고 데친다.

3. 풋고추는 어슷 썰어 씨를 뺀다.

4. 냄비에 감자와 조림장을 넣고 조리다가 어느 정도 감자가 갈색이 되면 소고기와 풋고추를 넣어 잠시 더 조린 후 참기름을 넣는다.

5. 4에 실고추를 얹어 담아낸다.

재료는 깨끗이 씻어 준비한다.

감자는 밤톨크기로 썬다.

감자를 데친다.

감자와 소고기를 넣고 조린다.

# 구절판

아홉 칸으로 나뉘어진 그릇의 이름으로 채소, 소고기, 버섯, 밀전병 등 아홉 가지 재료를 담고 밀전병에 여러 가지 채를 싸서 겨자즙이나 초장에 찍어먹는 음식이다. 주로 주안상이나 교자상에 어울린다.

## 요구사항

1 채소는 5cm×0.2cm×0.2cm 정도의 크기로 채 썰어 사용하시오.

2 밀전병은 직경 6cm 정도의 크기로 7개 만드시오.

3 밀전병 사이에 비늘잣을 고명으로 얹으시오.

## 합격 포인트

1 구절판은 대표적인 전채 요리로 담백한 맛을 내야 한다. 채소를 볶을 때는 팬을 뜨겁게 달군 뒤 식용유를 조금만 넣고 센 불에서 재빨리 볶아 내는 것이 담백한 맛의 비결이다.

2 밀전병 반죽은 숙성 후 사용하면 탄력이 더 있으며, 얇게 부치는 것이 좋다.

144

## 재료

| [주재료와 부재료] | | [양념] | | | |
|---|---|---|---|---|---|
| 소고기 | 50g | **밀전병** | | 다진 파 | 1/2작은술 |
| 달걀 | 1개 | 밀가루 | 5큰술 | 다진 마늘 | 1/4작은술 |
| 오이 | 1/2개 | 물 | 6큰술 | 깨소금 | 1/2작은술 |
| 당근 | 50g | 소금 | 약간 | 참기름 | 1/2작은술 |
| 석이버섯 | 5장 | **고기 · 버섯 양념** | | 후춧가루 | 1/8작은술 |
| 숙주 | 70g | 간장 | 1작은술 | | |
| 표고버섯 | 3장 | 설탕 | 1/2작은술 | | |
| 식용유 | 약간 | | | | |

## 만드는 방법

1. 밀가루와 물을 섞고 소금을 약간 넣어 멍울이 없도록 풀어준 후 체에 내린다.

2. 오이와 당근은 5cm 길이로 돌려 깎기 한 후 0.2cm×0.2cm로 채 썰어 소금에 살짝 절여 물기를 꼭 짠다.

3. 소고기는 채소 길이보다 1cm 정도 더 길게 썰고, 표고버섯은 불려서 채 썬 후 양념을 한다.

4. 숙주는 거두절미하여 살짝 데쳐서 참기름과 소금으로 양념한다.

5. 석이버섯은 뜨거운 물에 불려 주물러 씻어 깨끗이 헹군 후 이끼와 돌을 떼어내고 돌돌 말아 채 썰어서 참기름, 소금으로 양념한다.

6. 달걀은 황 · 백으로 분리하여 지단을 부쳐 0.2cm×0.2cm×5cm로 곱게 채 썬다.

7. 프라이팬에 식용유를 두르고 오이, 당근, 석이버섯, 표고버섯, 소고기 순서로 볶아낸다.

8. 불을 약하게 하여 프라이팬에 지름 6cm 크기로 밀전병을 부친다.

9. 접시에 볶아 낸 재료를 돌려 담은 후 중앙에 밀전병을 담는다.

10. 밀전병 중앙에 잣을 예쁘게 올린다.

밀가루와 물을 1:1 비율로 풀어준 후 체에 거른다.

오이, 당근은 돌려깎이 한다.

석이버섯을 손질한다.

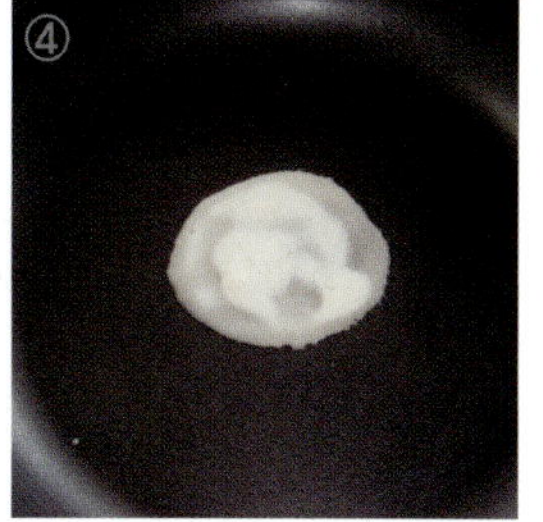

밀전병을 얇게 부친다.

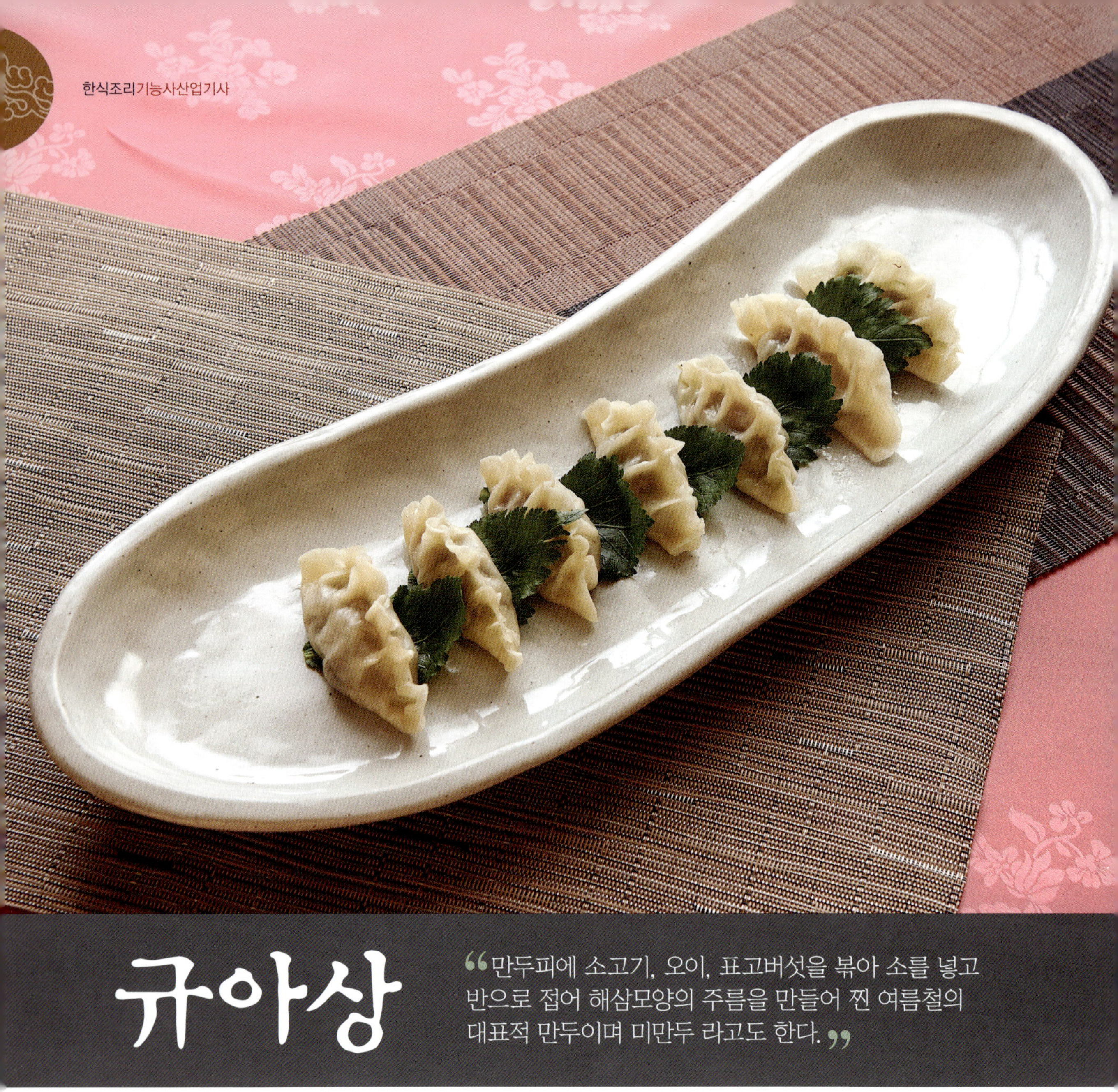

# 규아상

"만두피에 소고기, 오이, 표고버섯을 볶아 소를 넣고 반으로 접어 해삼모양의 주름을 만들어 찐 여름철의 대표적 만두이며 미만두 라고도 한다."

## 요구사항

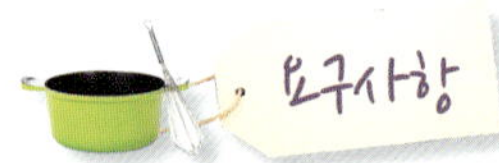

1 표고버섯과 오이는 채 썰고 소고기는 다져서 사용하시오.

2 잣은 소에 넣으시오.

3 만두피는 지름 8cm 정도로 하여 6개를 만들고, 초간장을 곁들이시오.

## 합격 포인트

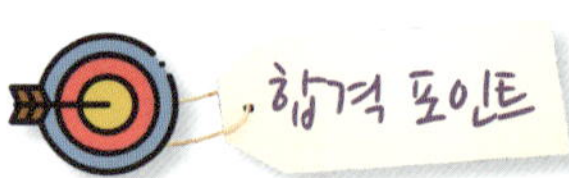

1 쪄낸 만두끼리 서로 달라붙지 않도록 손에 찬물을 묻혀가며 만두를 꺼내 조심스럽게 접시에 놓는다.

2 만두피를 지름 8cm 정도로 밀어서 소를 넣어야 터지지 않고 주름 모양이 확실하게 잡힌다.

3 만두피는 최대한 얇게 밀어야 쪘을 때 부드럽다.

 **재료**

| [주재료와 부재료] | | |
|---|---|---|
| 소고기(우둔살) | 50g | |
| 오이 | 1/2개 | |
| 불린 표고버섯 | 2장 | |
| 잣 | 1큰술 | |
| 밀가루 | 60g | |
| 소금 | 1작은술 | |
| 참기름 | 약간 | |

| | | |
|---|---|---|
| 식용유 | 약간 | |

**[양념]**

**소고기 · 표고버섯 양념**

| | |
|---|---|
| 진간장 | 1큰술 |
| 흰설탕 | 1/2큰술 |
| 다진 파 | 1작은술 |
| 다진 마늘 | 1작은술 |

| | |
|---|---|
| 참기름 | 1/2작은술 |
| 깨소금 | 1/2작은술 |
| 후춧가루 | 1/8작은술 |

**초간장**

| | |
|---|---|
| 진간장 | 1큰술 |
| 흰설탕 | 1/2큰술 |
| 식초 | 1/2큰술 |
| 물 | 1/2큰술 |

 **만드는 방법**

1. 밀가루는 체에 쳐서 소금물로 반죽한 후 젖은 면포로 덮어 30분 정도 두었다가 0.1cm로 얇게 밀어 지름 8cm 길이의 만두피를 요구사항에 맞게 만든다.

2. 오이는 5cm 길이로 썰고 돌려 깎은 뒤 5cm×0.1cm×0.1cm 크기로 채를 썰어 소금물에 절였다가 물기를 꼭 짠 다음 참기름을 넣고 재빨리 식용유를 두른 팬에 볶아 펼쳐서 식힌다.

3. 소고기는 다지고 불린 표고버섯은 가늘게 채를 썰어 각각 양념한 후에 식용유를 두른 팬에 볶아서 식힌다.

4. 오이, 소고기, 표고버섯을 섞어 소를 만든다.

5. 만두피에 소와 잣을 하나씩 넣고 반으로 접어 양손 엄지 및 검지를 마주보게 만두피를 눌러 해삼모양으로 주름을 잡아가며 빚는다.

6. 김이 오른 찜통에 젖은 면포를 깔고 만두를 넣어 10분간 찐다.

7. 완성접시에 규아상 6개를 담고 초간장을 곁들여 낸다.

만두피는 직경이 8cm가 되도록 얇게 완성한다.

오이, 표고버섯을 채 썰어 준비한다.

소고기는 다진다.

만두피에 속 재료를 넣어 규아상을 만든다.

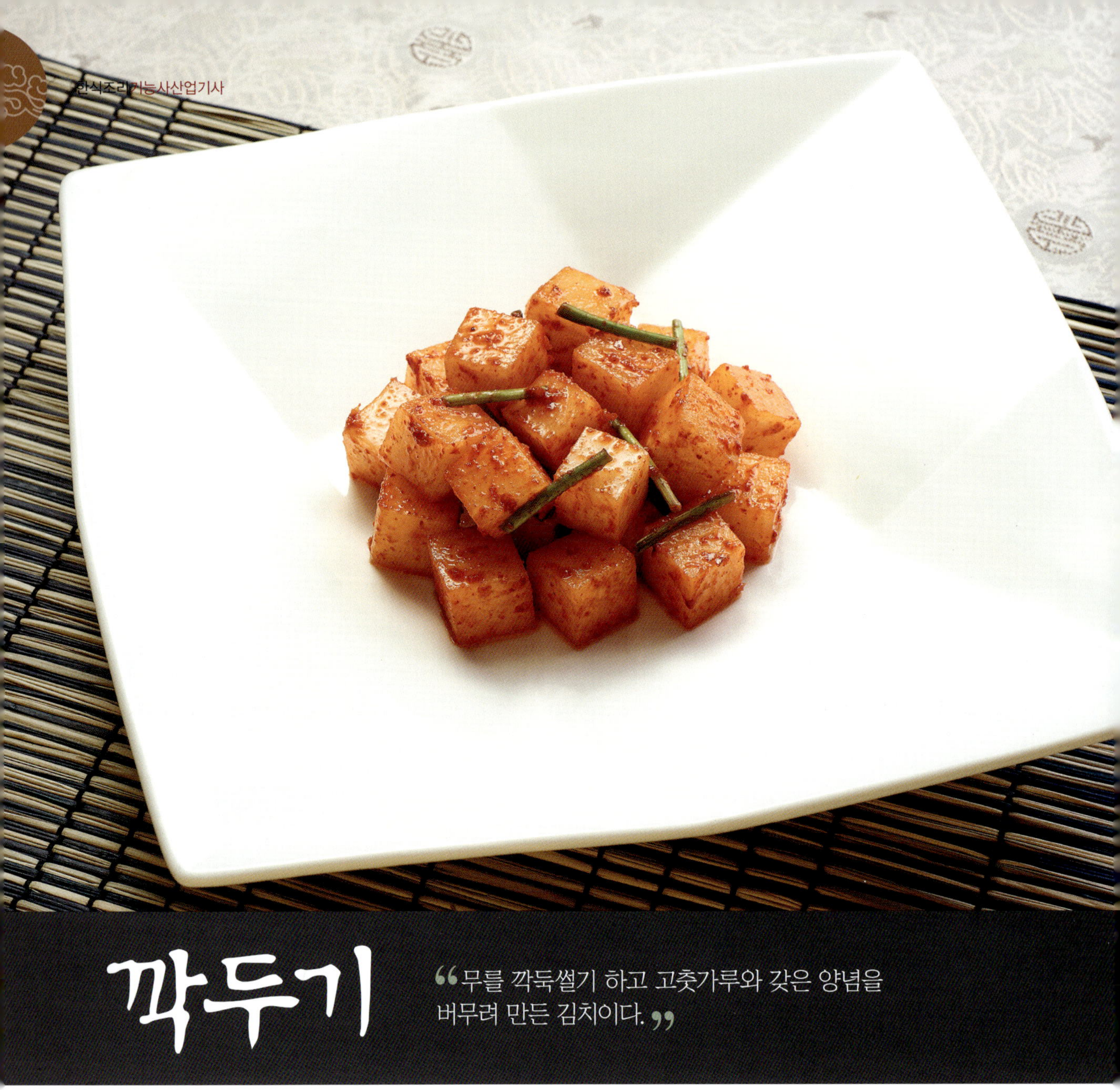

# 깍두기

합격 포인트

**1** 깍둑썰기한 무에 소금을 뿌려 절이고 다 절여지면 물에 살짝 헹구어 체에 밭쳐 양념한다.

**2** 절여진 무에 양념올 하여야 완성된 깍두기의 색의 곱다.

##  재료

| [주재료와 부재료] | | [양념] | | | |
|---|---|---|---|---|---|
| 무(중) | 1개 | 고춧가루 | 3큰술 | 소금 | 1/4작은술 |
| 굵은 소금 | 1/4컵 | 마늘 | 20g | 흰설탕 | 1작은술 |
| 미나리 | 30g | 생강 | 1/2톨 | | |
| 실파 | 50g | 새우젓 | 1큰술 | | |

##  만드는 방법

**1** 손질 된 무는 2cm×2cm 크기로 깍둑썰기한 다음 굵은 소금으로 살짝 절인 후 가볍게 헹구어 체에 건져 놓는다.

**2** 실파와 미나리는 다듬어 씻어 3cm 길이로 썰고, 마늘과 생강은 곱게 다진다.

**3** 새우젓은 잡티를 골라내고 건더기만 건져 곱게 다진다.

**4** 무에 양념을 넣어 버무린 후 미나리, 실파를 섞어 살짝 버무려 그릇에 담아 완성한다.

깍두기 재료를 손질한다.

재료를 규격에 맞게 썰어 소금에 절인다.

양념을 배합한다.

절여진 무에 양념을 배합한다.

# 깻잎전

> 깻잎에 양념한 소고기와 두부를 넣고 반으로 접어
> 밀가루와 달걀옷을 묻혀 지진 음식이다.

### 요구사항

1 깻잎전은 소고기, 두부를 소로 사용하여 길이로 맞붙여 3개 지져내시오.

### 합격 포인트

1 깻잎을 오래지지면 색깔이 누렇게 되므로 소를 많이 넣지 않고 지져낸다.

2 달걀물을 묻힐 때 밀가루가 충분히 스며들도록 한다.

 **재료**

| [주재료와 부재료] | | |
| --- | --- | --- |
| 깻잎 | | 5장 |
| 소고기 | | 60g |
| 두부 | | 20g |
| 달걀 | | 1개 |
| 밀가루 | | 2큰술 |
| 식용유 | | 3큰술 |

| [양념] | |
| --- | --- |
| **소고기 · 두부 양념** | |
| 소금 | 약간 |
| 진간장 | 1/2큰술 |
| 흰설탕 | 1/2큰술 |
| 다진 파 | 1큰술 |
| 다진 마늘 | 1/2큰술 |

| | |
| --- | --- |
| 참기름 | 1/2큰술 |
| 깨소금 | 1/2큰술 |
| 후춧가루 | 1/8큰술 |
| **초간장** | |
| 진간장 | 1큰술 |
| 흰설탕 | 1/2큰술 |
| 식초 | 1/2큰술 |

## 만드는 방법

1 깻잎은 크기가 일정한 것으로 준비하여 꼭지는 1/2 제거 후 깨끗이 씻어 물기를 제거한다.

2 소고기는 핏물을 제거하여 곱게 다진다.

3 두부는 으깬 후 면포에 싸서 물기를 제거한다.

4 2와 3을 섞고 양념을 하여 소를 만든다.

5 깻잎에 밀가루를 묻힌 후 소를 얇게 펴서 얹고 깻잎을 반으로 접는다.

6 접은 깻잎에 밀가루를 묻히고 달걀물을 씌워서 지져낸다.

7 초간장을 곁들여 낸다.

재료를 손질하여 준비한다.

소고기를 다지고 두부를 으깬다.

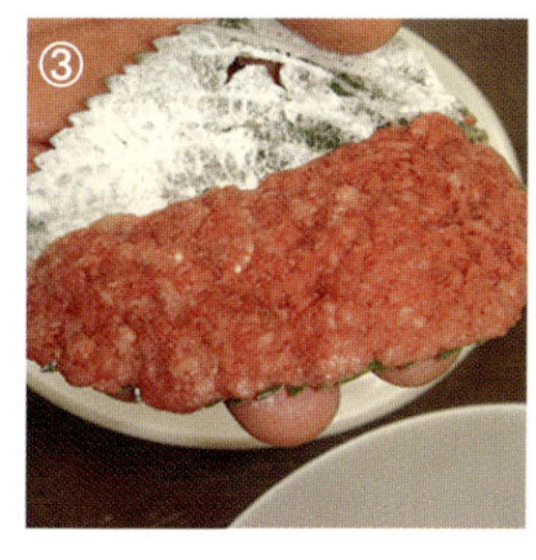

깻잎에 소를 넣는다.

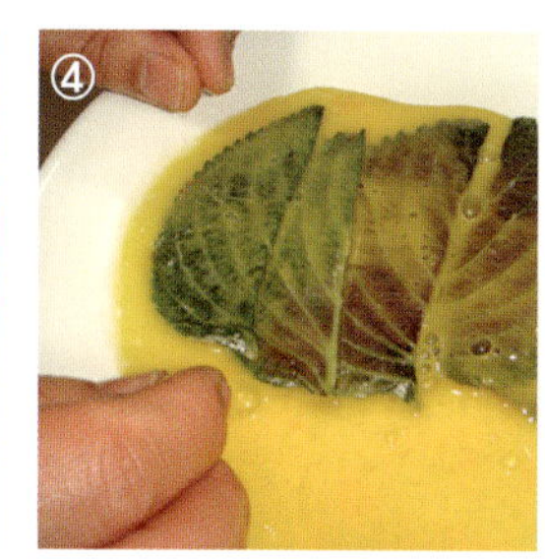

달걀옷을 입혀 지진다.

# 꽃게찜

66 꽃게의 살을 발라 소고기와 두부를 한데 양념하여
게딱지에 채워서 만든 찜이다. 99

### 합격 포인트

**1** 꽃게는 용도에 따라 암·수게를 달리 사용한다. 간장 게장을 담글 때는 암게를, 그 외 탕이나 찜을 할 때는 수게를 사용한다.

**2** 게살은 간이 있기 때문에 추가 양념에 주의한다.

##  재료

| [주재료와 부재료] | | |
|---|---|---|
| 꽃게 ·················· 1마리 | 밀가루 ·················· 30g | 생강즙 ·················· 1/2작은술 |
| 소고기 ·················· 60g | 식용유 ·················· 30g | 깨소금 ·················· 1작은술 |
| 두부 ·················· 80g | | 참기름 ·················· 1작은술 |
| 붉은 고추 ·················· 1개 | **[양념]** | 후춧가루 ·················· 1/8작은술 |
| 풋고추 ·················· 1개 | **소 양념** | |
| 석이버섯 ·················· 2장 | 소금 ·················· 2/3작은술 | |
| 달걀 ·················· 2개 | 다진 마늘 ·················· 1/2작은술 | |
| | 다진 파 ·················· 1/2작은술 | |

##  만드는 방법

1. 게는 솔로 깨끗하게 씻은 다음 삼각 딱지와 등딱지를 떼고 게장과 게살을 발라내기 위해 몸체의 살을 밀어서 발라낸다.

2. 두부는 물기를 짜서 으깨고 소고기는 곱게 다져 게살과 섞어 양념을 한다.

3. 게 껍질 안쪽에 식용유를 바르고 밀가루를 묻혀 양념한 2를 담는다. 밀가루를 묻힌 후 달걀물을 입혀 찜솥에서 10~15분간 찐다.

4. 고추는 반으로 갈라 씨를 뺀 다음 곱게 채 썰어 살짝 볶으면서 소금과 참기름으로 간을 하고 달걀은 황·백지단을 만들어 채 썬다.

5. 석이버섯은 손질 후 곱게 다져 소금, 참기름으로 무쳐 살짝 볶는다.

6. 쪄낸 꽃게 위에 풋고추, 붉은 고추, 석이버섯, 황·백지단을 고명으로 얹는다.

꽃게를 깨끗이 씻어 준비한다.

게살을 발라 낸다.

게딱지에 소를 채운 후 찜통에 찐다.

꽃게찜에 고명을 올린다.

# 느타리버섯나물

느타리버섯을 데치고,
소고기는 채 썰어 각각 볶아
합하여 양념한 음식이다.

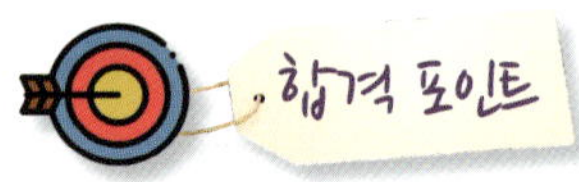
합격 포인트

1 버섯류는 조리시에 자체의 독특한 맛과 향이 감소되지 않도록 조리하는 것이 중요하므로 너무
오랫동안 익히지 않도록 주의한다.

## 재료

| [주재료와 부재료] | | |
|---|---|---|
| 느타리버섯 ·············· 100g | 참기름 ·············· 1/2작은술 | **전체양념** |
| 소고기 ·············· 40g | 흰설탕 ·············· 1/2작은술 | 참기름 ·············· 1작은술 |
| 홍고추 ·············· 1개 | 다진 마늘 ·············· 1/2작은술 | 깨소금 ·············· 1작은술 |
| | 다진 파 ·············· 1작은술 | 소금 ·············· 1/2작은술 |
| **[양념]** | 깨소금 ·············· 1/2작은술 | 다진 파 ·············· 1작은술 |
| 고기 양념 | 후춧가루 ·············· 1/8작은술 | 다진 마늘 ·············· 1/2작은술 |
| 진간장 ·············· 1/2작은술 | | |

## 만드는 방법

**1** 느타리버섯은 길게 찢어 소금물에 데친 후 물기를 제거한다.

**2** 소고기는 $0.2cm \times 0.2cm \times 5cm$의 크기로 채 썰어 양념한다.

**3** 홍고추는 소고기의 크기와 동일하게 채 썬다.

**4** 달군 프라이팬에 **1**, **2**, **3**을 각각 볶아 식힌 후 볶은 재료에 전체양념을 넣고 다시 무쳐 접시에 담는다.

① 재료를 준비한다.

② 느타리버섯을 찢어 소금물에 데친다.

③ 소고기를 채 썰어 고기 양념한다.

④ 달군 팬에 재료를 볶은 후 양념으로 무쳐 완성한다.

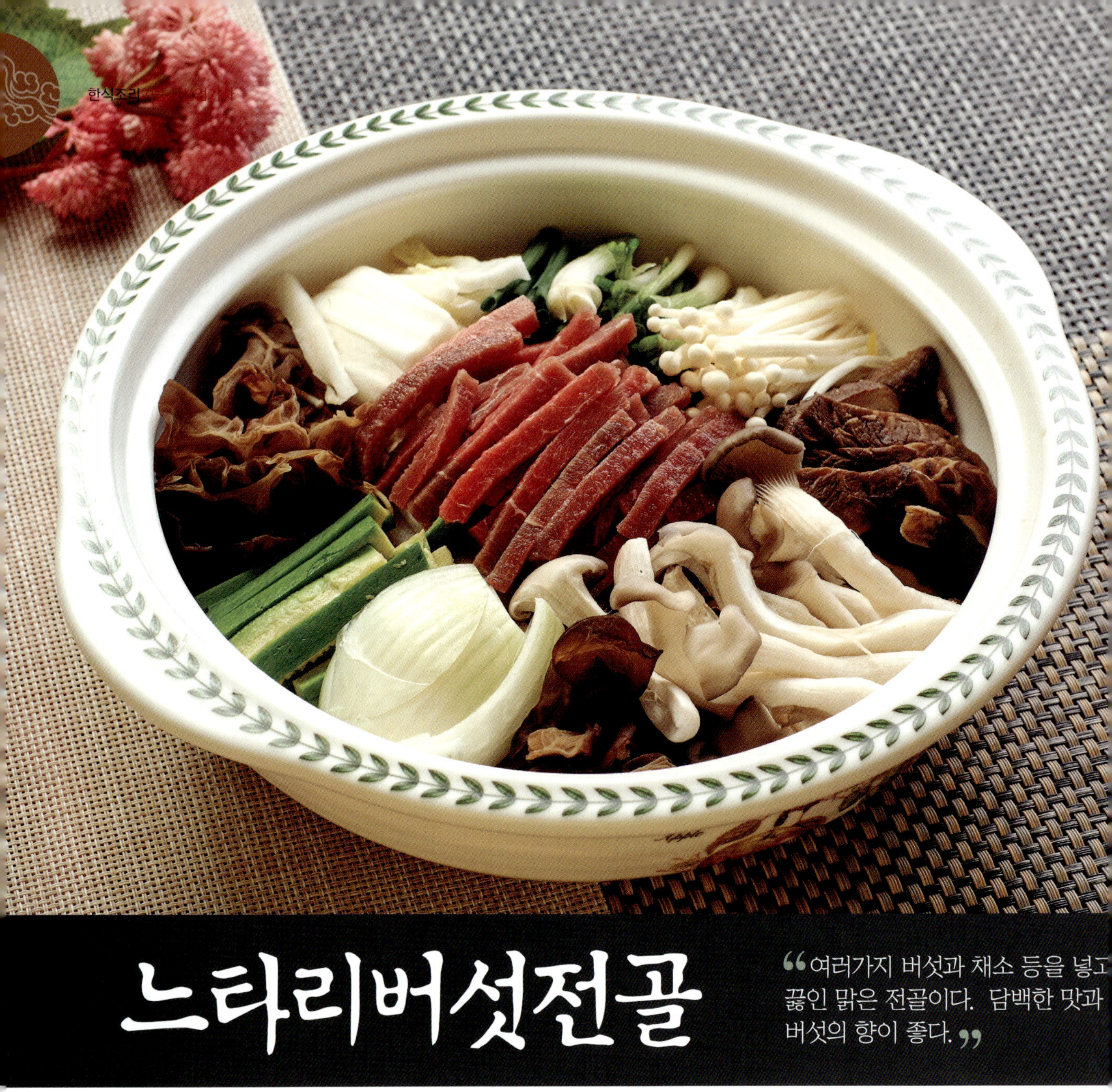

# 느타리버섯전골

"여러가지 버섯과 채소 등을 넣고 끓인 맑은 전골이다. 담백한 맛과 버섯의 향이 좋다."

## 합격 포인트

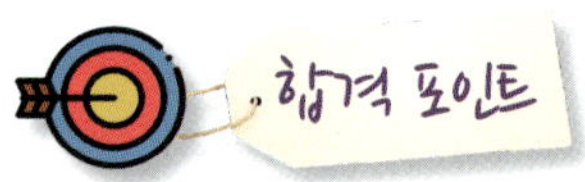

1 버섯전골은 채소와 버섯류에서 수분이 많이 나오므로 육수는 냄비의 6부 정도만 붓고 끓인다. 또한 떡국, 떡이나 당면을 넣으면 수분은 어느 정도 흡수된다.

## 재료

| [주재료와 부재료] | | |
|---|---|---|
| 느타리버섯 | 60g | |
| 팽이버섯 | 40g | |
| 건목이버섯 | 20g | |
| 양송이버섯 | 50g | |
| 건표고버섯 | 20g | |
| 쑥갓 | 2잎 | |
| 청고추 | 1개 | |
| 홍고추 | 1개 | |
| 무 | 100g | |

| | |
|---|---|
| 호박 | 50g |
| 다시마 | 10g |
| 소고기 | 90g |
| 다시용 멸치 | 20g |
| 양파 | 1/4개 |
| 쪽파 | 3뿌리 |
| 배추 | 3잎 |
| 국간장 | 약간 |

| [양념] | |
|---|---|
| **고기 양념** | |
| 진간장 | 1/2작은술 |
| 참기름 | 1/2작은술 |
| 흰설탕 | 1/2작은술 |
| 소금 | 약간 |
| 마늘 | 약간 |
| 파 | 약간 |
| 깨소금 | 약간 |
| 검은 후춧가루 | 약간 |

## 만드는 방법

1 느타리버섯과 팽이버섯은 굵게 찢어놓고, 표고버섯과 목이버섯은 불려서 굵게 채 썬다.

2 양송이버섯은 모양을 살려 편 썰기 한다.

3 쪽파는 5cm의 길이로 썰고 양파, 무, 배추, 호박은 채 썬다.

4 홍고추, 청고추는 어슷썰기하고 쑥갓은 깨끗이 다듬어 사용한다.

5 소고기는 절반 정도만 양념한다.

6 소고기, 다시마, 무, 멸치를 넣고 육수를 만든 후 국간장과 소금으로 간한다.

7 냄비에 배추와 무를 깔고 가운데 양념한 고기를 놓고 그 주위에 각종 버섯과 재료들을 돌려 담은 후 육수를 6~7부 정도 붓는다.

전골재료를 깨끗이 씻어 준비한다.

모든 재료를 규격에 맞게 썬다.

소고기, 무. 다시마. 멸치를 넣고 육수를 만든다.

전골냄비에 돌려담아 육수를 붓고 끓인다.

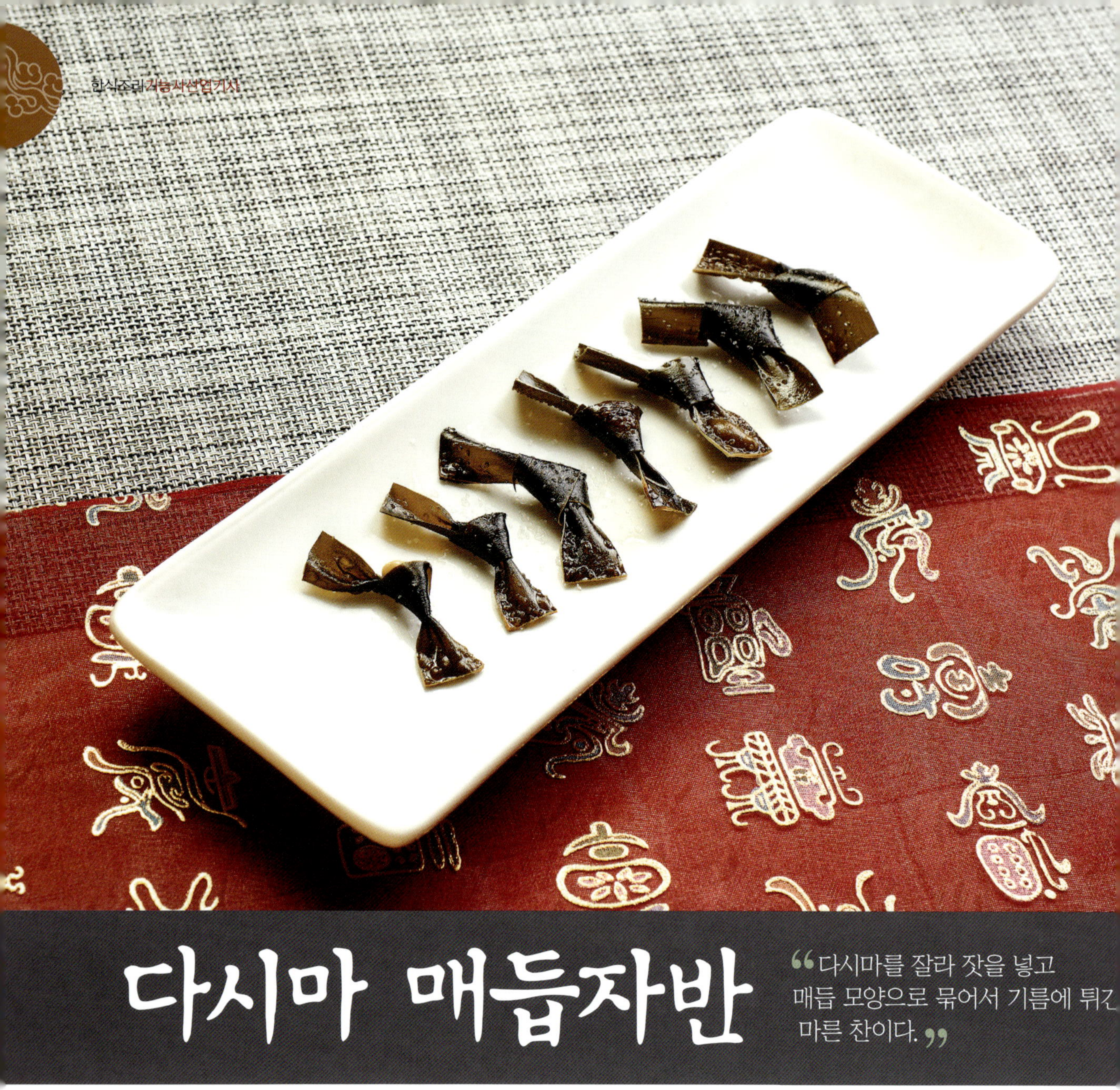

# 다시마 매듭자반



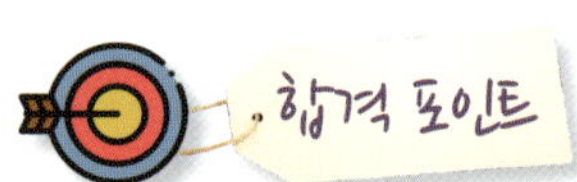

합격 포인트

**1** 매듭을 지을 때 한쪽은 길게 해서 긴 쪽을 돌려 매듭을 짓는다.

**2** 매듭 사이에 끼워진 잣이 타지 않게 튀겨내야 한다.

**3** 건 다시마는 5분정도 젖은 면포로 감싸두면 부드러워져서 매듭을 짓기 편하다.

**4** 건 다시마 크기는 요구사항에 맞게 조절하여 사용한다.

**5** 튀길 때 온도가 높으면 타서 쓴맛이 난다.

## 재료

| [주재료와 부재료] | | |
| --- | --- | --- |
| 건다시마 ······ 30g(8×10cm) | 통후추 ························ 15알 | 식용유 ························ 1컵 |
| 잣 ······························ 15알 | 설탕 ······················ 1작은술 | A4용지 ······················· 1장 |

## 만드는 방법

1 건다시마는 젖은 면포로 먼지를 깨끗이 닦은 후 5분 정도 젖은 면포를 씌워서 둔다.

2 1의 건다시마를 1cm×10cm 정도의 크기로 자르고 끝을 V자로 잘라준다.

3 잣은 고깔을 떼어 놓는다.

4 2의 다시마는 사진처럼 한 줄씩 매듭을 짓고, 매듭 사이에 잣과 통후추를 한 알씩 넣고 빠지지 않게 잘 당긴다.

5 4의 다시마를 150도의 식용유에 바삭하게 튀긴 다음 A4용지 위에 놓고 기름을 뺀다.

6 식기 전에 설탕을 뿌려 그릇에 담는다.

① 다시마를 규격에 맞게 자른다.

② 잣과 통후추를 넣고 다시마로 매듭으로 만든다.

③ 매듭을 만든 다시마를 튀겨낸다.

④ 설탕을 뿌려 완성한다.

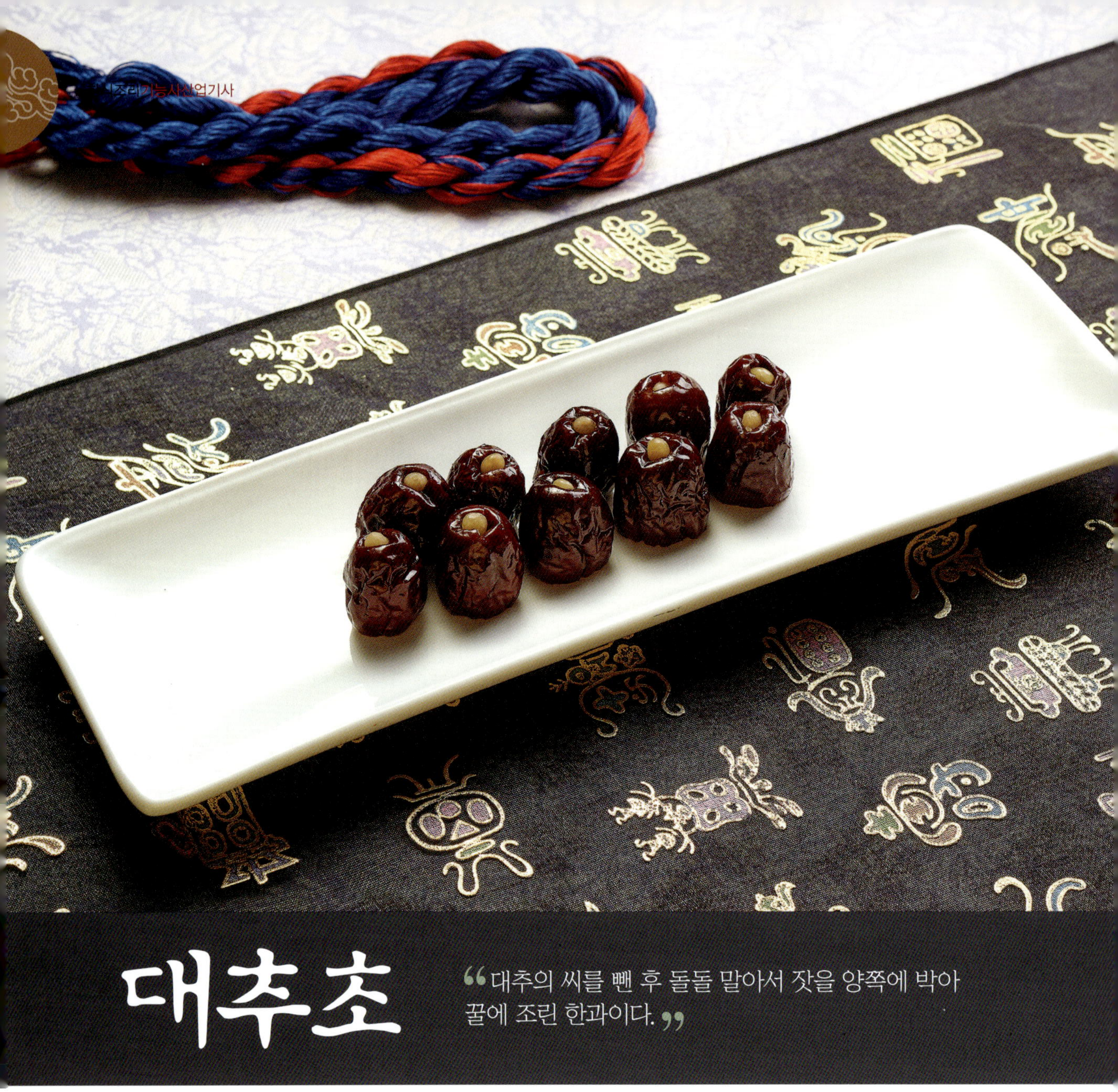

# 대추초

❝대추의 씨를 뺀 후 돌돌 말아서 잣을 양쪽에 박아 꿀에 조린 한과이다.❞

합격 포인트

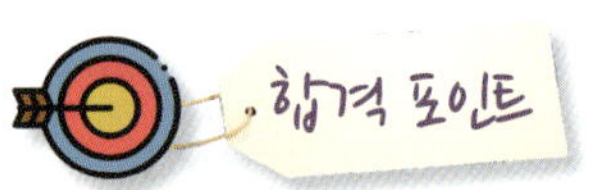

1 대추초는 갑자기 센 불에 조리면 색이 검어지고 쭈글쭈글해지므로 약한 불에서 천천히 윤기 나게 조린다.

2 잣은 대추 끝에 1/3 정도 나오게 끼워야 한다.

 ## 재료

| [주재료와 부재료] | | |
| --- | --- | --- |
| 대추 ·········· 10개 | 설탕 ·········· 2큰술 | 계핏가루 ·········· 5g |
| 꿀 ·········· 2큰술 | 잣 ·········· 20개 | 물 ·········· 3큰술 |

## 만드는 방법

1 대추는 씻어서 물기를 닦은 후 한쪽을 돌려 깎아 씨를 제거 한 뒤 잣을 채워 넣는다.

2 냄비에 물을 반 컵 넣어 약한 불에 끓이면서 대추와 설탕을 함께 넣고 나무 주걱으로 저어준다. 설탕물이 거의 졸아들면 꿀을 넣고 조금 더 졸인 후, 계핏가루를 뿌려 살짝 섞는다.

3 잣을 박은 쪽이 위로 가도록 그릇에 담는다.

대추는 씻어 물기를 닦아 준비한다.

대추는 씨를 제거하여 잣을 채운 뒤 단단히 오므린다.

설탕물에 조리면서 꿀과 계핏가루를 넣는다.

잣이 1/3가량 보이게 완성한다.

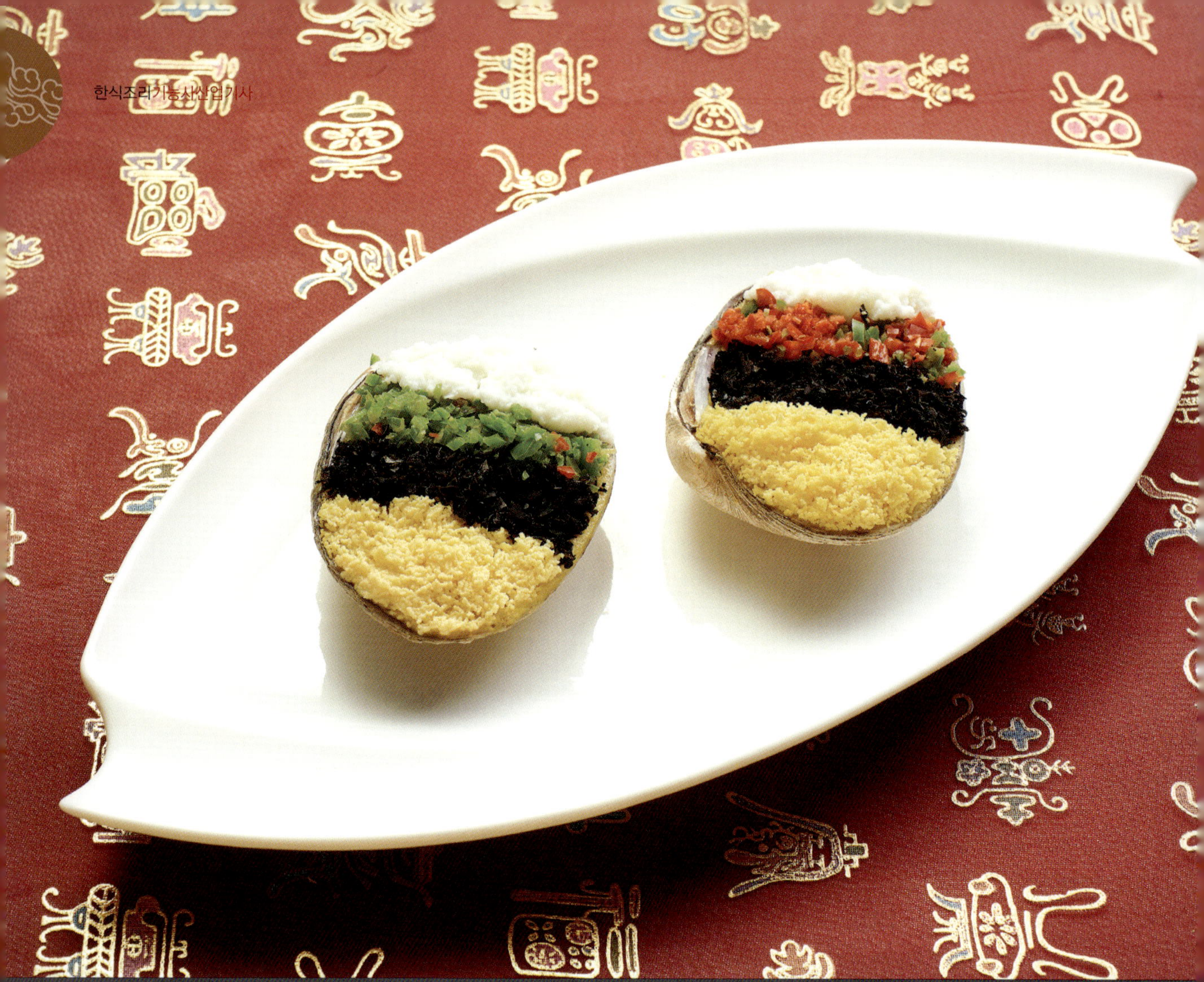

# 대합찜

"대합살과 소고기, 두부를 다져 섞어 양념하여 대합껍질에 채워넣고 찐 음식이다."

합격 포인트

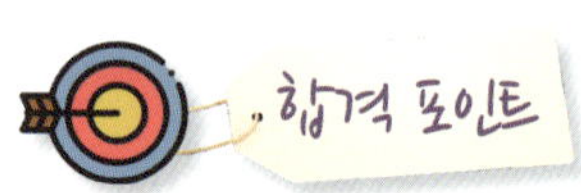

1 대합국물을 양념에 넣으면 깊은 맛이 난다.

2 밀가루를 적당량을 발라서 최대한 재료의 맛이 나게 한다.

## 재료

| [주재료와 부재료] | | |
|---|---|---|
| 대합 | | 2개 |
| 소고기 | | 60g |
| 두부 | | 30g |
| 홍고추 | | 1개 |
| 풋고추 | | 1개 |
| 석이버섯 | | 5장 |

| | |
|---|---|
| 달걀 | 2개 |
| 밀가루 | 20g |
| 식용유 | 20g |
| **[양념]** | |
| 소금 | 2/3작은술 |
| 다진 파 | 1큰술 |

| | |
|---|---|
| 다진 마늘 | 1/2큰술 |
| 생강즙 | 1/2작은술 |
| 깨소금 | 1작은술 |
| 참기름 | 1작은술 |
| 후춧가루 | 1/8작은술 |

## 만드는 방법

1. 대합은 소금으로 문질러 씻는다.

2. 냄비에 물 1컵을 넣고 끓으면 대합을 넣는다. 대합의 입이 벌어지면 건져서 살을 떼어낸 후 잘게 다지고 대합 껍질은 깨끗이 씻어 놓는다.

3. 두부는 물기를 짜서 으깨고, 소고기는 곱게 다져 대합살과 섞어 양념한다.

4. 대합 껍질 안쪽에 식용유를 바르고 밀가루를 묻혀 양념한 대합살을 담는다.

5. 밀가루를 바른 후 달걀물을 입혀 찜솥에서 15분간 찐다.

6. 고추는 반으로 갈라 씨를 뺀 다음 곱게 다져서 살짝 볶아 소금과 참기름으로 간을 하고, 달걀은 삶아 황·백으로 나누어 체에 내린다. 석이버섯은 곱게 다져 소금, 참기름을 넣고 살짝 볶는다(재료의 요구사항에서 다지기인지, 채썰기인지 확인 후 과제완성).

7. 찐 대합 위에 풋고추, 붉은 고추, 석이버섯, 황·백지단을 고명으로 얹는다.

재료는 다져서 준비한다.

다져진 재료에 양념을 한다.

속재료를 양념하여 대합 껍질에 채운다.

쪄낸 대합위에 고명을 올려 완성한다.

# 도라지나물

> 도라지의 아린 맛을 우려내고 양념하여 볶음 음식이다. 사포닌 성분이 함유되어 가래를 삭이는데 도움이 된다.

### 요구사항

1 도라지는 0.5cm×0.5cm×6cm 정도 크기로 식용유에 볶아서 사용하시오.

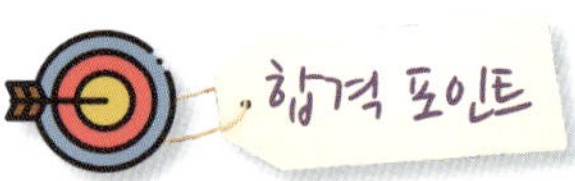
### 합격 포인트

1 실고추가 지급이 되면 3cm 정도의 크기로 잘라서 마지막에 버무려 낸다.

2 도라지는 소금에 충분히 주물러서 쓴맛을 제거한다.

3 도라지를 너무 오래 절이면 간이 베어 짜다.

 **재료**

| [주재료와 부재료] | | | |
|---|---|---|---|
| 통도라지 ······ 200g | 소금 ······ 1작은술 | 다진 마늘 ······ 1작은술 |
| 식용유 ······ 1큰술 | **[양념]** | 다진 생강 ······ 1/2작은술 |
| 참기름 ······ 1작은술 | 소금 ······ 1작은술 | |
| 깨소금 ······ 1작은술 | 다진 파 ······ 1작은술 | |

 **만드는 방법**

**1** 통도라지는 껍질을 벗겨 0.5cm×0.5cm×6cm 크기로 썰어서 소금을 넣고 주물러 쓴맛을 뺀 다음 헹구고 물기를 짠다.

**2** 도라지에 양념을 넣어서 무친다.

**3** 팬에 식용유를 두르고 **2**의 도라지를 넣고 볶다가 물 3큰술을 넣은 다음 뚜껑을 덮고 익힌다.

**4** 도라지가 거의 익어 약간의 국물이 남았을 때 참기름 1작은술, 깨소금 1작은술을 넣고 고루 섞어 그릇에 담아낸다.

① 도라지는 6cm 길이로 일정하게 썬다.

② 소금물에 우린다.

③ 팬에 식용유를 두르고 도라지를 볶는다.

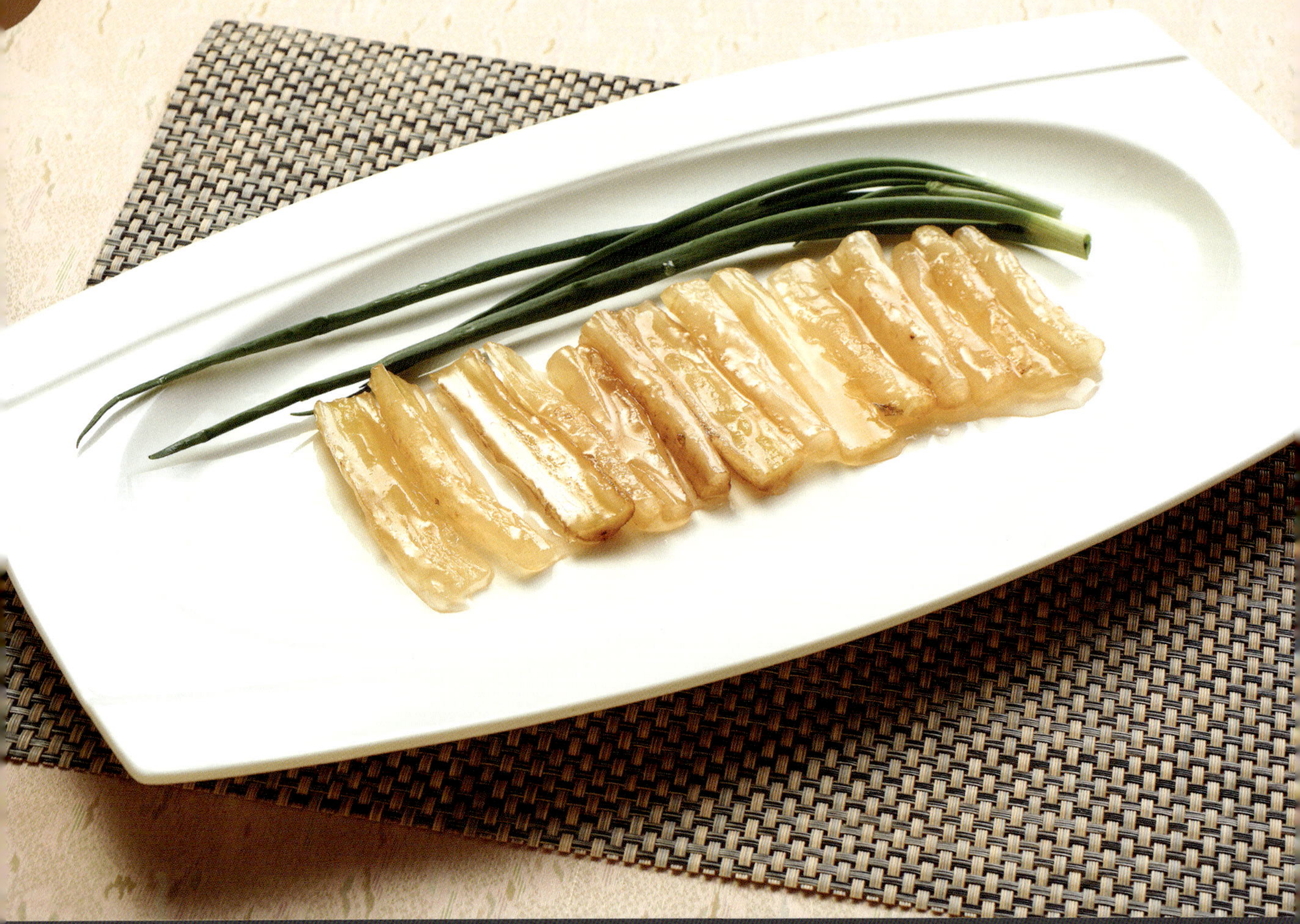

# 도라지정과

 요구사항

1 도라지는 5cm×1cm×0.6cm 정도로 자르고 데쳐서 사용하시오.

2 설탕과 물엿을 사용하여 윤기 나게 졸여 전량 제출하시오.

 합격 포인트

1 도라지를 손질할 때 껍질을 매끄럽게 벗기지 않으면 조리는 과정에서 풀어져 모양이 볼품 없다.

2 중간에 거품을 걷어 내야 투명하고 윤기 나 게 조려진다.

## 재료

**[주재료와 부재료]**

| | | | | | |
|---|---|---|---|---|---|
| 통도라지 | 200g | 꿀 | 2큰술 | 물 | 3컵 |
| 흰설탕 | 100g | 물엿 | 2큰술 | 소금 | 약간 |

## 만드는 방법

1. 통도라지는 껍질을 벗기고 5cm×1cm×0.6cm 크기로 썰어 소금물로 씻어 쓴맛을 뺀 후 끓는 물에 살짝 데쳐 찬물에 헹구어 건진다.

2. 냄비에 도라지, 흰설탕, 소금, 물을 넣고 끓인다.

3. 끓기 시작하면 불을 줄이고, 반쯤 졸아들면 물엿을 넣고 뚜껑을 덮는다. 투명해질 때까지 서서히 끓이고 자작해지면 윤기가 나도록 꿀을 넣고 조린다.

4. 정과를 체에 밭쳐 시럽을 빼고 식혀 그릇에 담는다.

도라지를 규격에 맞게 썬다.

끓는 물에 살짝 데친다.

냄비에 물과 도라지, 설탕, 소금을 넣고 조린다.

체에 밭쳐 시럽을 제거한다.

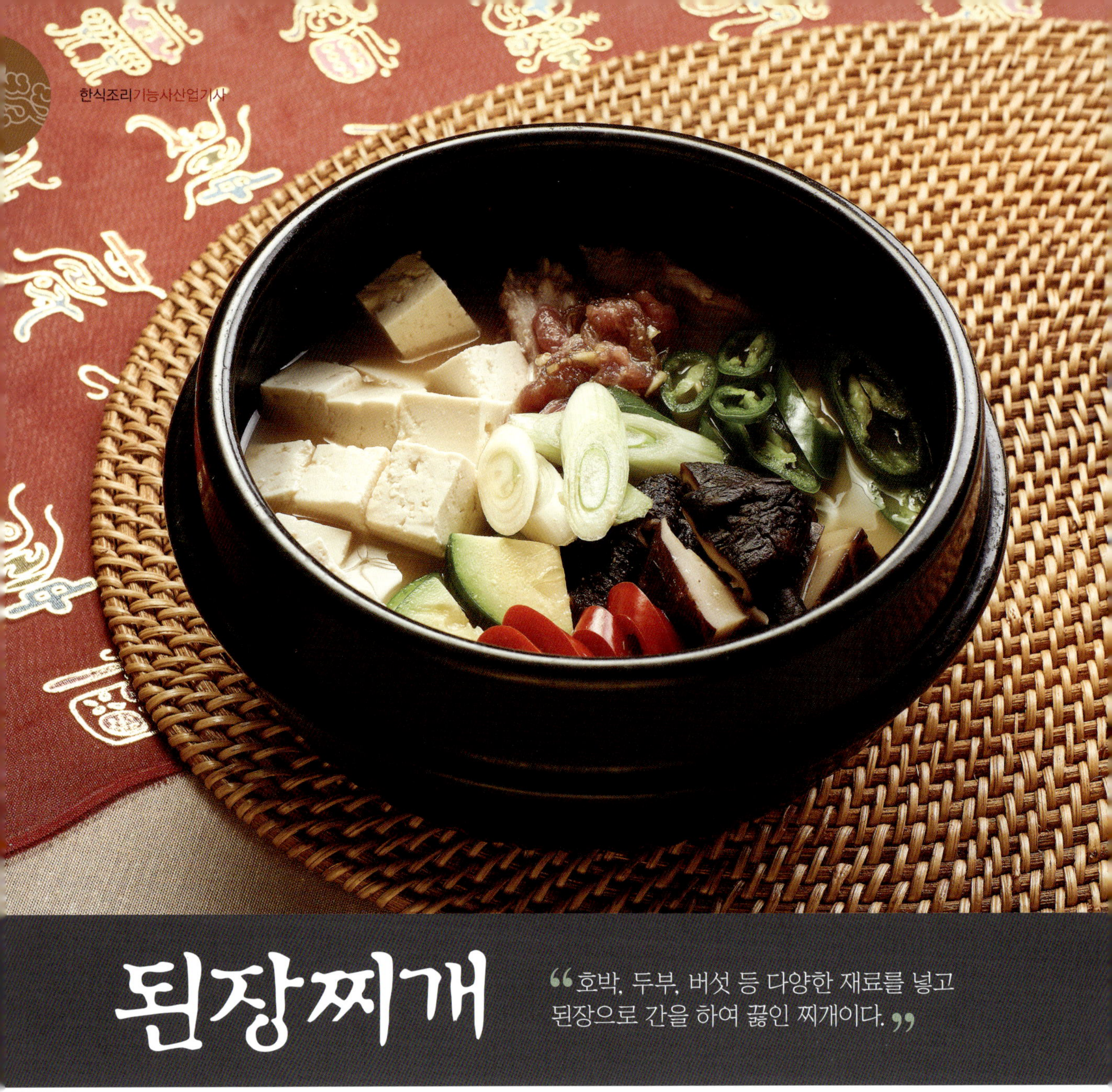

# 된장찌개

"호박, 두부, 버섯 등 다양한 재료를 넣고 된장으로 간을 하여 끓인 찌개이다."

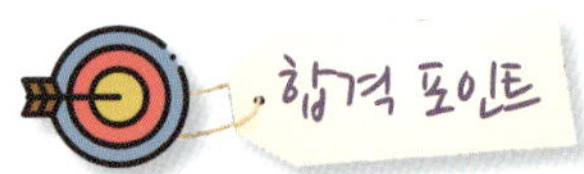

합격 포인트

1 된장은 콩을 발효시켜 만든 식품으로, 음식의 간을 맞추고 맛을 내는 조미료의 역할을 한다.

2 찌개는 약한 불에 오래 끓여야 깊은 맛이 난다.

## 재료

| [주재료와 부재료] | | [양념] | | 된장국물 | |
|---|---|---|---|---|---|
| 된장 | 2큰술 | **고기 양념** | | 쌀뜨물(물) | 3컵 |
| 소고기 | 50g | 진간장 | 1/2큰술 | 된장 | 3큰술 |
| 두부 | 40g | 다진 파 | 1작은술 | 고춧가루 | 1작은술 |
| 애호박 | 40g | 다진 마늘 | 1작은술 | 다진 마늘 | 1작은술 |
| 표고버섯 | 1장 | 참기름 | 1/2작은술 | | |
| 청고추 | 2개 | 흰설탕 | 약간 | | |
| 홍고추 | 1개 | 후춧가루 | 약간 | | |
| 대파 | 1/2개 | | | | |

## 만드는 방법

1. 소고기는 납작하게 저며 썰어 고기 양념을 한다.

2. 호박은 0.5cm 두께로 썰어 3등분 하고, 표고버섯은 불려 4등분 한다.

3. 두부는 사방 2.5cm로 썰고, 대파와 고추는 어슷하게 썬다.

4. 쌀뜨물로 된장 국물을 만든다.

5. 냄비에 소고기를 넣고 볶다가 된장 국물을 붓고 잠시 끓인 후 호박과 표고버섯을 넣는다. 호박이 어느 정도 익으면 두부를 넣고 끓인다.

6. 고춧가루와 다진 마늘을 넣어준다.

7. 대파, 고추를 넣고 잠시 더 끓인다.

소고기를 썰어 준비한다.

채소는 규격에 맞게 썰어 준비한다.

뚝배기에 소고기와 채소를 넣고 끓인다.

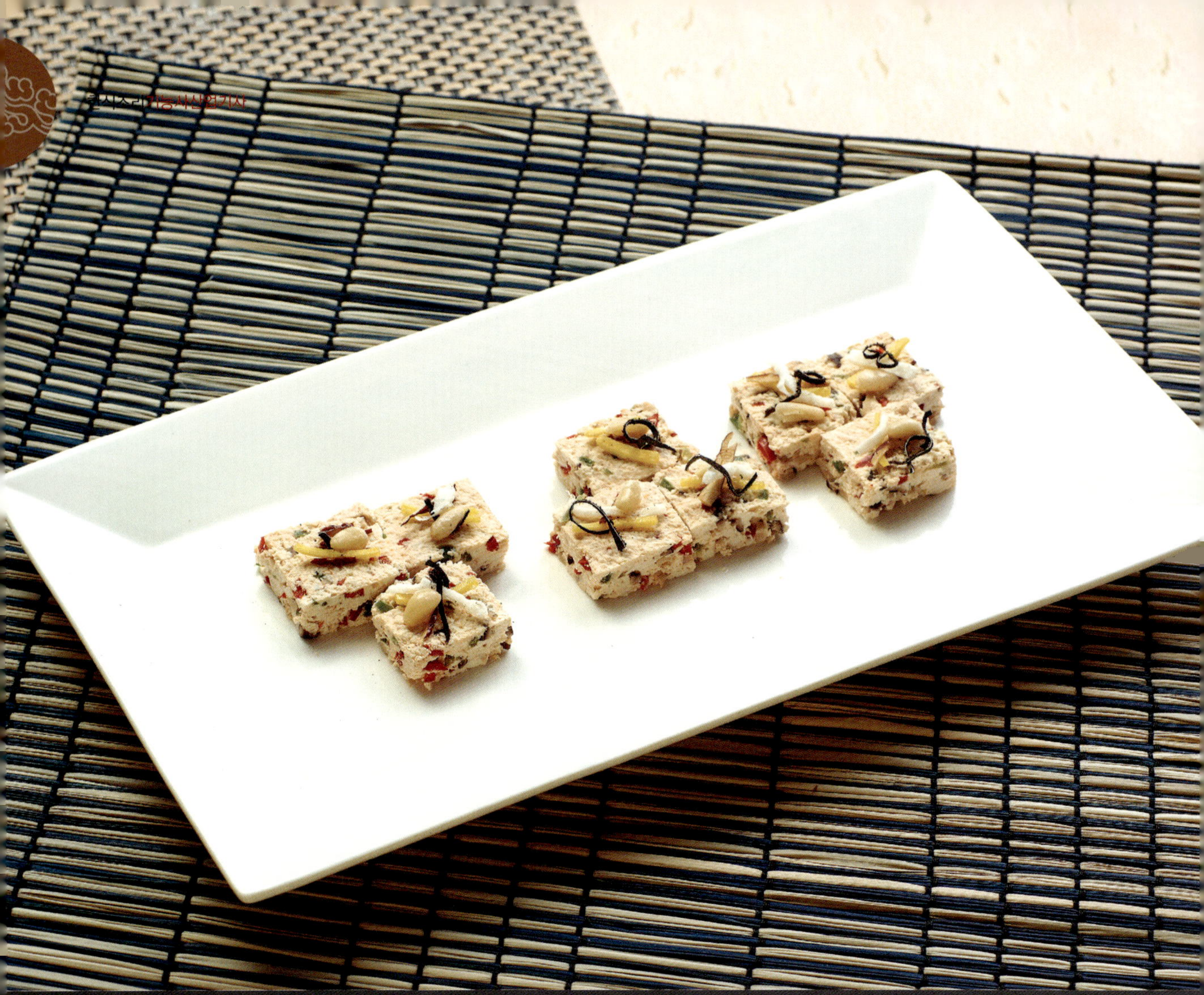

# 두부선

**요구사항**

1 두부선의 크기는 3cm×3cm×1cm 정도로 9개를 제출하시오.

2 고명(황·백지단, 석이버섯, 표고버섯, 실고추)은 채 썰고 잣은 비늘잣으로 사용하며, 겨자장을 곁들이시오.

**합격 포인트**

1 두부선 위에 올리는 고명은 최대한 가늘게 채 썰어서 눌러 주어야 한다.

2 두부선은 식은 후에 썰어야 부서지지 않고 매끈하다.

## 재료

| [주재료와 부재료] | | |
|---|---|---|
| 두부 ······ 1/2모 | 대추 ······ 2알 | 다진 파 ······ 1작은술 |
| 닭가슴살 ······ 60g | 달걀 ······ 1개 | 참기름 ······ 1/2작은술 |
| 홍고추 ······ 1/4개 | 실백 ······ 3g | 깨소금 ······ 1작은술 |
| 청고추 ······ 1/2개 | 실고추 ······ 약간 | 검은 후춧가루 ······ 약간 |
| 건표고버섯 ······ 2장 | | |
| 식용유 ······ 약간 | **[양념]** | **초간장** |
| | 두부·닭고기 양념 | 간장 ······ 1큰술 |
| **고명** | 소금 ······ 1/2작은술 | 식초 ······ 1작은술 |
| 석이버섯 ······ 1장 | 다진 마늘 ······ 1작은술 | 설탕 ······ 1작은술 |

## 만드는 방법

1. 두부는 면포에 물기를 꼭 짜서 으깨고, 닭고기는 곱게 다진다.

2. 홍고추, 청고추는 씨를 빼서 다지고, 건표고버섯은 따뜻한 물에 불려 기둥을 따내고 포를 떠서 곱게 채 썬다.

3. 석이버섯은 따뜻한 물에 불려 뒷면의 이끼와 돌을 제거하고 곱게 채 썬다.

4. 대추는 돌려깎기하여 밀대로 밀어 채 썰고, 실백은 고깔을 따서 비늘잣을 만들고, 실고추는 2cm 길이로 자른다.

5. 달걀은 황·백으로 나누어 지단을 부친 후 0.1cm×0.1cm×2cm로 가늘게 채 썬다. 흰자는 조금 남긴다(7에 사용).

6. 1을 끈기 있게 치대어 양념을 하고 2의 채소와 고루 섞어 납작한 그릇에 젖은 면포를 깔고 1cm 두께로 정사각형으로 펴 놓는다.

7. 6에 3, 4, 5를 고루 올려 눌러 주고 표고채, 비늘잣(흰자를 바른 후에 고명을 올려야 잘 붙는다)을 올린 후 찜통에서 10여 분 쪄낸 후 식힌다(찜통에서 꺼낼 때는 찬물을 약간 끼얹어야 손을 데지 않는다).

8. 쪄진 두부선은 3cm×3cm×1cm로 썰어 접시에 보기 좋게 담아내고 초간장을 곁들인다.

① 닭고기와 채소를 곱게 다져 준비한다.

② 준비된 재료에 양념을 한다.

③ 찜솥에 면보를 깔고 두부를 1cm 두께로 펴준다.

④ 두부선에 고명을 올린 후 살짝 쪄서 식힌 후 규격에 맞게 썬다.

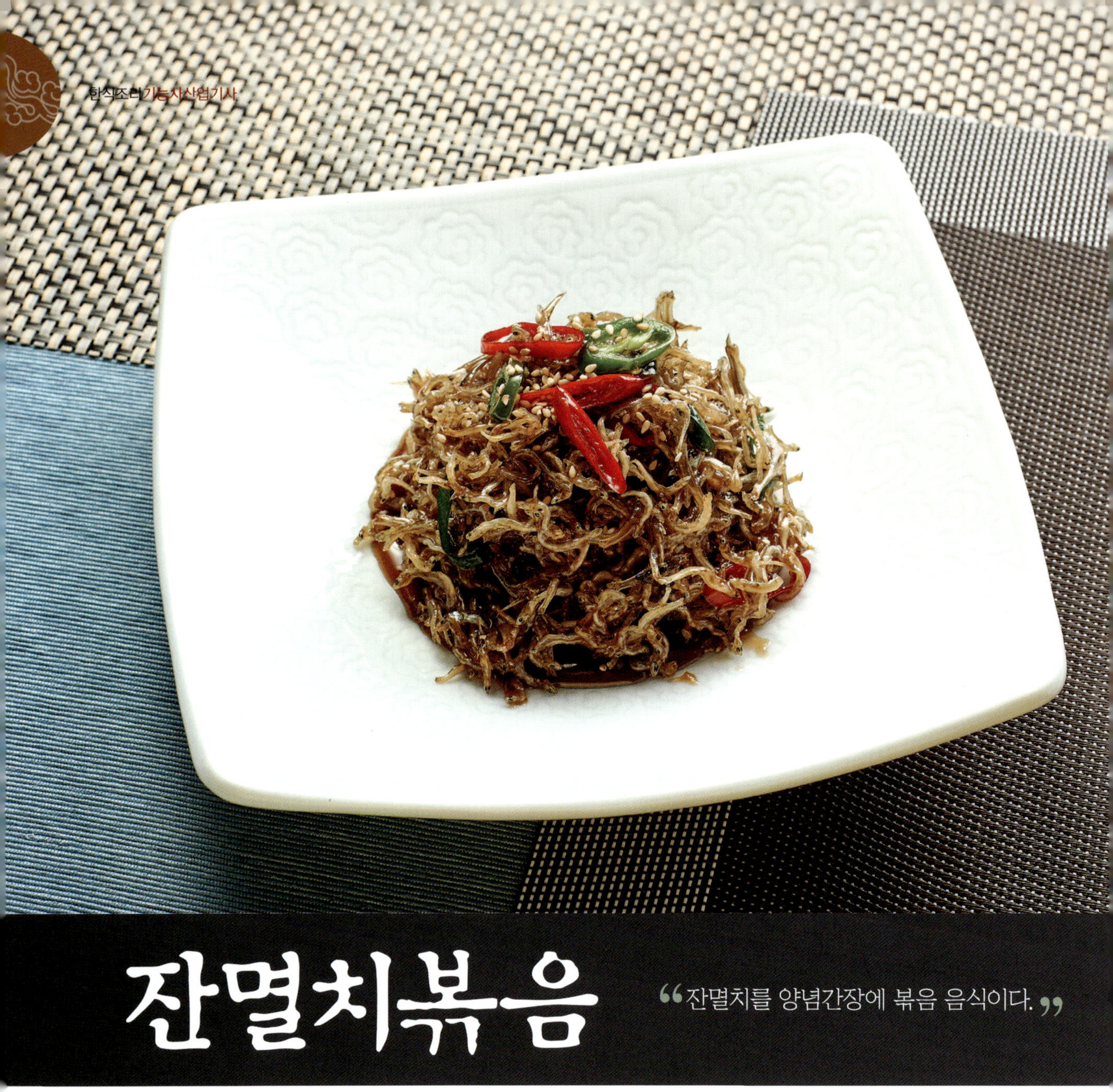

# 잔멸치볶음

"잔멸치를 양념간장에 볶음 음식이다."

합격 포인트

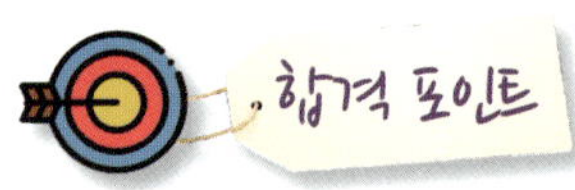

1 멸치는 마른 팬에 살짝 볶아야 비린 맛이 제거 된다.

2 멸치볶음을 할 때 고추장과 고춧가루를 넣고 볶아야 하는데, 고추장은 칼칼한 맛을 내고 고춧가루는 깨끗한 맛을 낸다.

 **재료**

| [주재료와 부재료] | | [양념] | | 다진 마늘 | 1작은술 |
|---|---|---|---|---|---|
| 잔멸치 | 200g | **양념장** | | 다진 생강 | 1/3작은술 |
| 식용유 | 1큰술 | 간장 | 2큰술 | 물엿 | 2큰술 |
| 통깨 | 1/2큰술 | 설탕 | 1큰술 | 참기름 | 1작은술 |
| 실고추 | 약간 | 다진 파 | 2작은술 | | |

 **만드는 방법**

1 멸치는 이물질을 골라낸다.

2 달군 프라이팬에 식용유를 두르고 잔멸치를 재빨리 바삭하게 볶는다.

3 프라이팬에 양념장을 넣고 끓인다.

4 양념장에 멸치를 넣어 볶은 후 통깨, 실고추, 참기름을 넣어 마무리한다.

멸치는 이물질을 제거하고 깨끗이 준비한다.

멸치를 바삭하게 볶는다.

팬에 양념장을 끓인다.

끓인 양념장에 멸치를 넣고 볶아낸다.

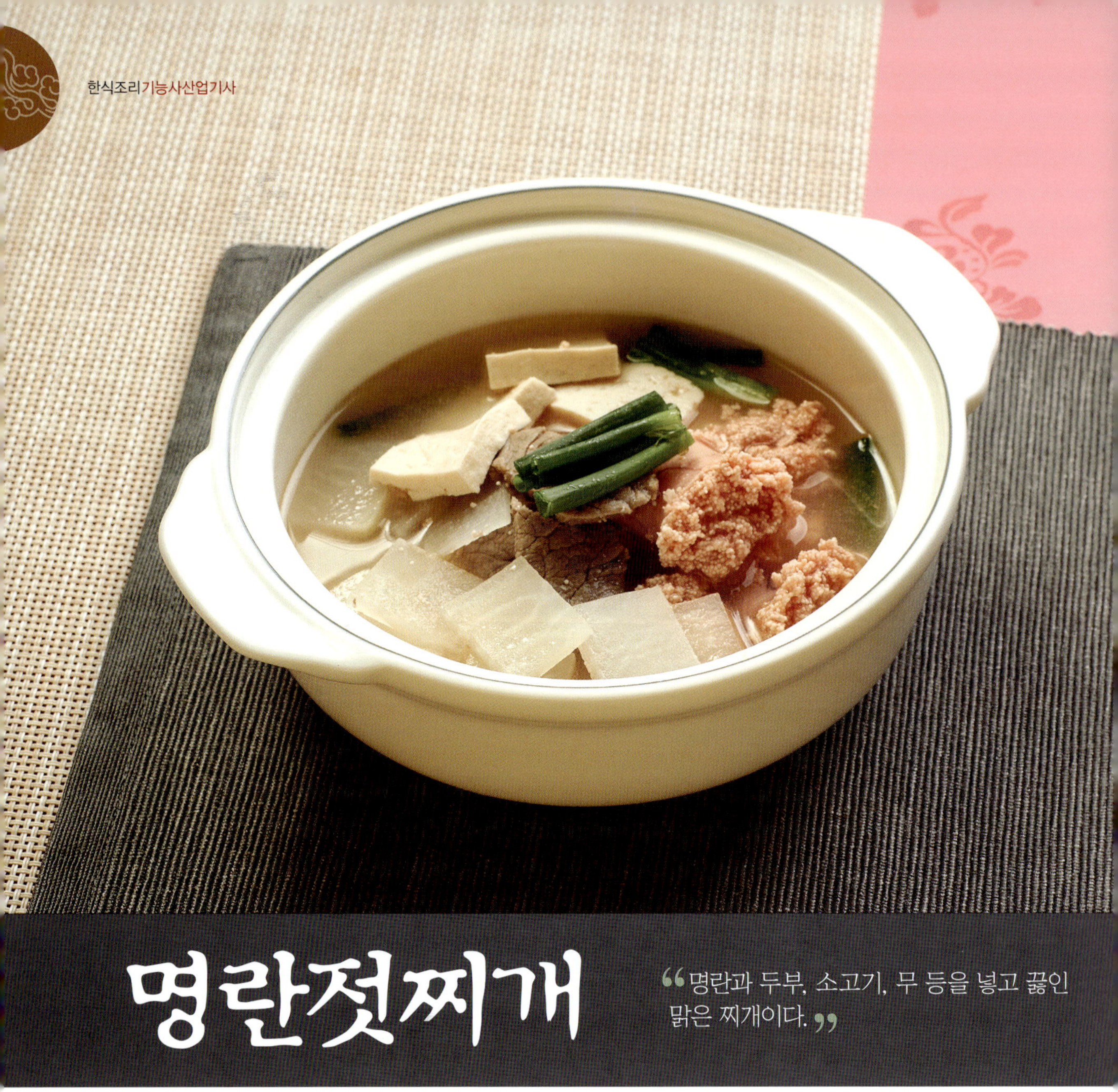

# 명란젓찌개

"명란과 두부, 소고기, 무 등을 넣고 끓인 맑은 찌개이다."

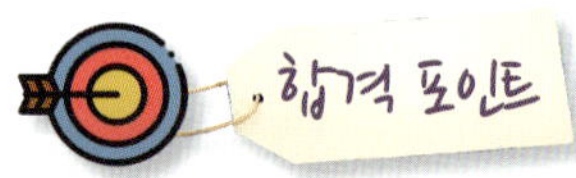

## 합격 포인트

1 명란젓찌개는 명란젓 자체가 간이 되어 있어 특별히 간을 할 필요가 없다.

2 껍질이 터지지 않는 싱싱한 명란으로 끓여야 국물이 깨끗하다.

3 끓이는 중간에 거품을 걷어내야 맑고 깔끔하다.

 **재료**

**[주재료와 부재료]**

| | |
|---|---|
| 명란젓 | 100g |
| 소고기(양지머리) | 50g |
| 두부 | 100g |
| 무 | 100g |
| 쪽파 | 30g |
| 새우젓 | 1작은술 |
| 참기름 | 약간 |
| 소금 | 약간 |

**[양념]**

**고기 양념**

| | |
|---|---|
| 진간장 | 1/2작은술 |
| 다진 파 | 2작은술 |
| 다진 마늘 | 1작은술 |
| 참기름 | 1작은술 |
| 흰설탕 | 1작은술 |
| 검은 후춧가루 | 약간 |
| 다진 생강 | 1/3작은술 |

 **만드는 방법**

**1** 소고기는 얇게 저며 썰어 양념을 한 후 냄비에 참기름을 두르고 볶다가 물을 부어 중간 불에서 장국을 끓인다.

**2** 명란젓은 3cm 폭으로 자르고, 무와 두부는 3cm 크기로 납작하게 썰고, 쪽파는 4cm 길이로 썬다.

**3** **1**의 국물에 무를 넣어 익으면 명란, 두부(너무 오래 끓이지 않는다), 쪽파를 넣어 끓이다가 싱거우면 새우젓국이나 소금으로 간을 한 다음 불을 끄고 참기름을 약간 넣는다.

① 소고기를 얇게 저며 썬다.

② 두부와 무 그리고 나머지 채소를 규격에 맞게 썬다.

③ 명란을 3cm 길이로 자른다.

④ 냄비에 소고기를 볶다가 장국을 끓인 후 채소, 명란 을 넣고 끓인다.

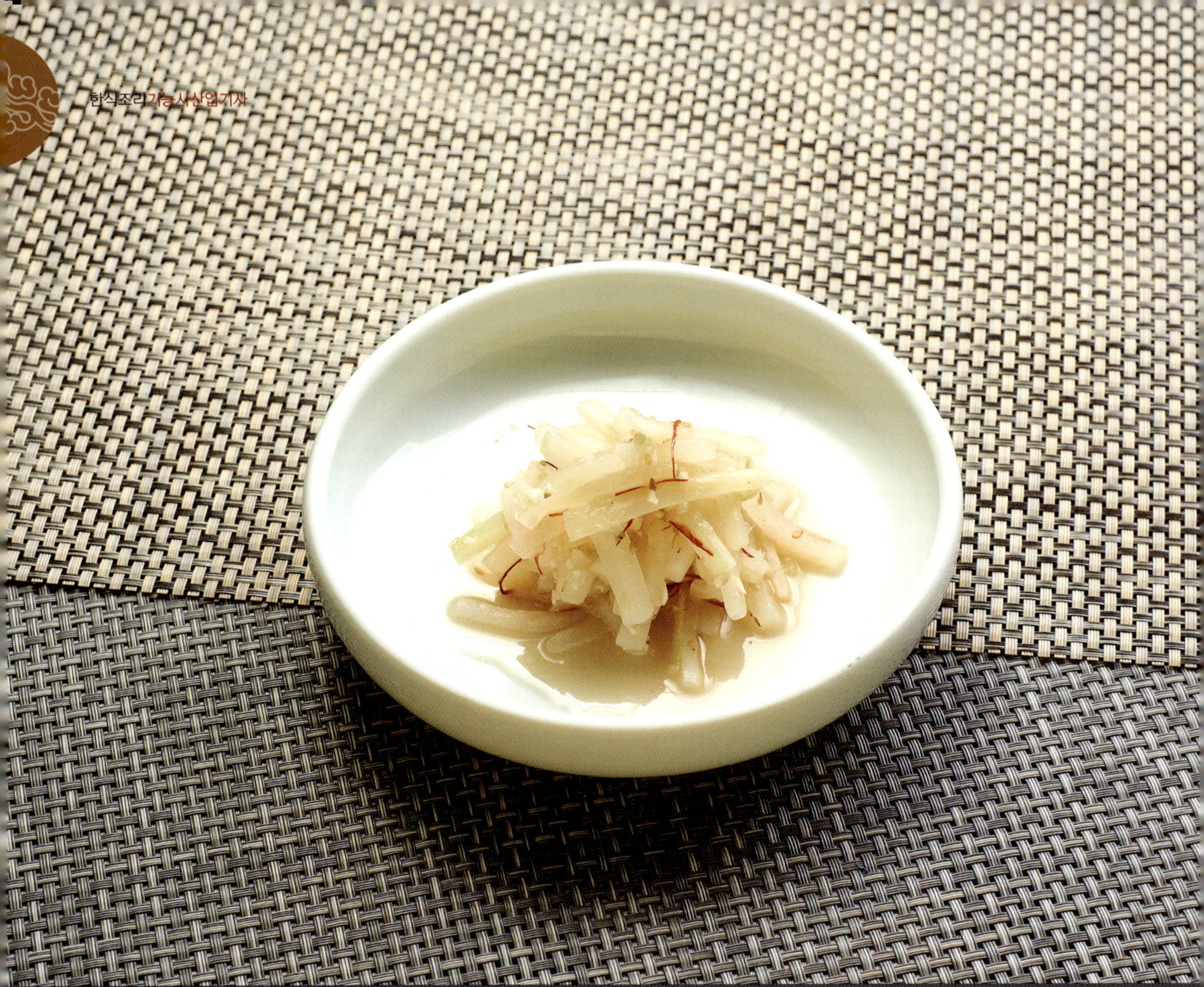

# 무나물

"무를 채 썰어 볶아 만든 음식이다.
한방에서는 소화를 돕는 식품으로 음식을 먹고
체 했을 때 먹으면 좋다고 한다."

합격 포인트

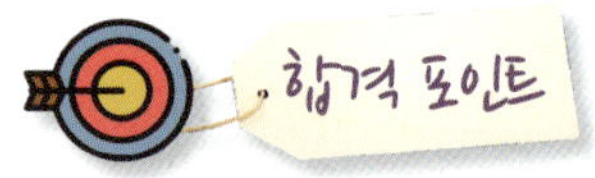

1 무나물은 낮은 온도에서 오래 볶고 은근히 익혀야 간이 잘 배고 맛이 있다.

2 참기름 대신 들기름을 넣기도 한다.

3 무나물이 완전히 식은 후에 참기름이나 깨소금을 넣고 버무리면 더 고소한 맛이 난다.

 **재료**

| [주재료와 부재료] | | 다진 파 | 1작은술 | 참기름 | 1작은술 |
| --- | --- | --- | --- | --- | --- |
| 무 | 250g | 다진 마늘 | 1/2작은술 | 식용유 | 1큰술 |
| 소금 | 1/2작은술 | 깨소금 | 1/2작은술 | 실고추 | 2g |

**만드는 방법**

1 무는 씻어서 길이 6cm, 굵기 0.3cm 크기로 결대로 채 썰어 소금에 살짝 절여 물기를 제거한다.

2 냄비에 식용유를 두르고 채 썬 무를 넣고 볶다가 물을 약간 부어 무가 부드럽게 익으면 다진 파, 다진 마늘, 소금을 넣어 약한 불에서 은근히 익힌다.

3 무나물이 익으면 깨소금과 참기름, 실고추를 넣어 고루 섞은 다음 국물과 함께 담는다.

무를 규격에 맞게 썬다.

팬에 식용유를 두르고 채 썬 무를 볶는다.

무가 다 익으면 실고추, 깨, 참기름을 넣어 완성한다.

# 미역오이냉채

미역을 씻어 데친 후 오이를 채 썰어 합하고 상큼하게 무친 냉채이다.

### 합격 포인트

**1** 미역은 물에 충분히 불려 사용하고 오이는 0.2cm 정도로 얇게 돌려깎기를 한다.

**2** 냉채양념은 미역과 오이의 양에 따라 조절하여 사용한다.

**3** 미역은 데쳐 찬물에 담가 여러 번 주물러 씻어 잡티와 냄새를 제거한다.

## 재료

| [주재료와 부재료] | | |
| --- | --- | --- |
| 마른미역 ······· 15g | 소금 ······· 5g | 흰설탕 ······· 2작은술 |
| 오이 ······· 1/2개 | | 식초 ······· 2큰술 |
| 양파 ······· 1/6개 | **[양념]** | 소금 ······· 1/2작은술 |
| 마늘 ······· 1쪽 | 냉채양념 | |
| | 국간장 ······· 2작은술 | |

## 만드는 방법

1. 미역은 물에 충분히 불린 뒤 데쳐내어 찬물에 헹군 다음 2cm 정도로 썬다.
2. 오이는 겉 부분을 소금으로 문지르고 잘 씻은 후 돌려깎기하여 4cm 정도의 길이로 채를 썰어 준비한다.
3. 양파는 얇게 채 썰어 준비하고 마늘은 다져 준비한다.
4. 냉채양념을 만든다.
5. 미역과 오이, 양파에 다진 마늘, 냉채양념을 넣고 무쳐 완성한다.

재료를 씻어 준비한다.

재료를 규격에 맞게 썬다.

미역, 오이에 냉채양념을 넣고 완성한다.

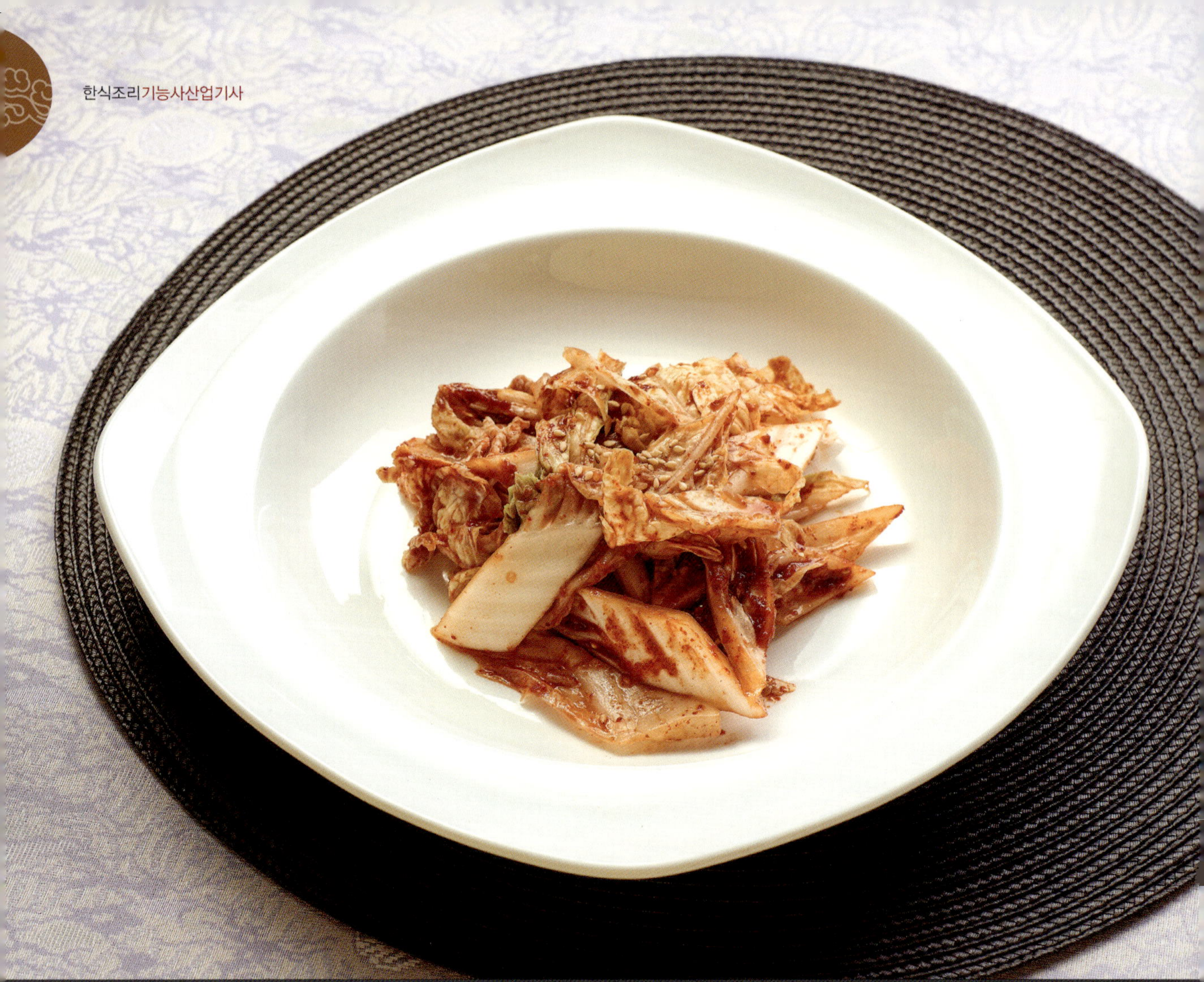

# 배추겉절이

"배추를 소금에 살짝 절여 양념한, 생채 특유의 신선한 맛을 주는 음식이다."

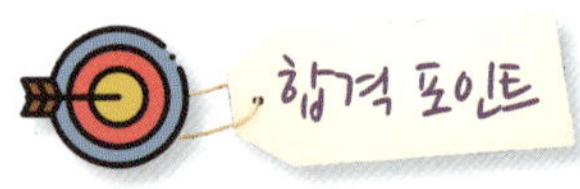

합격 포인트

1 소금물에 절일 때에는 소금 : 물의 비율을 1 : 10으로 하여 절인다.

2 너무 오래 절이면 삼투압 현상으로 수분이 빠져 짜지고 질겨진다.

 ## 재료

| [주재료와 부재료] | [양념] | |
| --- | --- | --- |
| 배추 ·············· 3잎 | 겉절이 양념 | 다진 생강 ·············· 1작은술 |
| 굵은 소금 ·········· 2큰술 | 고춧가루 ·········· 2큰술 | 다진 파 ·············· 1큰술 |
| 참기름 ·········· 1작은술 | 설탕 ·············· 1큰술 | 다진 마늘 ·············· 1큰술 |
| | 다진 새우젓 ·········· 1작은술 | 깨소금 ·············· 1작은술 |

 ## 만드는 방법

**1** 배추는 밑동을 잘라서 잎을 하나하나 떼어내어 굵은 소금에 절인 다음 씻어 건져서 물기를 뺀다.

**2** **1**을 먹기 좋은 크기로 찢어 놓는다.

**3** 겉절이 양념을 만든다.

**4** **2**의 배추에 겉절이 양념을 하여 버무린다.

**5** 제출 직전에 참기름을 넣고 버무려 그릇에 담는다.

배추를 깨끗이 씻어 준비한다.

먹기 좋은 크기로 썰어 소금에 절인 후 물기를 뺀다.

겉절이 양념에 준비된 배추를 무친다.

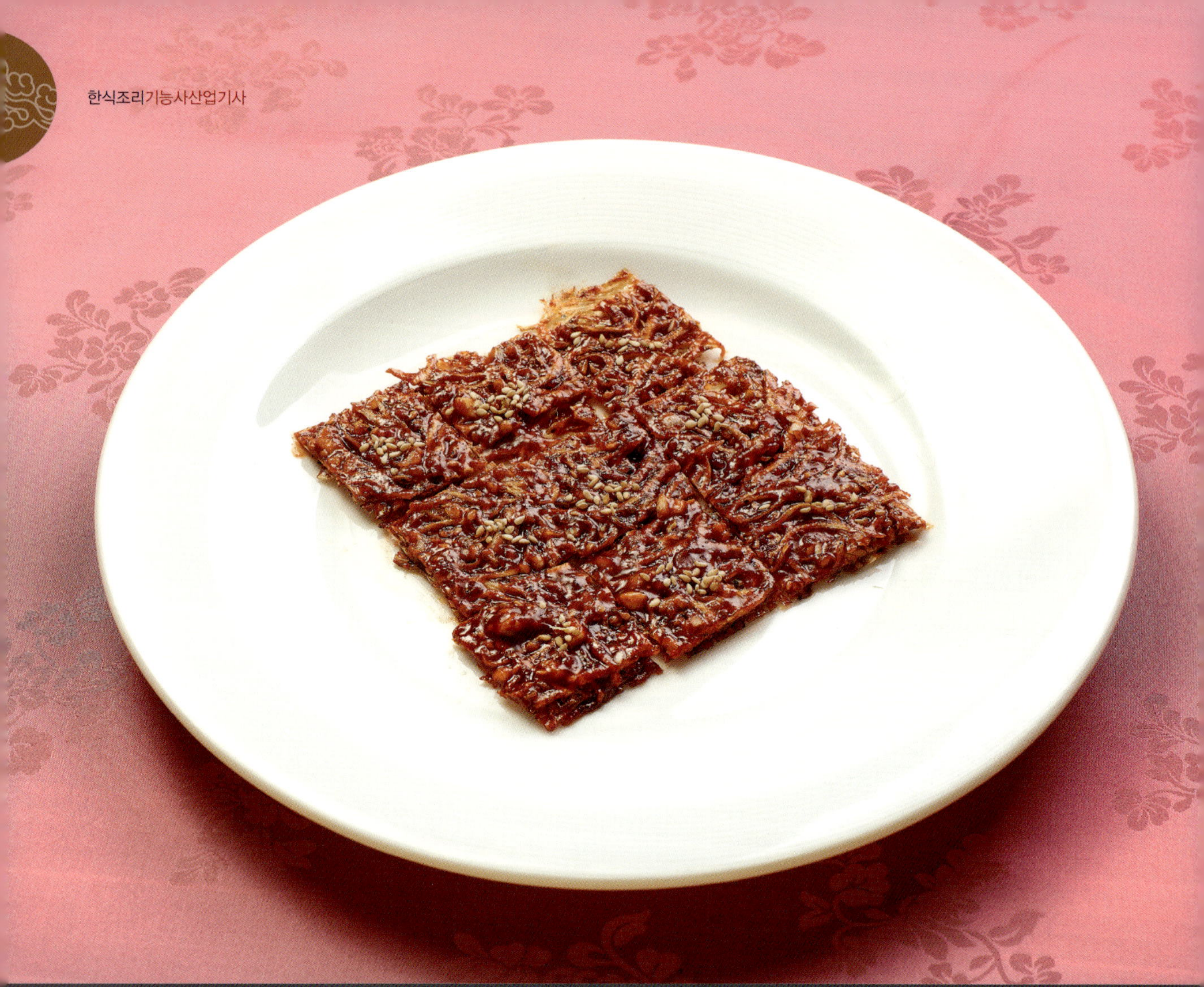

# 뱅어포구이

> 뱅어포에 고추장 양념을 발라 구운 음식이다. 뱅어는 한자로 백어라고 불리었던 것이 변하여 뱅어가 되었다.

**1** 뱅어포는 청주를 살짝 뿌려 구우면 비린 맛을 제거할 수 있다.

**2** 간장이나 고추장 양념을 바르면 타기 쉬우므로 불의 세기를 잘 조절하여 서서히 굽는다.

**3** 미리 양념장을 발라서 잠깐 햇볕에 놓아 물기를 없애면 굽기 쉽다.

##  재료

| [주재료와 부재료] | [양념] | |
| --- | --- | --- |
| 뱅어포 ············· 5장(50g) | **구이 양념장** | 다진 마늘 ············· 2작은술 |
| 식용유 ············· 2큰술 | 고추장 ············· 4큰술 | 깨소금 ············· 2작은술 |
| | 간장 ············· 1작은술 | 참기름 ············· 2작은술 |
| | 다진 파 ············· 1큰술 | 물엿 ············· 1큰술 |
| | | 후춧가루 ············· 약간 |

##  만드는 방법

**1** 뱅어포는 잡티를 골라낸다.

**2** 대파와 마늘은 곱게 다져 구이 양념장에 넣는다.

**3** 뱅어포 한 면에 양념장을 골고루 발라서 잠시 두어 마르게 한다.

**4** 달군 프라이팬에 식용유를 두르고 뱅어포를 약불에서 서서히 굽는다.

**5** 뱅어포구이가 식으면 4cm×2cm 크기로 썰어서 담는다.

뱅어포를 잡티 제거하여
준비한다.

양념장을 만든다.

달군 팬에 양념장을 바른
뱅어포를 굽는다.

구어진 뱅어포를 규격에
맞게 썰어 완성한다.

# 병시

66 만두모양은 다양하나 궁중에서는 둥근 것을 반만 접어
주름잡지 않고 반달 모양으로 빚어 만든 것을 병시라 하였다. 99

합격 포인트

**1** 만두소의 소고기는 익히지 않고 다져 준비한다.

**2** 만두피는 밀가루 반죽 농도에 주의하고 덧가루를 남겨두며 일정한 크기로 얇게 민다.

**3** 김치는 고춧가루를 털어낸 다음 송송 썰어 물기를 짜서 사용한다.

**4** 규격은 일정하게 반달 모양으로 한다.

**5** 육수가 끓으면 만두를 넣고 중불에서 은근히 익히고 만두는 같은 방향으로 담는다.

##  재료

| [주재료와 부재료] | | |
|---|---|---|
| 밀가루 | 60g |
| 소고기 | 50g |
| 두부 | 50g |
| 숙주 | 30g |
| 배추김치 | 40g |
| 달걀 | 1개 |
| 간장 | 약간 |
| 소금 | 약간 |
| 석이버섯 | 2장 |

| | |
|---|---|
| 실고추 | 1줄기 |
| 식용유 | 약간 |

**[양념]**

**만두소양념**

| | |
|---|---|
| 소금 | 1/2작은술 |
| 다진 파 | 1작은술 |
| 깨소금 | 약간 |
| 참기름 | 약간 |
| 후춧가루 | 약간 |

**고기 양념**

| | |
|---|---|
| 소금 | 1/2작은술 |
| 다진 파 | 약간 |
| 다진 마늘 | 약간 |
| 참기름 | 약간 |
| 깨소금 | 약간 |
| 설탕 | 약간 |
| 후춧가루 | 약간 |

##  만드는 방법

1 밀가루 6큰술, 소금물 2큰술로 반죽하여 젖은 면포로 덮어둔다.

2 두부는 물기를 제거하고 으깬 다음 숙주는 거두절미하여 소금물에 데쳐 꼭 짜서 잘게 다진다. 김치는 다져서 물기를 꼭 짠다.

3 소고기는 반은 곱게 다지고 반은 육수용으로 사용한다.

4 두부, 숙주, 김치, 소고기는 물기를 제거하고 양념하여 만두소를 만든다.

5 달걀은 황·백지단을 부쳐 2㎝로 채 썰고, 석이버섯은 다듬어서 가늘게 채 썬 후 살짝 볶는다.

6 반죽은 밀대로 펴서 지름 8㎝로 둥글게 만들어 만두피에 소를 넣고 지름 4㎝정도의 반달 모양의 만두를 빚는다.

7 찬물에 소고기, 파, 마늘을 넣고 끓여서 면포에 걸러 육수를 만든다.

8 육수에 만두를 넣고 끓여서 떠오르면 불을 끈 뒤, 소금으로 간을 하고 간장으로 색을 낸다.

9 7개의 만두와 육수를 그릇에 담고, 그 위에 황·백지단, 실고추, 석이버섯을 고명으로 얹는다.

① 소금을 넣은 물로 5분간 반죽 후 숙성 시킨다.

② 숙주는 거두절미하고, 고기는 다지고, 배추김치는 소를 털어 꼭 짜고, 두부는 으깨어 준비한다.

③ 만두피는 8cm로 얇게 밀고 완성된 만두 직경이 4cm가 되도록 만든다.

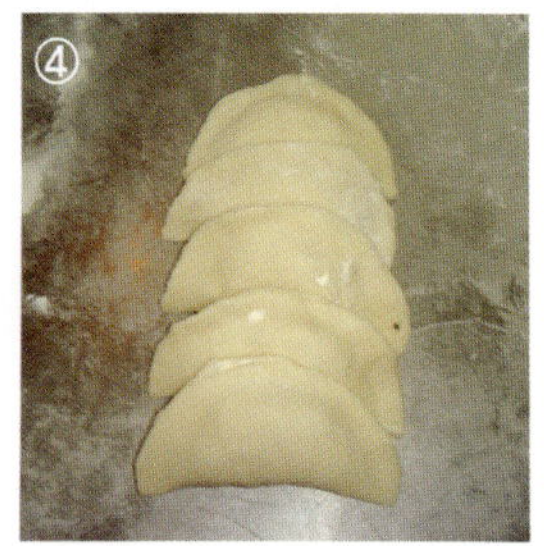

④ 만두피에 소를 넣어 반달 모양의 만두를 빚는다.

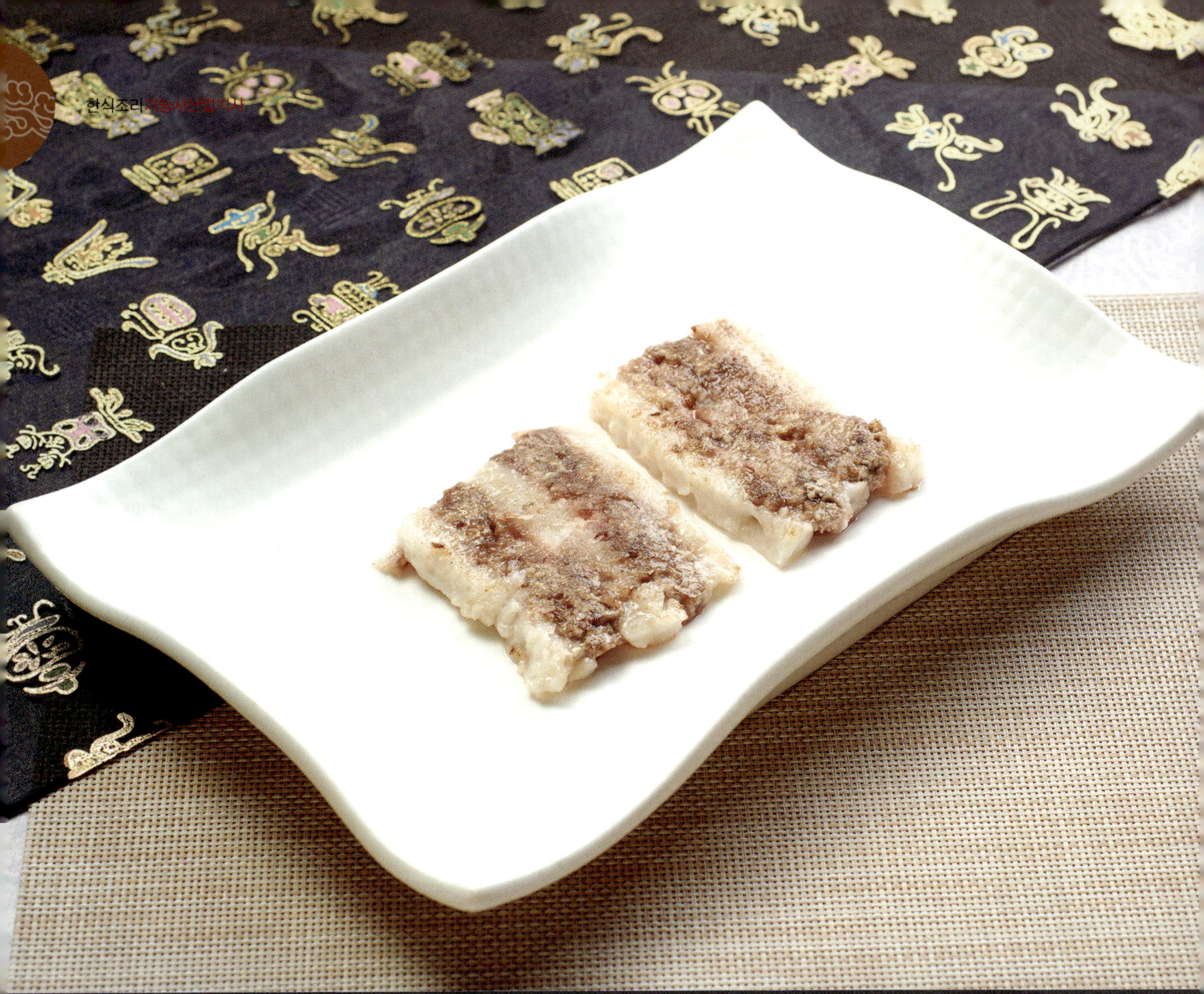

# 사슬적

**요구사항**

1 사슬적은 폭 6cm, 길이 6cm 정도 되게 하시오.
2 소고기는 다져 사용하시오.
3 사슬적은 2개 제출하고, 잣가루를 고명으로
  하시오.

**합격 포인트**

1 사슬적은 사슬모양으로 꿰었다고 해서 붙여
  진 이름이다.
2 소고기는 수축되어 크기가 작아지므로 생선
  살보다 1cm 정도 길게 한다.
3 꼬치는 빼고 접시에 담아 완성한다.
4 생선살과 고기사이에 밀가루를 충분히 묻혀
  떨어지지 않게 한다.

 ## 재료

| [주재료와 부재료] | | [양념] | | |
|---|---|---|---|---|

**[주재료와 부재료]**

| 흰살생선 | 150g |
|---|---|
| 소고기 | 100g |
| 두부 | 30g |
| 잣 | 1작은술 |
| 밀가루 | 2작은술 |
| 식용유 | 1작은술 |
| 산적꼬지(10cm) | 4개 |
| A4용지 | 1장 |

**[양념]**

**생선살 양념**

| 간장 | 1큰술 |
|---|---|
| 소금 | 1/4작은술 |
| 다진 파 | 약간 |
| 다진 마늘 | 약간 |
| 다진 생강 | 약간 |

**소고기 · 두부양념**

| 소금 | 1작은술 |
|---|---|

| 다진 파 | 약간 |
|---|---|
| 다진 마늘 | 약간 |
| 참기름 | 약간 |
| 후춧가루 | 약간 |

**초간장**

| 간장 | 1큰술 |
|---|---|
| 식초 | 1/2큰술 |
| 설탕 | 1/2큰술 |

 ## 만드는 방법

**1** 흰살생선은 6cm×1cm×0.7cm 크기로 썰어서 생선살 양념으로 무친다.

**2** 소고기는 곱게 다지고, 두부는 곱게 으깨어 물기를 짠 후 한데 합쳐서 소고기·두부 양념을 한다.

**3** 흰살생선을 꼬지에 끼우고 옆면에 밀가루를 묻힌 다음 양념한 소고기를 생선살 사이사이에 채워서 고르게 눌러 붙인다.

**4** 팬에 식용유를 두르고 **3**을 고루 지져낸다.

**5** **4**에서 꼬지를 제거하고 그릇에 담아 곱게 다진 잣가루를 뿌린 후, 초간장을 곁들여 낸다.

흰살생선을 포를 떠서 규격에 맞게 썬다.

소고기는 다져 준비한다.

다진 소고기와 으깬 두부를 양념한다.

생선과 소고기를 차례대로 끼운 후 팬에 지진다.

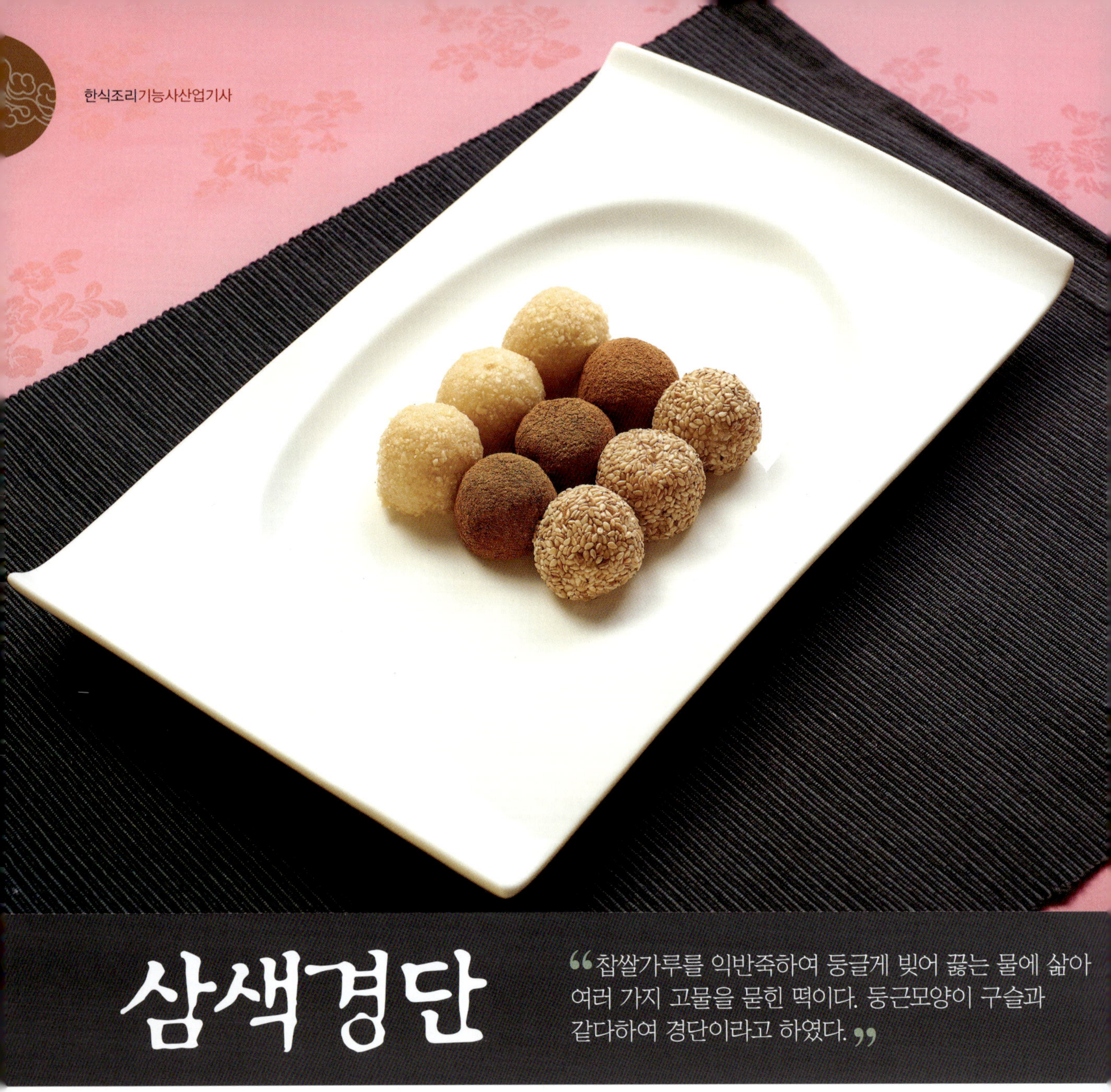

# 삼색경단

"찹쌀가루를 익반죽하여 둥글게 빚어 끓는 물에 삶아 여러 가지 고물을 묻힌 떡이다. 둥근모양이 구슬과 같다하여 경단이라고 하였다."

합격 포인트

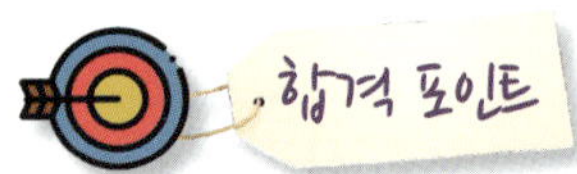

1 경단은 물을 중불에서 끓인 뒤에 넣고 삶아야 한다.

2 경단이 위로 떠오르면 익은 것이다.

3 너무 오래 삶으면 경단이 풀어져 모양이 좋지 않다.

## 재료

| [주재료와 부재료] | | [양념] | |
|---|---|---|---|
| 찹쌀 가루 | 2컵 | 고물 | |
| 잣 | 9개 | 카스텔라 고물 | 3큰술 |
| 소금 | 1작은술 | 팥·계피 고물 | 3큰술 |
| 꿀 | 70g | 흑임자 고물 | 3큰술 |

## 만드는 방법

**1** 찹쌀가루는 소금과 함께 체에 쳐서 익반죽을 한다.

**2** **1**을 지름이 2cm정도 되게 빚어서 잣 1알을 넣고 동그랗게 9개를 빚어 끓는 물에 넣어 떠오르면 건져 찬물에 담가 식혀서 물기를 빼고 꿀에 담근다.

**3** **2**를 3등분하여 카스텔라, 팥·계피, 흑임자 고물을 각각 묻혀 그릇에 담는다.

**4** 꿀이 지급되지 않고 설탕이 지급되면 시럽을 만들어 사용한다. 설탕과 물의 비율은 1 : 1이다.

① 찹쌀가루는 체에 쳐서 준비한다.

② 익반죽하여 경단을 만든다.

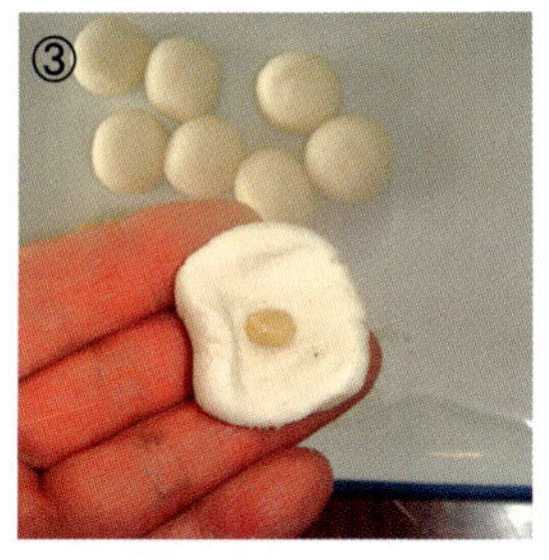

③ 잣 1알을 넣어 동그랗게 빚는다.

④ 끓는 물에 삶아 떠오르면 찬물에 담가 식힌다.

⑤ 색상별로 고물을 묻혀 완성한다.

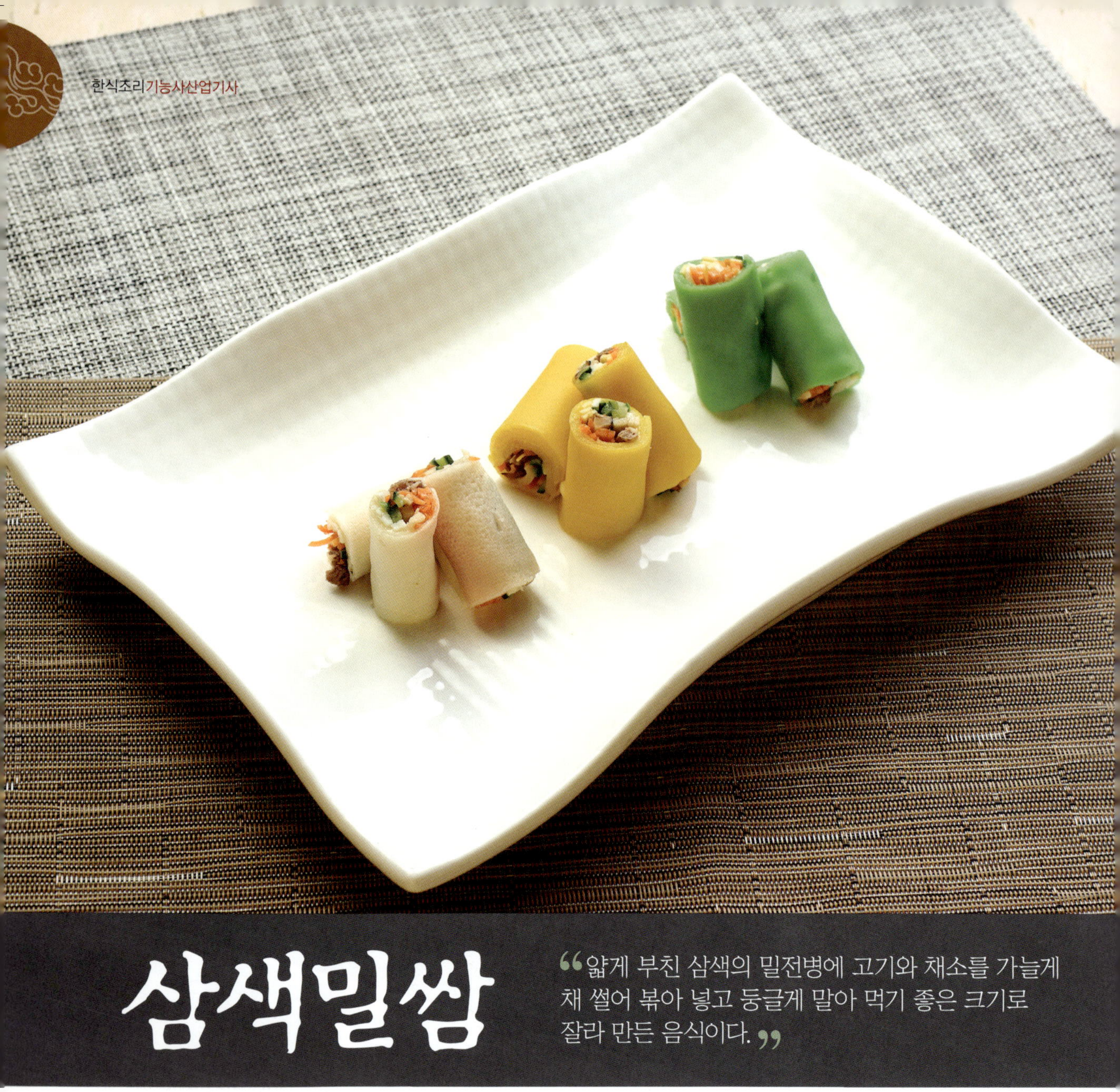

# 삼색밀쌈

“얇게 부친 삼색의 밀전병에 고기와 채소를 가늘게 채 썰어 볶아 넣고 둥글게 말아 먹기 좋은 크기로 잘라 만든 음식이다.”

합격 포인트

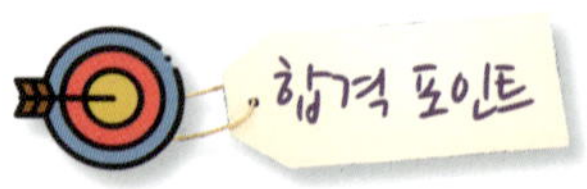

1 밀전병은 가능한 한 속 재료가 보일 정도로 얇게 부치고 맛은 담백해야 좋다.

2 밀전병 반죽을 하여 숙성 후 무치면 탄력이 증가 된다.

3 겨자는 발효가 덜 되면 쓴맛이 난다.

##  재료

### [주재료와 부재료]

| | |
|---|---|
| 소고기(우둔) | 80g |
| 표고버섯 | 5장 |
| 오이 | 200g |
| 당근 | 60g |
| 죽순 | 60g |
| 청고추 | 2개 |
| 소금 | 약간 |
| 식용유 | 약간 |
| 참기름 | 약간 |

### 당근전병

| | |
|---|---|
| 밀가루 | 1/2컵 |
| 물 · 당근즙 | 1/3컵 |
| 소금 | 1/3작은술 |

### 시금치전병

| | |
|---|---|
| 밀가루 | 1/2컵 |
| 시금치즙 | 1/3컵 |
| 소금 | 1/3작은술 |

### 밀전병

| | |
|---|---|
| 밀가루 | 1/2컵 |
| 물 | 1/4컵 |
| 소금 | 1/3작은술 |

### [양념]

### 겨자초간장

| | |
|---|---|
| 발효겨자 | 1/2작은술 |
| 간장, 물 | 1큰술 |
| 식초 | 1/2큰술 |
| 흰설탕 | 1/2작은술 |

### 고기·표고양념

| | |
|---|---|
| 간장 | 1큰술 |
| 설탕 | 1작은술 |
| 다진 파 | 1작은술 |
| 다진 마늘 | 1/2작은술 |
| 깨소금 | 1/2작은술 |
| 참기름 | 1/2작은술 |
| 후춧가루 | 약간 |

##  만드는 방법

1. 오이는 5cm 길이로 돌려 깎아 채 썰고 소금에 절여 물기를 짜고 프라이팬에 살짝 볶는다.

2. 당근, 죽순, 청고추는 5cm 길이로 채 썰어 소금, 참기름으로 볶는다.

3. 소고기는 결대로 채 썰고, 표고버섯은 물에 불려 곱게 채 썬 후 양념하여 볶는다.

4. 밀가루에 소금과 물을 넣고 당근즙, 시금치즙을 만들어 체에 내려 세 가지 색으로 만든다.

5. 프라이팬에 식용유를 두르고 세 가지 색의 밀전병을 얇게 부친다.

6. 밀전병에 준비한 소를 가지런히 놓고 지름이 2cm 되도록 단단하게 말아 4cm 길이로 썬다 (시험 요구사항 지시대로 모양을 자른다).

7. 겨자는 발효시켜 겨자초간장을 만든다.

8. 접시에 밀쌈을 보기 좋게 담고 겨자초간장을 곁들여낸다.

① 채소는 규격에 맞게 썰고 팬에 볶아 식힌다.

② 밀가루를 묽게 개어 삼색물을 만든다.

③ 팬의 약불에서 밀전병을 만든다.

④ 밀전병에 소를 넣고 말아 규격에 맞게 썬다.

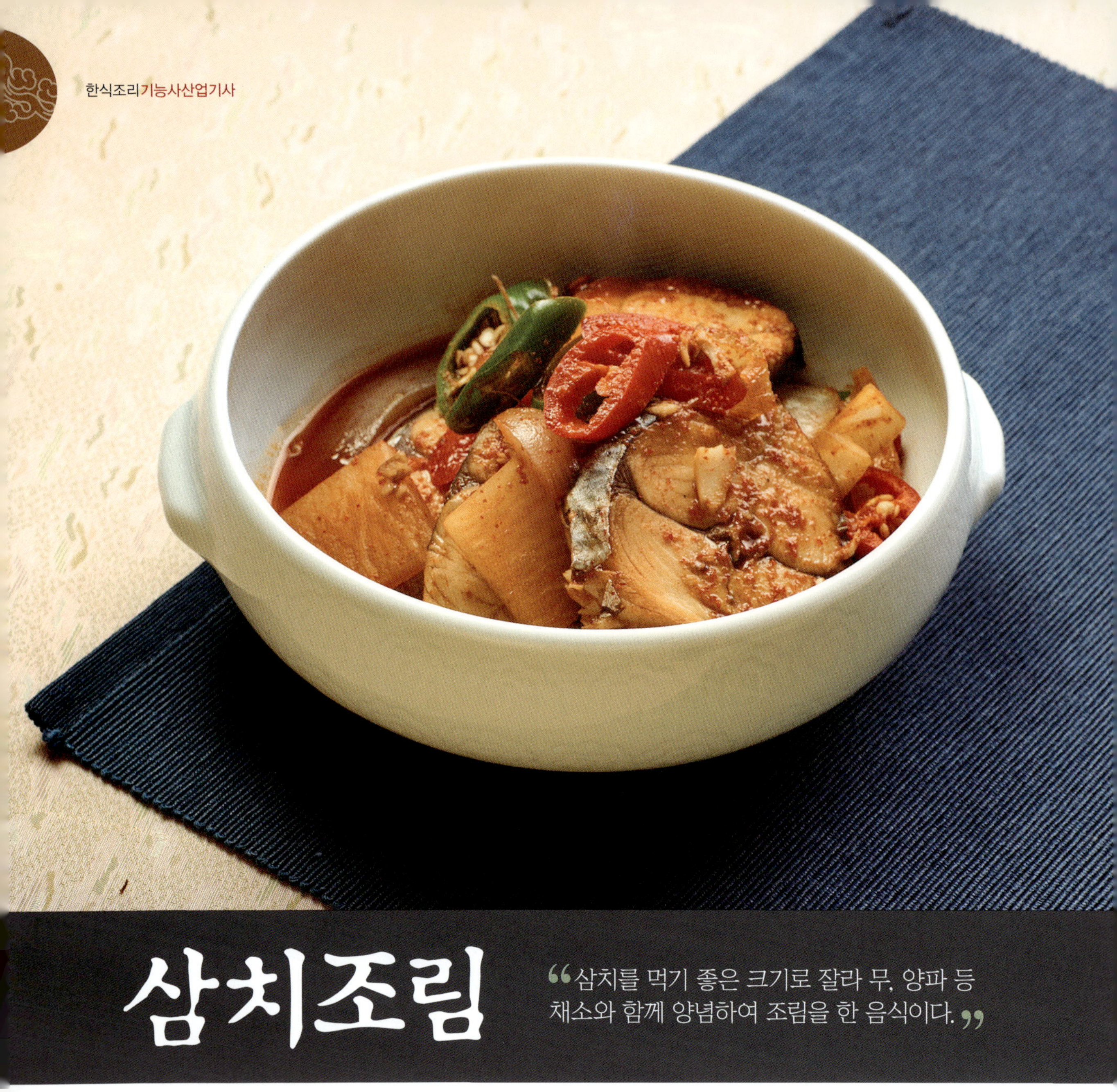

# 삼치조림

"삼치를 먹기 좋은 크기로 잘라 무, 양파 등 채소와 함께 양념하여 조림을 한 음식이다."

합격 포인트

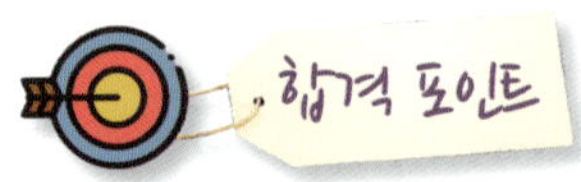

1 생선의 살이 응고된 후 파, 마늘을 넣어야 비린내가 덜 나고, 조림 시 생선 위에 양념을 끼얹어야 간이 골고루 배어 맛이 있다.

2 생선조림 시 뚜껑을 열고 조려야 비린내를 줄일 수 있다.

## 재료

| [주재료와 부재료] | | [양념] | | | |
|---|---|---|---|---|---|
| 삼치 | 1마리 | 양념장 | | 다진 파 | 2큰술 |
| 무 | 100g | | | 다진 마늘 | 1큰술 |
| 양파 | 60g | 간장 | 3큰술 | 다진 생강 | 1/2작은술 |
| 풋고추 | 2개 | 설탕 | 1큰술 | 후춧가루 | 약간 |
| 붉은고추 | 1개 | 고춧가루 | 2큰술 | | |
| | | 청주 | 2큰술 | | |

## 만드는 방법

**1** 삼치는 내장과 지느러미를 제거하고 4cm 크기로 비스듬하게 저며 썬다.

**2** 양파는 굵직하게 썰고, 대파와 고추는 어슷하게 썬다. 고추는 씨를 털어낸다.

**3** 무는 0.5cm 두께로 사각썰기 하여 끓는 물에 살짝 데친다.

**4** 양념장을 만든다.

**5** 냄비에 무를 깔고 삼치와 양파를 넣어 양념장 1/2을 넣고 물을 자작하게 부어 끓인다. 국물이 어느 정도 졸아들면 나머지 양념장을 넣고 끓인 뒤 대파와 고추를 넣고 좀 더 조린다.

삼치는 내장과 지느러미를 제거한다.

삼치는 비스듬히 썰어둔다.

채소는 규격에 맞게 썰어 준비한다.

냄비에 삼치와 채소, 양념을 넣고 조린다.

# 새우전

66 새우의 껍질을 벗겨 밀가루와 달걀물을 입혀 지진 음식이다. 99

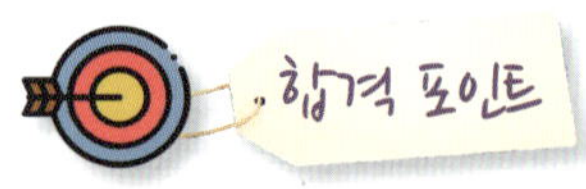

합격 포인트

1 새우는 콜레스테롤 함량이 높은 식품으로 알려져 있지만 새우에는 콜레스테롤 증가를 억제시키는 타우린이 들어있어 적당량의 새우는 먹는 것은 콜레스테롤 증가에 큰 영향을 주지 않는다.

2 새우는 배 쪽에 잔 칼집을 많이 넣어야 모양이 틀어지지 않는다.

##  재료

| [주재료와 부재료] | | 달걀 ·················· 1개 | 식초 ·················· 1/2큰술 |
|---|---|---|---|
| 새우(중) ·········· 5마리 | | 식용유 ·············· 약간 | 설탕 ·············· 1/2작은술 |
| 홍고추 ·············· 1개 | | | 잣가루 ·················· 약간 |
| 소금 ·················· 약간 | | [양념] | |
| 흰 후춧가루 ········ 약간 | | 초간장 | |
| 밀가루 ·············· 약간 | | 간장 ·················· 1큰술 | |

##  만드는 방법

**1** 새우는 껍질째로 씻어 머리를 떼어 내고 꼬리쪽의 마지막 마디와 꼬리 껍질을 남기고 나머지는 벗긴다.

**2** 새우는 대꼬챙이를 사용해 등 쪽으로 내장을 빼내고, 배쪽에 칼집을 서너 번 넣어 익으면서 구부러지는 것을 막는다.

**3** 새우에 소금, 흰 후춧가루를 뿌리고 밀가루를 입힌다(꼬리 쪽은 밀가루를 묻히지 않음). 꼬리를 잡고 풀어 놓은 달걀을 묻혀준다.

**4** 프라이팬에 식용유를 두르고 지지면서 고추 고명을 올려 완성한다.

**5** 초간장을 만들어 곁들인다.

새우는 미리 껍질을 제거하고 밑간을 해둔다.

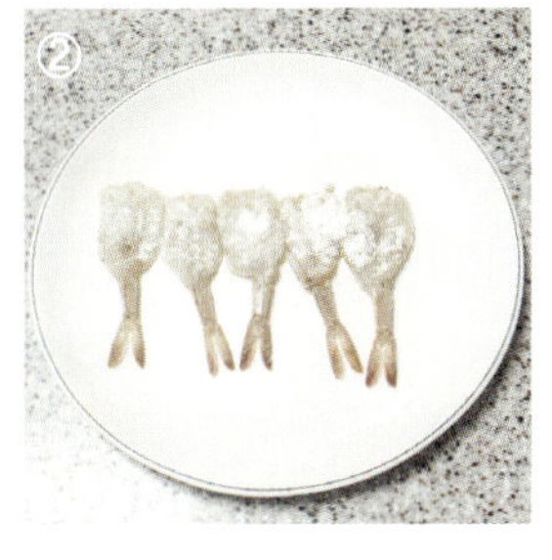

밑간된 새우에 밀가루, 달걀 순으로 옷을 입힌다.

팬에 새우전을 지지면서 고추 고명을 올린다.

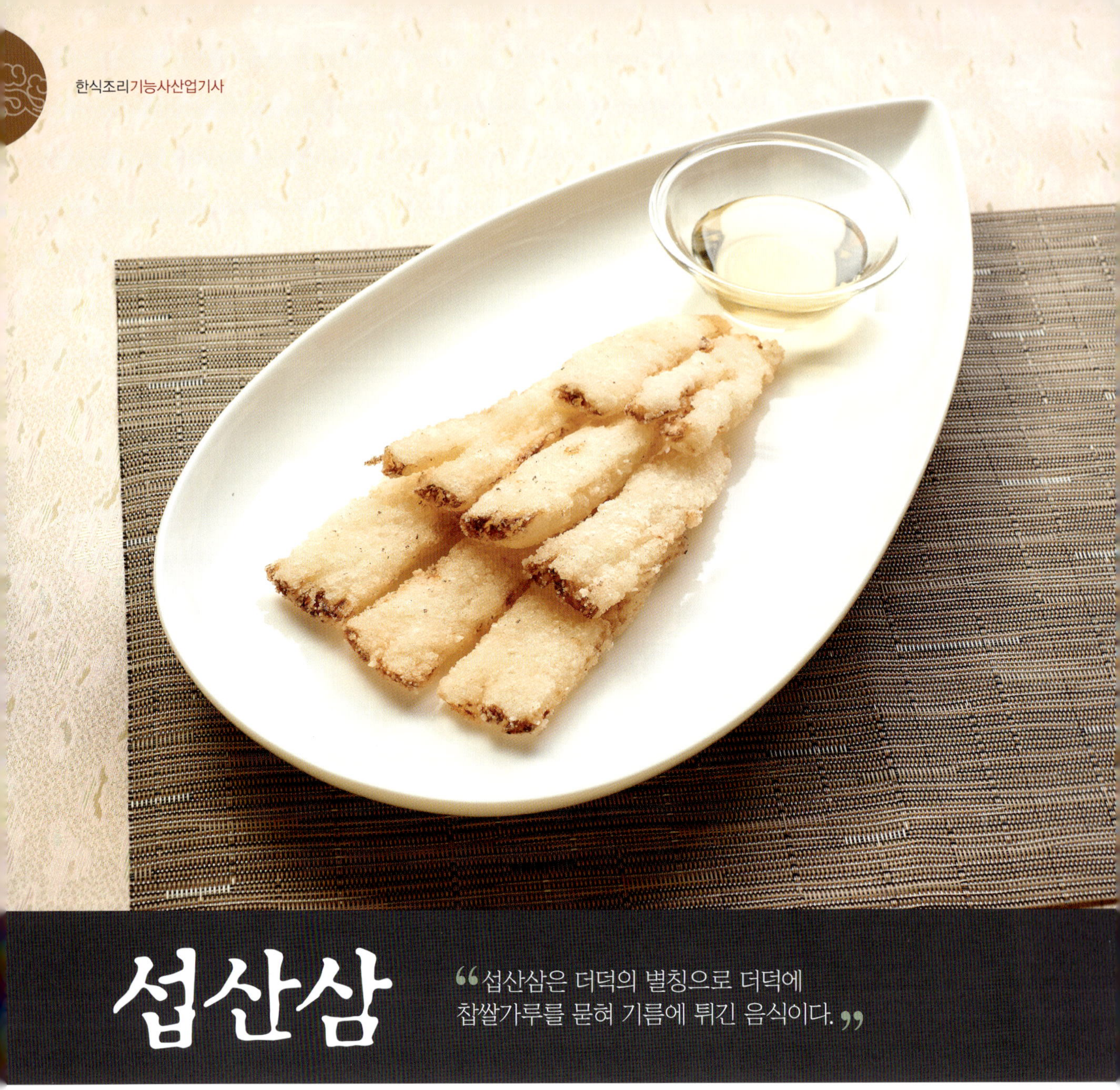

# 섭산삼

## 요구사항

**1** 더덕은 끊어지지 않게 잘 펴시오.

**2** 찹쌀가루를 골고루 묻혀 바삭하게 튀겨 전량 제출하시오.

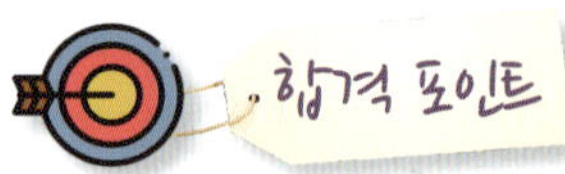

## 합격 포인트

**1** 껍질은 옆으로 돌려가면서 벗긴 다음 얇게 저며 가며 소금물에 담가서 쓴맛을 뺀다.

**2** 잘게 찢어 전을 부치면 또 다른 별미이다.

**3** 튀기는 온도가 높으면 색이 누렇게 된다.

**4** 찹쌀가루를 고루 묻혀 튀겨야 바삭하다.

**5** 더덕은 규격이 일정하게 썬다.

## 재료

| [주재료와 부재료] | | |
|---|---|---|
| 더덕 ················· 5개 | 찹쌀가루 ············· 약간 | 설탕 ················· 약간 |
| 소금 ················· 약간 | 식용유 ··············· 약간 | 꿀 ·················· 약간 |

## 만드는 방법

1 더덕은 껍질을 벗기고 길게 갈라 소금물에 쓴맛을 우려낸 후 방망이로 자근자근 펴준다.

2 찹쌀가루는 곱게 가루를 내어 더덕에 골고루 묻힌다.

3 130~140℃ 기름에 넣고 하얗고 바삭하게 튀겨서 설탕을 뿌리거나 꿀물에 담가 건진 후 접시에 담는다.

4 꿀이 지급되면 별도로 제공한다(찍어먹기).

더덕의 껍질을 돌려깎기 형태로 제거한다.

껍질을 제거한 더덕을 규격에 맞게 썰고 방망이로 편다.

더덕에 찹쌀가루를 입힌다.

바삭하게 튀긴 후 설탕을 뿌려 완성한다.

# 소갈비찜

> 66 소갈비에 무, 표고버섯, 당근 등의 채소를 넣고 갖은 양념하여 찐 음식이다. 99

### 합격 포인트

**1** 갈비를 삶을 때 불순물과 거품을 깨끗이 걷어 낸 뒤, 향신채소를 넣고 삶아 냄새를 제거한다.

**2** 처음에는 센 불에서 끓이다가 뚜껑을 열고 중불에서 끓여야 맛이 은근히 배고 윤기가 난다.

##  재료

| [주재료와 부재료] | | |
|---|---|---|
| 소갈비 | | 600g |
| 밤 | | 3개 |
| 은행 | | 3개 |
| 대추 | | 2개 |
| 당근 | | 30g |
| 무 | | 100g |
| 불린 표고버섯 | | 2장 |

| | | |
|---|---|---|
| 잣 | | 5개 |
| 달걀 | | 1개 |
| 소금 | | 1작은술 |
| 식용유 | | 1큰술 |
| **[양념]** | | |
| **양념장** | | |
| 간장 | | 4큰술 |

| | | |
|---|---|---|
| 설탕 | | 2큰술 |
| 배즙 | | 4큰술 |
| 다진 파 | | 약간 |
| 다진 마늘 | | 약간 |
| 깨소금 | | 약간 |
| 참기름 | | 약간 |
| 후춧가루 | | 약간 |
| 물 | | 약간 |

##  만드는 방법

1. 소갈비는 기름기를 제거하고 찬물에 담가 핏물을 뺀 다음 4cm 길이로 토막을 내고 1cm 간격으로 대각선 방향의 칼집을 넣어준다. 끓는 물에 무르게 삶아 낸다.

2. 무와 당근은 사방 3cm 크기로 썰고 모서리를 다듬어 끓는 물에 데쳐 반 정도 익었을 때 꺼낸다.

3. 밤은 껍질을 벗겨 찬물에 담가 놓고, 은행은 소금을 넣어 볶아 껍질을 벗겨둔다.

4. 대추는 가볍게 씻고 돌려깎기 한 후 씨를 빼 2~3등분하고, 불린 표고버섯은 은행잎 모양으로 썬다.

5. 달걀은 황·백지단으로 부쳐서 마름모꼴로 썬다.

6. 냄비에 삶은 갈비를 넣고 양념장을 부어 무, 당근, 불린 표고버섯, 밤, 대추를 넣고 끓인다.

7. 어느 정도 맛이 들어 국물이 자작해지면 그릇에 담고 은행, 황·백지단, 잣을 올려서 낸다.

① 소갈비는 핏물을 제거한 후 끓는 물에 데친다.

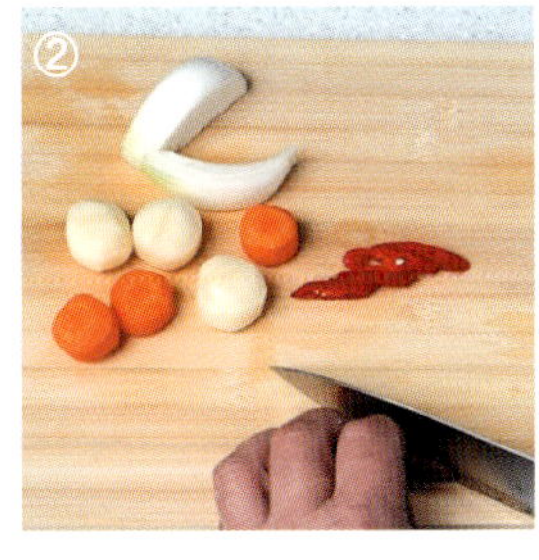

② 무와 당근의 모서리를 제거한 후 끓는 물에 데친다.

③ 냄비에 갈비와 양념을 넣은 후 조린다.

④ 갈비가 중간 정도 익으면 채소를 넣고 조린다.

# 소고기장국

**"소고기 국물에 무를 네모지게 썰어 맑게 끓인 장국이다."**

**합격 포인트**

**1** 소고기는 핏물을 빼고 끓이면 맛이 더 깔끔하다.

**2** 국간장은 약간만 넣어 간장색이 나도록 한 다음 소금으로 간을 하면 국물 맛이 더 시원하고 구수하다.

**3** 소고기에 양념을 하면 밑간도 되고 누린 냄새도 제거 된다.

## 재료

| [주재료와 부재료] | [양념] | |
|---|---|---|
| 소고기(양지머리) ········ 200g | **고기 양념** | |
| 간장 ·························· 1작은술 | 간장 ·························· 2큰술 | |
| 대파 ·························· 1뿌리 | 다진 마늘 ··············· 1작은술 | |
| 무 ···························· 100g | 후춧가루 ············· 1/8작은술 | |

## 만드는 방법

**1** 소고기는 3cm×2cm 크기로 썬 후 양념한다(소고기 양념에 설탕, 깨소금은 지저분하므로 넣지 않는다).

**2** 대파는 4cm 길이로 썰고, 무는 3cm×2cm로 썬다.

**3** 소고기를 잠깐 볶다가 물과 무를 넣고 끓인다(끓을 때 위의 거품 등 불순물은 제거한다).

**4** 국이 거의 끓었을 때 대파를 넣고 간장으로 색을 낸 다음 소금으로 간을 맞춘다.

소고기, 파, 무를 규격에 맞게 썬 후 양념한다.

양념한 소고기를 냄비에 볶는다.

육수를 붓고 끓인다.

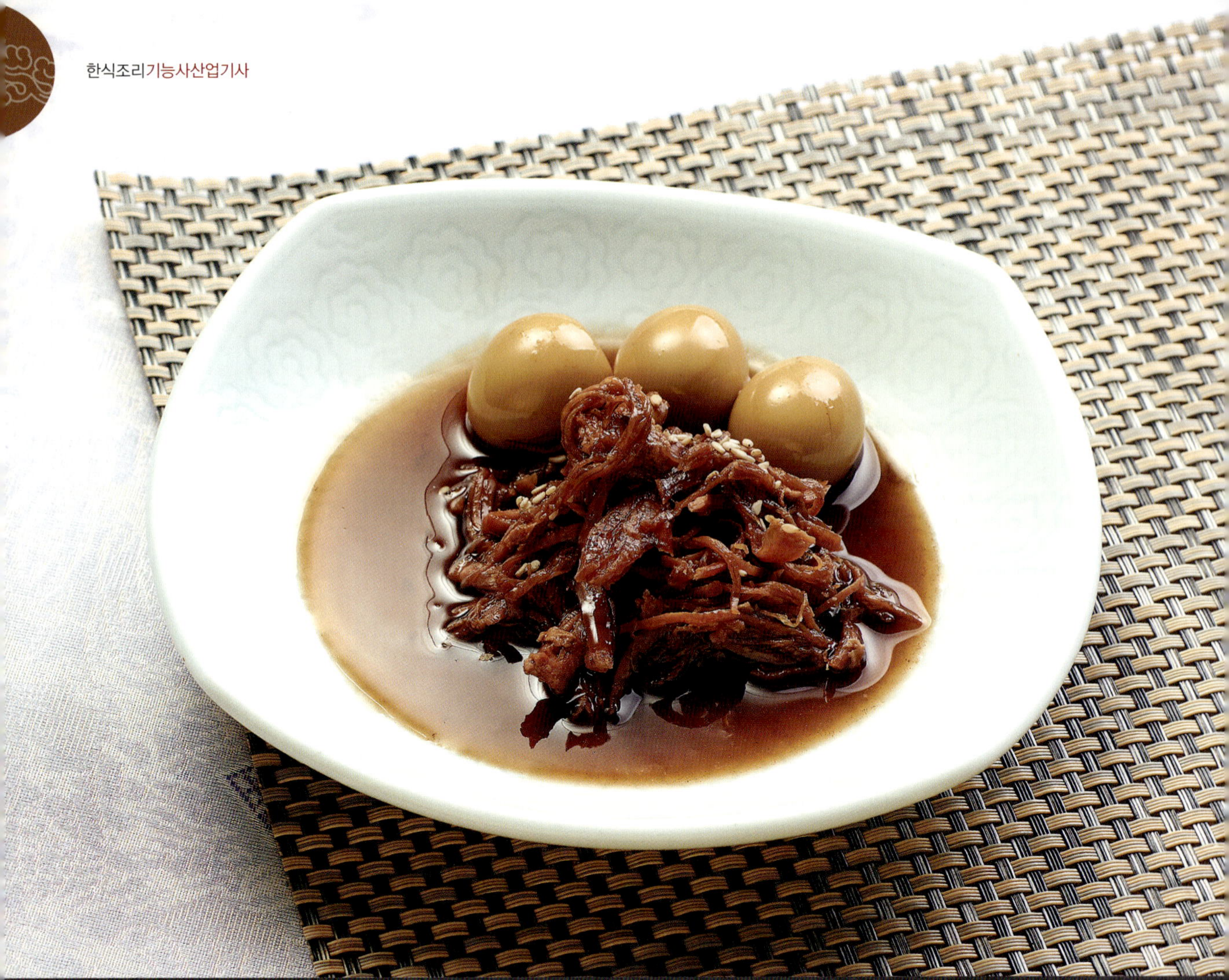

# 소고기장조림

"홍두깨살이나 우둔 부위를 큼직하게 썰어 간장에 조린 음식이다. 결대로 찢거나 얇게 썰어 먹는 음식이다."

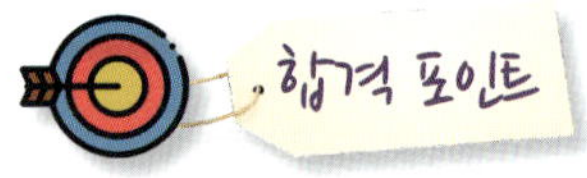

합격 포인트

1 장조림을 만들 때는 고기를 덩어리째 부드럽게 삶은 다음 간장을 넣고 조린다. 처음부터 간장을 넣고 조리면 고기가 익기도 전에 염분이 침투되어 질겨지고 수축되므로 유의한다.

2 조림장을 정확하게 계량하고 중불에 조린다(센 불에 조리면 짜진다).

## 재료

**[주재료와 부재료]**

| | |
|---|---|
| 소고기(홍두깨살) | 200g |
| 통마늘 | 150g |
| 메추리알 | 6개 |
| 꽈리고추 | 50g |

**향미채소**

| | |
|---|---|
| 대파 | 1대 |

| | |
|---|---|
| 생강 | 1톨 |
| 건고추 | 1개 |
| 통후추 | 약간 |
| 마늘 | 약간 |

**[양념]**

**조림장**

| | |
|---|---|
| 간장 | 3큰술 |

| | |
|---|---|
| 설탕 | 3큰술 |
| 육수 | 3컵 |
| 참기름 | 약간 |
| 통깨 | 약간 |

## 만드는 방법

1. 소고기는 찬물에 담가 핏물을 뺀 다음 끓는 물에 향미 채소를 같이 넣고 꼬챙이로 찔렀을 때 핏물이 나오지 않을 정도로 무르게 삶아서 결대로 찢어 놓는다.

2. 육수는 식혀서 면보에 받쳐 기름을 제거한다.

3. 메추리알은 삶아서 껍질을 벗긴다.

4. 꽈리고추에 이쑤시개로 구멍을 낸다.

5. 조림장을 먼저 끓인 후 찢은 고기를 넣고 조리다 삶은 메추리알을 넣고 조린 후 꽈리고추와 통마늘을 넣고 조림장을 끼얹어 가며 조림을 한다.

소고기의 핏물을 제거한 후 삶는다.

삶아진 소고기를 찢는다.

조림장을 넣고 끓인 뒤 고기와 메추리알, 꽈리고추와 통마늘을 넣어 완성한다.

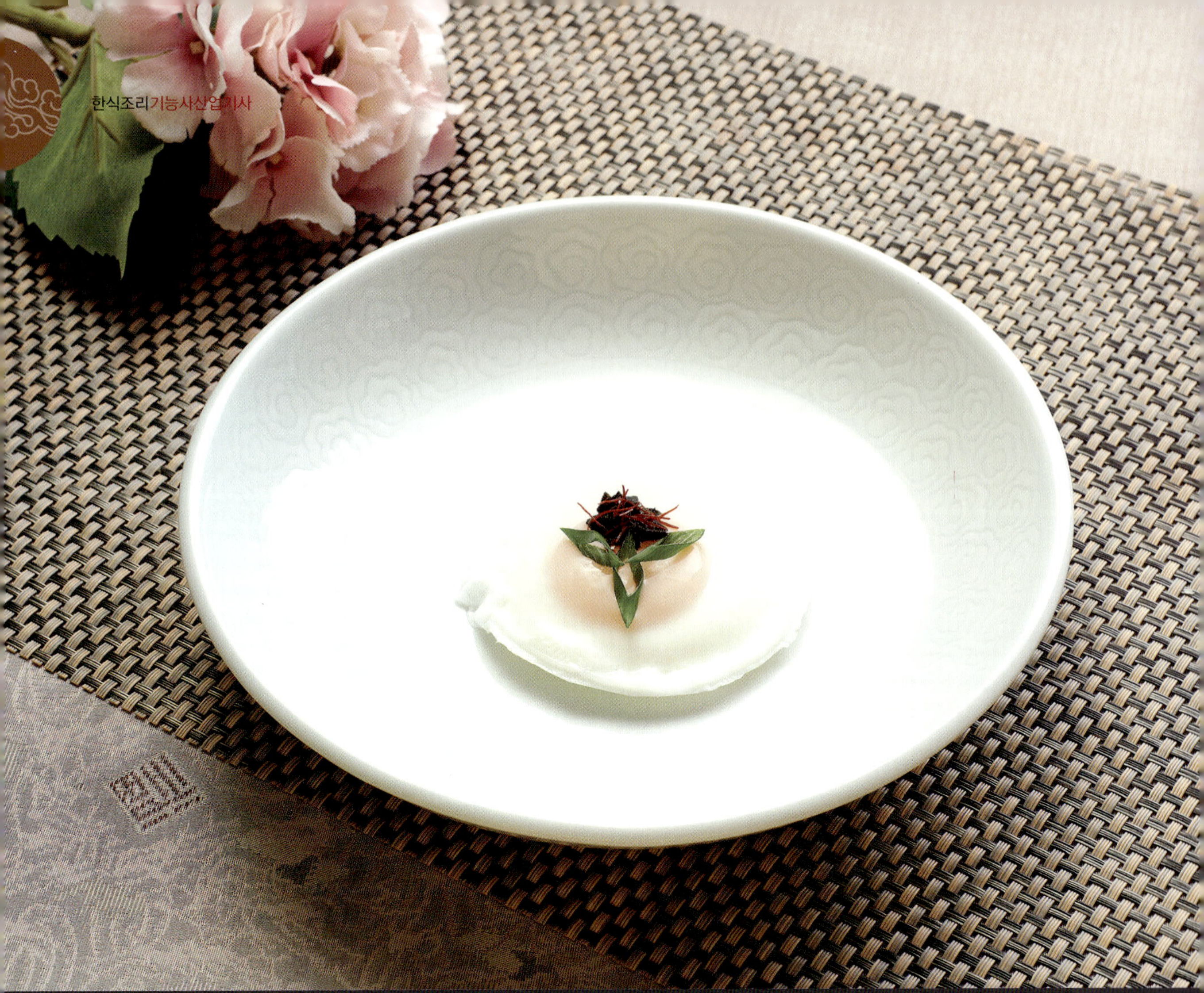

# 수란

"수란기에 달걀을 담아 끓는 물에 넣고 익혀낸 음식이다."

1 수란 조리 시에는 끓는 물에 소금과 식초를 넣어서 달걀의 응고를 촉진시킨다.
2 달걀 흰자가 반 정도 익으면 국자를 물살에 천천히 담가 반숙으로 익힌다.

##  재료

**[주재료와 부재료]**

| | | |
|---|---|---|
| 달걀 ··················· 1개 | 식초 ··················· 1큰술 | 소금 ··················· 약간 |
| 석이버섯 ··············· 1장 | 실파 ··················· 약간 | 참기름 ················· 약간 |
| | 실고추 ················· 약간 | |

##  만드는 방법

1. 냄비에 수란기나 국자가 충분히 잠길 만큼 물을 넉넉히 붓고 소금을 넣어 끓인다.

2. 수란기나 국자에 약간의 참기름을 발라 끓는 물에 길들인 후 노른자가 터지지 않게 달걀을 넣는다.

3. 달걀을 국자 중앙에 오도록 조심스럽게 부은 후 끓는 물 표면에서 서서히 익혀 수저로 물을 붓는다.

4. 노른자가 하얀 막으로 덮이면 불을 줄이고, 물속에 조심스럽게 넣어 반숙으로 익힌다.

5. 석이버섯, 실파, 실고추는 0.1cm×1cm 크기로 곱게 채 썬다.

6. 반숙란을 조심스럽게 그릇에 옮겨 담고, 내기 직전에 실고추, 석이버섯, 파채를 보기 좋게 얹어낸다.

고명을 준비한다.

수란기에 참기름을 바른다.

달걀을 국자에 붓고 익혀 낸다.

그릇에 옮겨 담고 고명을 올려 완성한다.

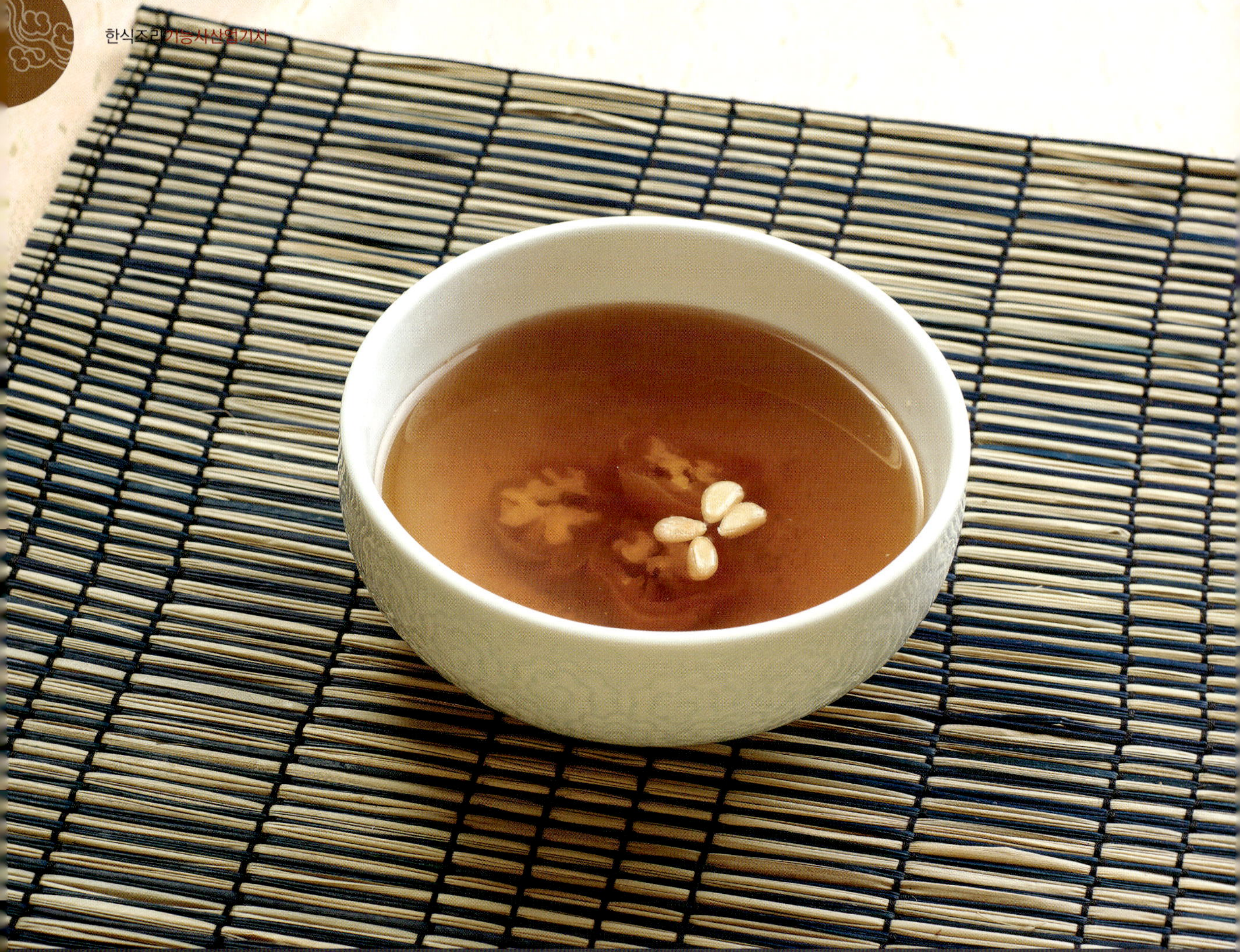

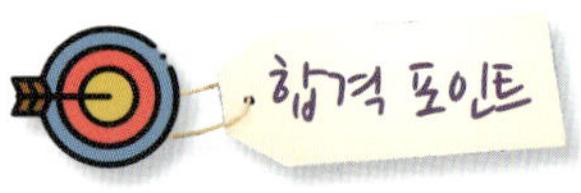

# 수정과

"계피와 생강을 달인 물에 설탕을 넣고 차게 식힌 후 곶감과 잣을 띄운 음청류이다."

합격 포인트

1 생강과 통계피를 함께 끓여 쓰는 방법도 있으나, 각각 끓여 걸러서 혼합해야 특유의 향과 맛을 살릴 수 있다.

2 곶감은 한 번에 많이 만들어 랩에 싸서 냉동 보관하면 사용이 편리하다.

 **재료**

| [주재료와 부재료] | | |
|---|---|---|
| 생강 ·············· 50g | 통계피 ·············· 50g | 호두 ·············· 3개 |
| 물 ·············· 6컵 | 황설탕 ·············· 1컵 | 잣 ·············· 1큰술 |
| | 곶감 ·············· 3개 | |

## 만드는 방법

**1** 생강은 얇게 저미고, 통계피는 조각낸 다음 깨끗이 씻는다.

**2** 곶감은 꼭지와 씨를 빼고 얇게 펴서 호두를 넣고 말아 모양을 만든 후 자른다.

**3** 잣은 고깔을 떼어 놓는다.

**4** 저민 생강에 물을 부어 뭉근한 불에서 30분 정도 끓여 면보에 거른다.

**5** 계피에 물을 부어 뭉근한 불에서 40분 정도 끓여서 면보에 거른다.

**6** **4**, **5**의 끓인 물을 합하여 황설탕을 넣고 10분정도 끓여서 식힌다.

**7** 통곶감을 사용할 때는 수정과 물을 약간 덜어내어 곶감을 불려 부드러워지면 그릇에 담고 수정과 물을 부어 낸다. 잣을 서너 알 띄운다.

생강과 계피를 각각 끓여 면보에 거른다.

호두 껍질을 벗긴다.

곶감에 호두를 넣고 말아 준다.

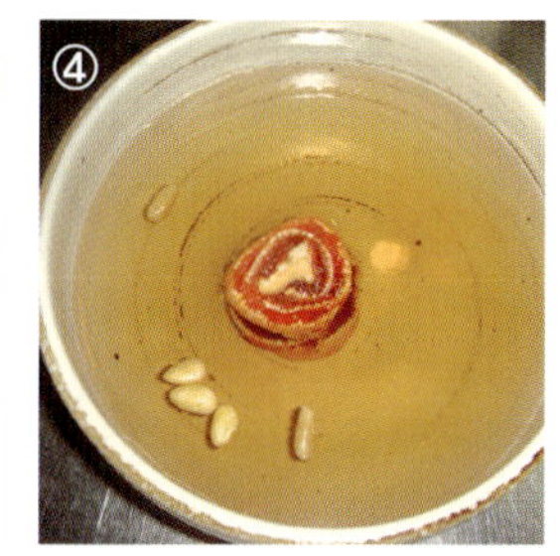

끓인 물을 합하여 수정과를 만들고 곶감과 잣을 넣는다.

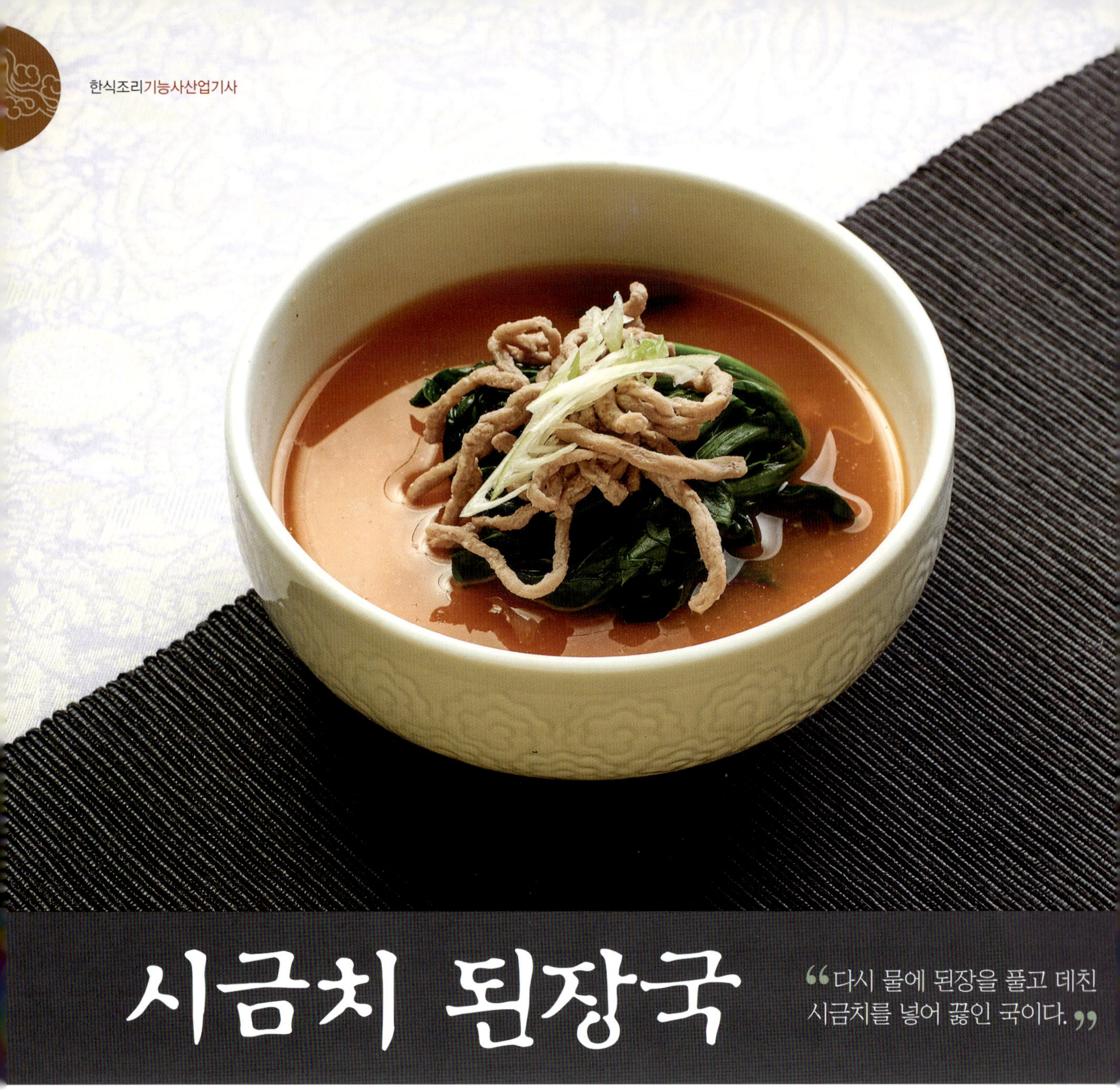

# 시금치 된장국

"다시 물에 된장을 풀고 데친 시금치를 넣어 끓인 국이다."

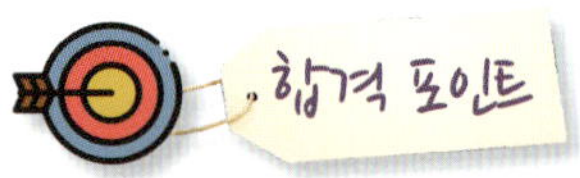

합격 포인트

1 시금치는 처음부터 같이 끓이면 색이 누렇게 변하기 때문에 국물이 끓으면 넣는다.
2 고추장의 비율은 기호에 따라 가감해도 된다.
3 소고기 대신 건새우나 조개를 넣어도 좋다.
4 시금치 대신 어묵이나 근대를 사용해도 된다.

 **재료**

| [주재료와 부재료] | | |
|---|---|---|
| 시금치 ·················· 100g | 다진 마늘 ·········· 2작은술 | 다진 마늘 ············· 약간 |
| 소고기 ····················· 50g | 간장 ························ 약간 | 참기름 ·················· 약간 |
| 쌀뜨물(물) ················· 2컵 | 소금 ························ 약간 | 다진 파 ················· 약간 |
| 된장 ······················ 2큰술 | **[양념]** | 후춧가루 ··············· 약간 |
| 고추장 ················· 1작은술 | **고기 양념** | |
| 대파 ························· 1대 | 간장 ··················· 1큰술 | |

**만드는 방법**

**1** 시금치는 다듬어 씻어서 소금물에 살짝 데쳐 물기를 짜 4cm 길이로 썬다.

**2** 쌀은 씻어 첫물은 버리고 쌀뜨물을 만든다.

**3** 소고기는 얇게 저며 썰어 양념하여 냄비에 볶다가 쌀뜨물을 붓고, 된장과 고추장은 고운 체에 밭쳐서 푼 다음 중불에서 끓인다.

**4** 국물이 끓어서 맛이 우러나면 시금치, 대파, 다진 마늘을 넣고 끓인다.

**5** 싱거우면 소금이나 국간장으로 간을 맞춘다.

① 시금치를 깨끗히 씻어 준비한다.

② 소고기는 얇게 저며 썰어 양념하고 쌀뜨물을 준비한다.

③ 냄비에 소고기를 볶다가 된장, 고추장, 쌀뜨물을 붓는다.

④ 국이 끓으면 시금치를 넣어 완성한다.

# 시금치 토장국

"육수에 데친 시금치를 넣고 된장과 고추장으로 간하여 끓인 음식이다."

### 합격 포인트

**1** 시금치 토장국의 국물은 쌀뜨물을 이용하여 완성하여야 한다.

**2** 멸치는 머리와 내장을 제거한 후 마른 팬에 볶아 비린맛을 없애 준다.

**3** 건새우와 소고기를 사용할 수 있다.

##  재료

| [주재료와 부재료] | | 대파 | 30g | [양념] | |
| --- | --- | --- | --- | --- | --- |
| 시금치 | 50g | 쌀드물 | 3컵 | 소금 | 1작은술 |
| 된장 | 30g | 마늘 | 5g | 다진 파 | 약간 |
| 조갯살 | 30g | 소금 | 1/2작은술 | 다진 마늘 | 약간 |
| 국물멸치 | 10g | | | 다진 생강 | 약간 |

## 만드는 방법

1 쌀뜨물을 준비한다.

2 시금치는 다듬어 씻은 후 소금물에 살짝 데쳐 식혀 물기를 꼭 짜고 5cm 길이로 썰어 준비한다.

3 조갯살은 손질하여 준비하고 국물멸치는 내장을 빼서 준비한다.

4 마늘은 다지고 대파는 어슷하게 썬다.

5 쌀뜨물에 된장을 풀고 내장을 빼낸 국물멸치를 넣고 끓인다.

6 약 10분 정도 끓이다가 멸치의 맛이 우러나면 데친 시금치, 조갯살을 넣고 맛이 어우러지도록 끓인 후 다진 마늘, 어슷 썬 파를 넣고 한소끔 끓여 완성한다.

재료를 깨끗이 준비한다.

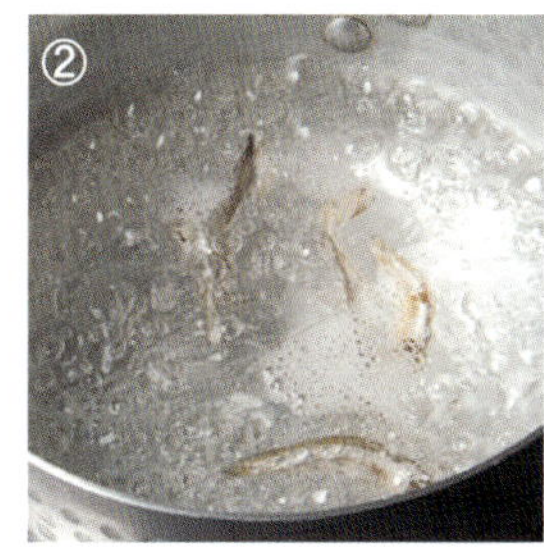

멸치육수를 만들어 된장을 푼다.

시금치는 데쳐 준비한다.

쌀뜨물에 육수를 부어 끓인 뒤 재료를 넣고 완성한다.

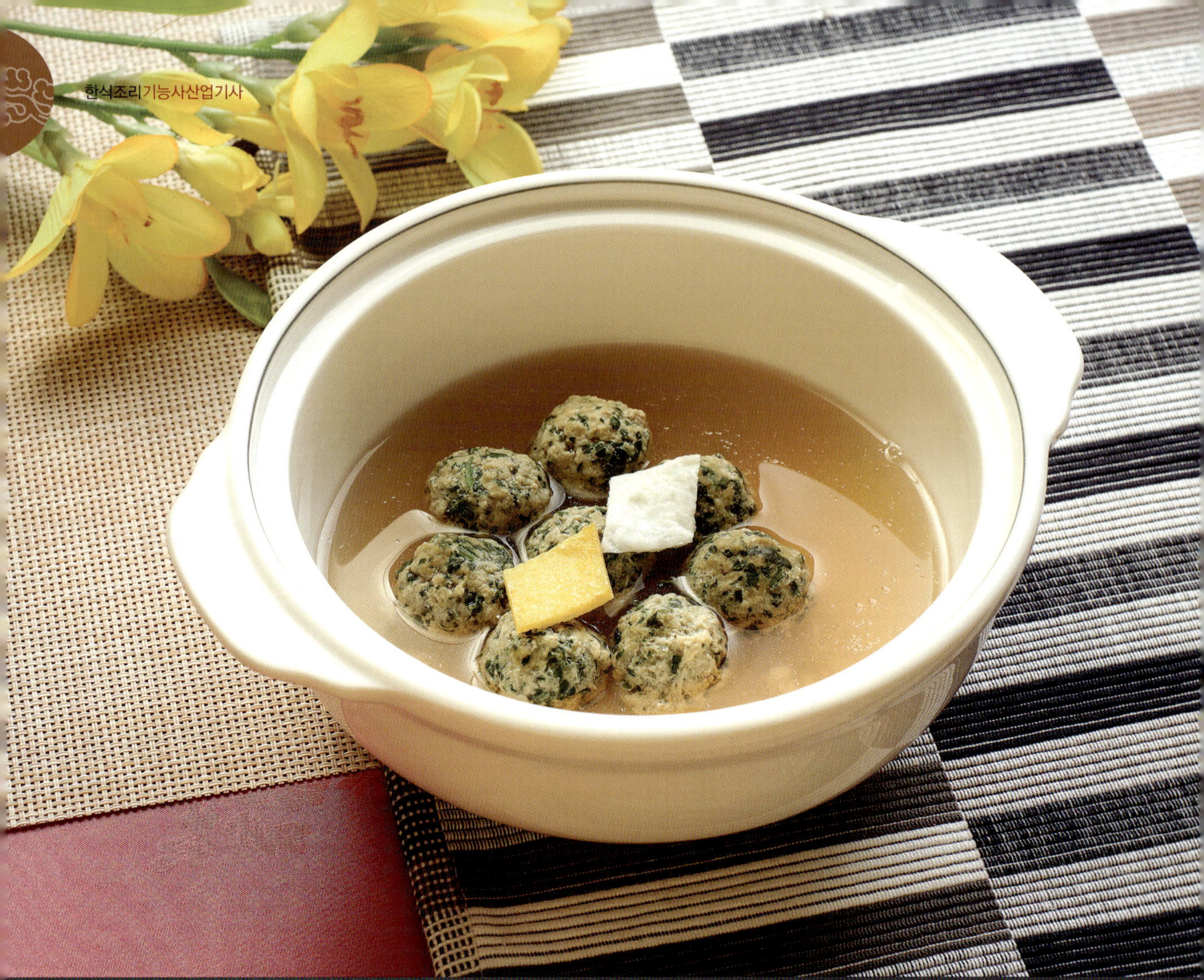

# 애탕국

"어린 쑥을 데쳐 다지고 소고기 다진 것을 합하여 완자를 빚어 맑게 끓인 음식이다. 봄철 입맛을 살리고 소화를 돕는다."

합격 포인트

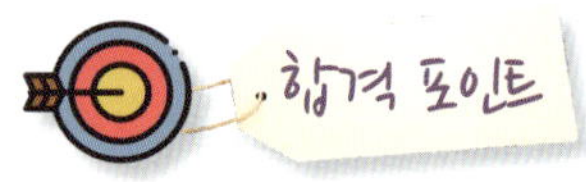

1 쑥은 독이 없고 성질이 따뜻하며 속을 덥게 하여 냉을 쫓아 준다.

2 소고기와 쑥은 곱게 다지고 많이 치대야 완자가 매끈하며 갈라지지 않는다.

3 완자를 너무 오래 끓이면 달걀옷이 벗겨진다.

##  재료

**[주재료와 부재료]**

| | |
|---|---|
| 소고기 | 150g |
| 쑥 | 100g |
| 달걀 | 1개 |
| 잣 | 1작은술 |
| 건표고버섯 | 2장 |
| 실파 | 약간 |
| 밀가루 | 약간 |

| | |
|---|---|
| 국간장 | 약간 |
| 소금 | 약간 |

**[양념]**

**고기 양념**

| | |
|---|---|
| 참기름 | 1/2작은술 |
| 설탕 | 1/2작은술 |
| 소금 | 약간 |

| | |
|---|---|
| 마늘 | 약간 |
| 대파 | 약간 |
| 깨소금 | 약간 |
| 후춧가루 | 약간 |

**장국**

| | |
|---|---|
| 육수 | 5컵 |
| 간장 | 1/2큰술 |
| 소금 | 1/2작은술 |

##  만드는 방법

1. 소고기의 일부는 납작하게 썰어 육수를 내고, 나머지는 곱게 다진다.

2. 쑥은 끓는 물에 살짝 데쳐서 찬물에 헹군 다음 물기를 꼭 짜서 곱게 다진다.

3. 다진 소고기에 고기 양념을 넣고 다진 쑥을 넣어 끈기 나도록 치댄다.

4. 황·백지단을 완자형으로 준비하고, 실파는 3㎝ 길이로 썬다.

5. 3을 2.5㎝ 크기로 완자를 만들어 가운데 잣을 넣어가며 빚어서 밀가루와 달걀물을 입힌다.

6. 장국이 끓으면 완자를 넣고 끓어오르면 실파를 넣은 다음 소금과 국간장으로 간을 맞춘다.

① 쑥을 살짝 데쳐 다진다.

② 다진 소고기에 양념을 한다.

③ 쑥과 고기를 합하고 가운데 잣을 넣어 완자를 만든다.

④ 밀가루와 달걀물을 입힌 완자를 넣고 끓여낸다.

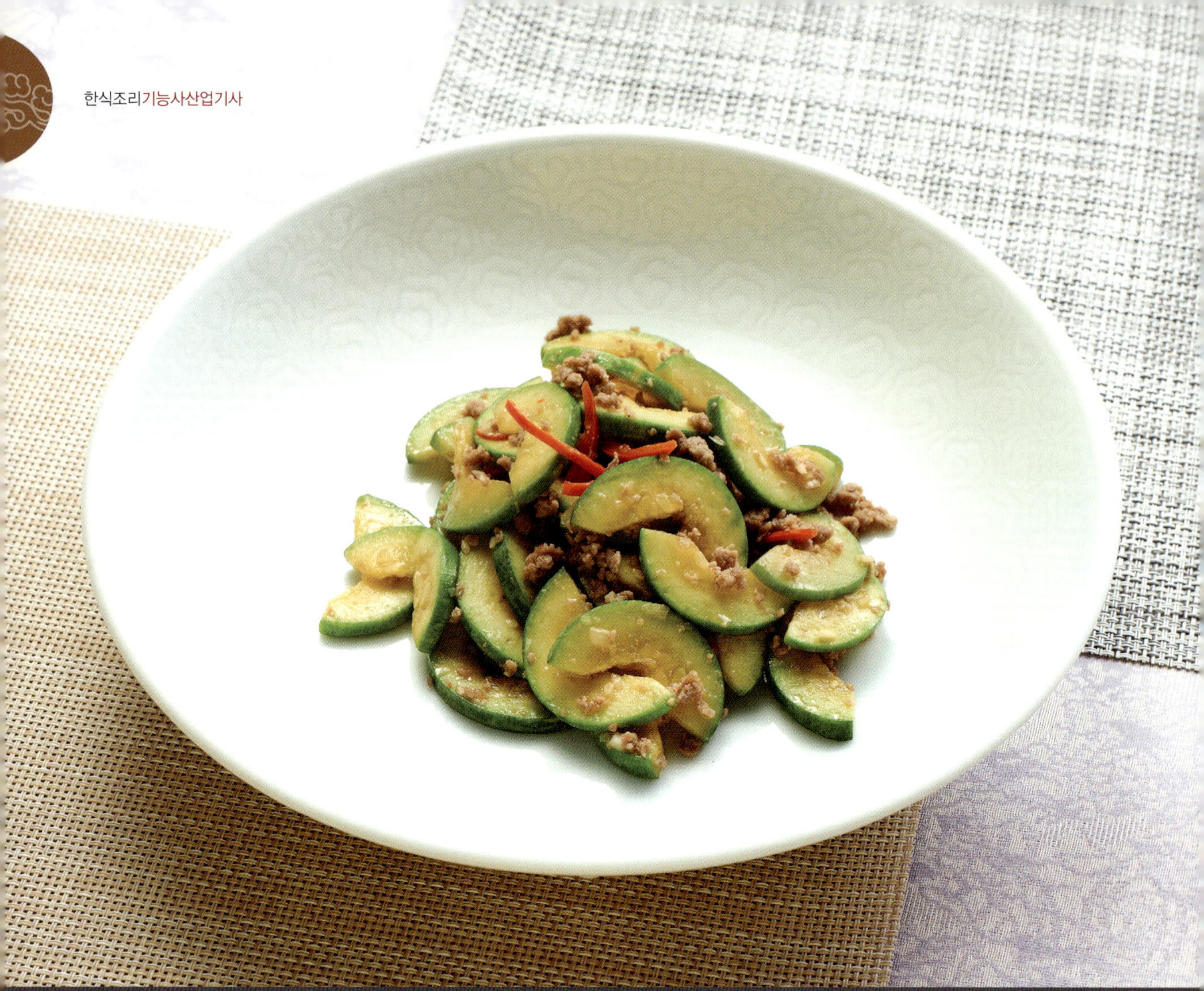

# 애호박눈썹나물

 합격 포인트

**1** 절인 호박을 너무 오랫동안 볶으면 색깔이 누렇게 변하므로 절반쯤 익으면 불을 끈다. 나머지 절반은 잔열에 의해서 익혀지므로 타거나 누렇게 되지 않도록 유의한다.

**2** 호박은 너무 짜지 않도록 절이고 새우젓을 넣기도 한다.

 ## 재료

| [주재료와 부재료] | | | |
|---|---|---|---|
| 애호박 | 1/2개 | 참기름 | 1큰술 |
| 홍고추 | 1개 | 식용유 | 1큰술 |
| 소고기 | 30g | 소금 | 1큰술 |
| 다진 파 | 1작은술 | | |
| 다진 마늘 | 1/2작은술 | **[양념]** | |
| 깨소금 | 1작은술 | 소고기 양념 | |

| [양념] 소고기 양념 | |
|---|---|
| 진간장 | 약간 |
| 설탕 | 약간 |
| 다진 파 | 약간 |
| 다진 마늘 | 약간 |
| 참기름 | 약간 |
| 깨소금 | 약간 |
| 후춧가루 | 약간 |

 ## 만드는 방법

**1** 애호박은 반 갈라서 씨를 둥글게 파내고 0.3cm 두께의 눈썹모양으로 썰어 소금물에 살짝 절여 물기를 제거한다.

**2** 홍고추는 반으로 갈라서 씨를 제거한 다음 3cm 길이로 가늘게 채 썬다.

**3** 소고기는 4cm×0.3cm×0.3cm 크기로 채 썰어 양념한다.

**4** 팬에 식용유를 두르고 소고기를 볶다가 다 익으면 절인 애호박, 다진 파, 다진 마늘, 홍고추를 넣고 볶는다.

**5** **4**에 깨소금, 참기름을 버무려 접시에 담는다.

호박의 씨를 제거한 후 눈썹모양을 만들어 썬다.

홍고추는 채 썰어 준비한다.

소고기를 규격에 맞게 썰어 양념한다.

팬에 소고기를 볶다가 채소를 넣어 볶는다.

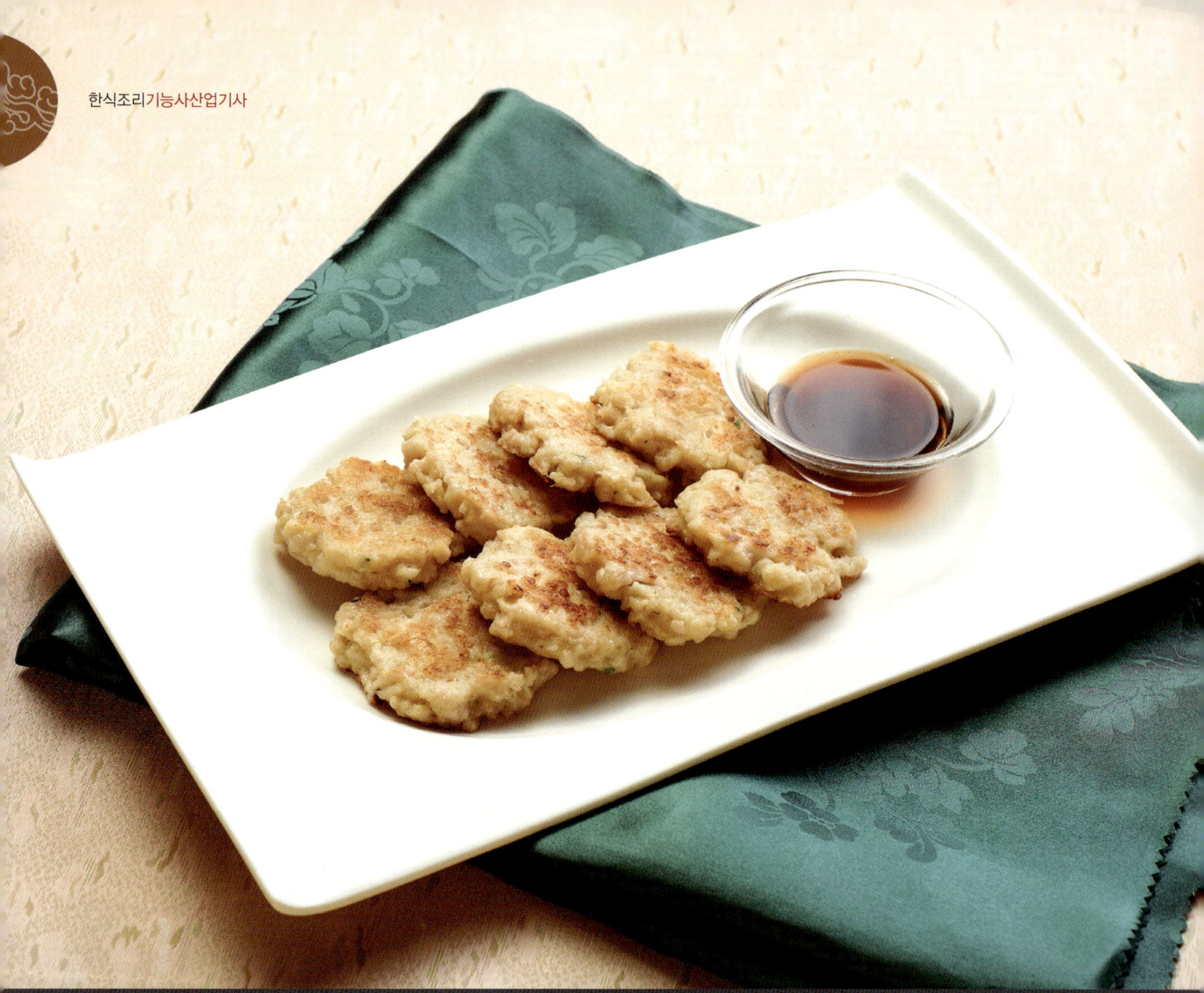

# 양동구리

 합격 포인트

**1** 양동구리란 익히지 않은 소양을 곱게 다진 뒤 녹두녹말가루와 달걀을 섞어서 지진 전을 말한다.

**2** 검은 막을 깨끗이 벗겨내야 지졌을 때 색깔이 곱다.

**3** 양 특유의 냄새를 제거하기 위하여 밀가루를 넣고 주물러 깨끗이 헹군다.

## 재료

| [주재료와 부재료] | | [양념] | | 초간장 | |
|---|---|---|---|---|---|
| 소양 | 300g | 소양 양념 | | 진간장 | 1큰술 |
| 달걀 | 1개 | 참기름 | 약간 | 흰설탕 | 1/2큰술 |
| 소금 | 1큰술 | 소금 | 약간 | 식초 | 1/2큰술 |
| 녹두녹말가루 | 3큰술 | 다진 파 | 약간 | 생강즙 | 1/8작은술 |
| 식용유 | 2큰술 | 다진 마늘 | 약간 | 잣가루 | 약간 |
| | | 흰 후춧가루 | 약간 | | |

## 만드는 방법

1 소양은 소금으로 문질러 씻어서 안쪽에 붙어있는 기름덩어리와 막을 벗겨 낸다.

2 끓는 물에 소양을 살짝 넣었다가 건져내서 검은 막을 긁어내고 곱게 다진다.

3 2의 다진 소양에 양념을 한 후 녹두녹말가루와 달걀을 넣어 반죽한다.

4 열이 오른 팬에 식용유를 두르고 3의 반죽한 소양을 한 숟가락씩 지름 4cm 크기로 동그랗게 부친다.

5 초간장을 곁들여 낸다.

① 소양은 소금으로 문질러 기름막을 제거한다.

② 소양을 데치고 곱게 다진다.

③ 다진 소양을 양념한다.

④ 지름 4cm 크기로 동그랗게 지져낸다.

# 양파전

> **"** 양파 속에 양념한 소고기와 두부 등의 소를 넣고 지진 음식이다. **"**

 합격 포인트

1 양파를 절이지 않고 전을 부칠 경우, 전체적으로 간이 싱겁기 때문에 달걀옷을 입힐 때 간을 하거나 초간장을 보통 때보다 조금 짜게 만든다.

2 밑간한 양파는 수분을 제거하고 가운데 밀가루를 묻혀야 고기가 잘 붙는다.

##  재료

| [주재료와 부재료] | | [양념] | | 깨소금 | 약간 |
|---|---|---|---|---|---|
| 양파(중) | 2개(200g) | **고기 양념** | | 후춧가루 | 약간 |
| 소고기 | 50g | 참기름 | 1/2작은술 | | |
| 두부 | 30g | 설탕 | 1/2작은술 | **초간장** | |
| 달걀 | 1개 | 소금 | 약간 | 진간장 | 1큰술 |
| 밀가루 | 2큰술 | 마늘 | 약간 | 흰설탕 | 1/4작은술 |
| 식용유 | 2큰술 | 파 | 약간 | 식초 | 1/2큰술 |

##  만드는 방법

**1** 양파는 동그란 구멍이 생기게 측면으로 0.4cm 두께로 썬다.

**2** 썰어 놓은 양파에 소금을 뿌려 살짝 절여지면 물기를 닦아 낸다.

**3** 소고기는 곱게 다지고, 물기를 꼭 짠 두부와 같이 양념을 한다.

**4** 양파 가운데 밀가루를 묻히고 소고기를 채워 넣고 밀가루와 달걀을 입혀 프라이팬에 지져 낸다.

**5** 초간장을 곁들여 낸다.

① 양파는 측면으로 규격에 맞게 썬다.

② 소고기를 곱게 다져 두부와 같이 양념한다.

③ 양파에 밀가루를 묻히고 소를 채워 넣는다.

④ 팬에 지져낸다.

# 어만두

66 흰살 생선의 살을 포를 떠 만두피로 만들고
채소나 소고기 소를 넣고 말아 찐 음식이다. 99

### 요구사항

1 생선살은 폭과 길이가 7cm 정도 되도록 하시오.
2 소고기는 곱게 다지고 표고버섯, 목이버섯, 오이
  는 채를 썰어 사용하시오.
3 숙주는 데쳐서 사용하시오.
4 어만두는 5개를 제출하시오.

### 합격 포인트

1 어만두에는 대체로 민어, 광어, 도미, 대구
  등의 흰살생선이 적당하다.
2 생선살에 녹말가루가 충분히 흡수된 다음 쪄
  낸다.
3 겨자는 충분히 발효가 돼야 쓴맛이 나지 않는
  다.

##  재료

| [주재료와 부재료] | | |
|---|---|---|
| 동태 | 1마리 | |
| 소고기 | 50g | |
| 표고버섯 | 3장 | |
| 목이버섯 | 2장 | |
| 숙주 | 50g | |
| 녹말가루 | 약간 | |
| 오이 | 1/2개 | |
| 홍고추 | 1/2개 | |
| 생강 | 1/2작은술 | |

| 쑥갓 | 1잎 |
|---|---|

**[양념]**

**고기·소양념**

| 진간장 | 1큰술 |
|---|---|
| 흰설탕 | 1작은술 |
| 다진 파 | 약간 |
| 다진 마늘 | 약간 |
| 깨소금 | 약간 |
| 참기름 | 약간 |

| 소금 | 약간 |
|---|---|
| 흰 후춧가루 | 약간 |

**겨자초간장**

| 진간장 | 1큰술 |
|---|---|
| 흰설탕 | 1작은술 |
| 식초 | 1작은술 |
| 발효겨자 | 1작은술 |
| 물 | 1큰술 |

##  만드는 방법

**1** 생선은 내장을 빼고 껍질을 벗긴 후 칼을 눕혀서 폭과 길이가 7㎝ 정도 되게 얇게 떠서 생강즙, 소금, 흰 후춧가루를 뿌린다.

**2** 소고기는 다지고 표고버섯과 목이버섯은 불린 후 곱게 채 썰어 합하여 고기 양념을 한 후 번철에 볶아 식힌다.

**3** 숙주는 끓는 물에 소금을 넣어 데쳐서 물기를 제거한 후 송송 썬다. 오이는 돌려깎기 하여 채 썰어 소금에 절였다가 살짝 볶아서 식힌다.

**4** **1**의 생선에 수분을 없애고 녹말을 한 면에 묻혀 도마 위에 놓는다. **2**, **3**을 섞어서 소를 만들어 한 큰술씩 떠놓고 말 때 겉에 녹말을 묻혀 꼭꼭 쥐어 찜통에 젖은 행주를 깔고 생선이 투명하게 되도록 찐다.

**5** 곁들일 오이, 홍고추, 표고버섯, 목이버섯, 달걀은 2cm×4cm의 골패형으로 썰어 녹말을 묻혀 데쳐내고 바로 찬물에 헹구어 접시에 장식한다.

**6** 접시에 쑥갓을 올린 뒤 어만두를 놓고 곁들일 재료를 돌려 담고, 겨자초간장을 낸다.

① 생선은 내장을 제거한 후 얇게 포 뜬다.

② 채소를 규격에 맞게 썰고 고기를 채 썬다.

③ 소를 만들어 한 큰술씩 넣고 만두를 빚는다.

④ 생선이 투명해지도록 찐다.

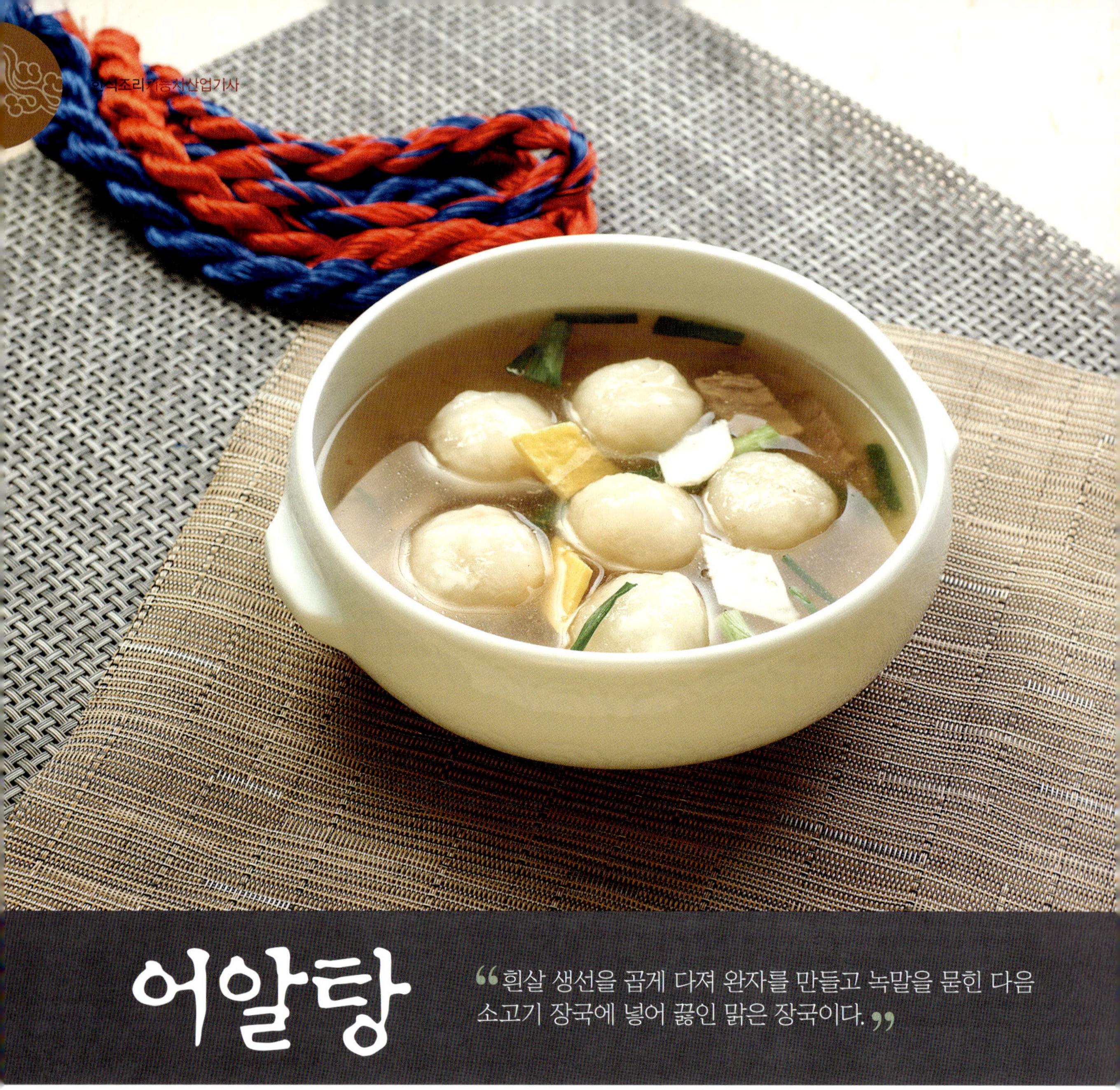

# 어알탕

"흰살 생선을 곱게 다져 완자를 만들고 녹말을 묻힌 다음 소고기 장국에 넣어 끓인 맑은 장국이다."

합격 포인트

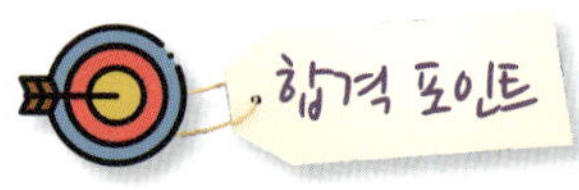

1 생선살을 곱게 다져야 완자가 매끈하다.

2 완자에 묻힌 녹말이 완전히 익어야 한다.

3 장국에 너무 오래 끓이지 않아야 한다.

 ## 재료

| [주재료와 부재료] | | [양념] | | 생선 완자양념 | |
|---|---|---|---|---|---|
| 생선 | 1/2마리 | **장국 고기 양념** | | 소금 | 1/2작은술 |
| 소고기(등심) | 100g | 진간장 | 2작은술 | 다진 파 | 2작은술 |
| 녹말가루 | 5큰술 | 다진 마늘 | 1작은술 | 다진 마늘 | 1작은술 |
| 달걀 | 1개 | 참기름 | 1작은술 | 참기름 | 1작은술 |
| 실파 | 2뿌리 | 후춧가루 | 약간 | 생강즙 | 1/2작은술 |
| 잣 | 약간 | 물 | 8컵 | 흰 후춧가루 | 약간 |
| 소금 | 약간 | | | | |
| 식용유 | 약간 | | | | |

 ## 만드는 방법

1️⃣ 핏물을 제거한 장국용 소고기를 납작하게 썰어 고기 양념으로 무친 다음 맑은 장국을 끓인다.

2️⃣ 생선은 1cm 두께로 포를 뜬 다음 곱게 다진다. 생선 완자 양념을 차례로 넣고 섞은 다음 잣을 하나씩 넣어 지름 1.5cm의 완자를 빚는다(직경 2cm).

3️⃣ 완자로 빚은 어알에 녹말가루를 고루 묻혀 찬물에 담갔다 건진 다음, 다시 밀가루를 묻힌다. 세 번 정도 반복하여 옷을 입힌 다음 찜통에 담쟁이 잎이나 젖은 행주를 깔고 찐다.

4️⃣ 달걀을 황·백으로 나누어 소금을 약간 넣고 지단을 부쳐 완자형으로 썬다. 실파는 다듬어 4cm 길이로 썬다.

5️⃣ 장국이 팔팔 끓으면 쪄낸 어알과 실파를 넣고 잠시 더 끓여서 그릇에 담고 달걀지단을 띄운다.

① 납작하게 썬 소고기를 양념으로 무친 후 육수를 끓인다.

② 생선은 포를 뜬 다음 다진다.

③ 잣을 하나씩 넣어 완자를 빚는다.

④ 만든 완자에 녹말가루를 묻혀 찐다.

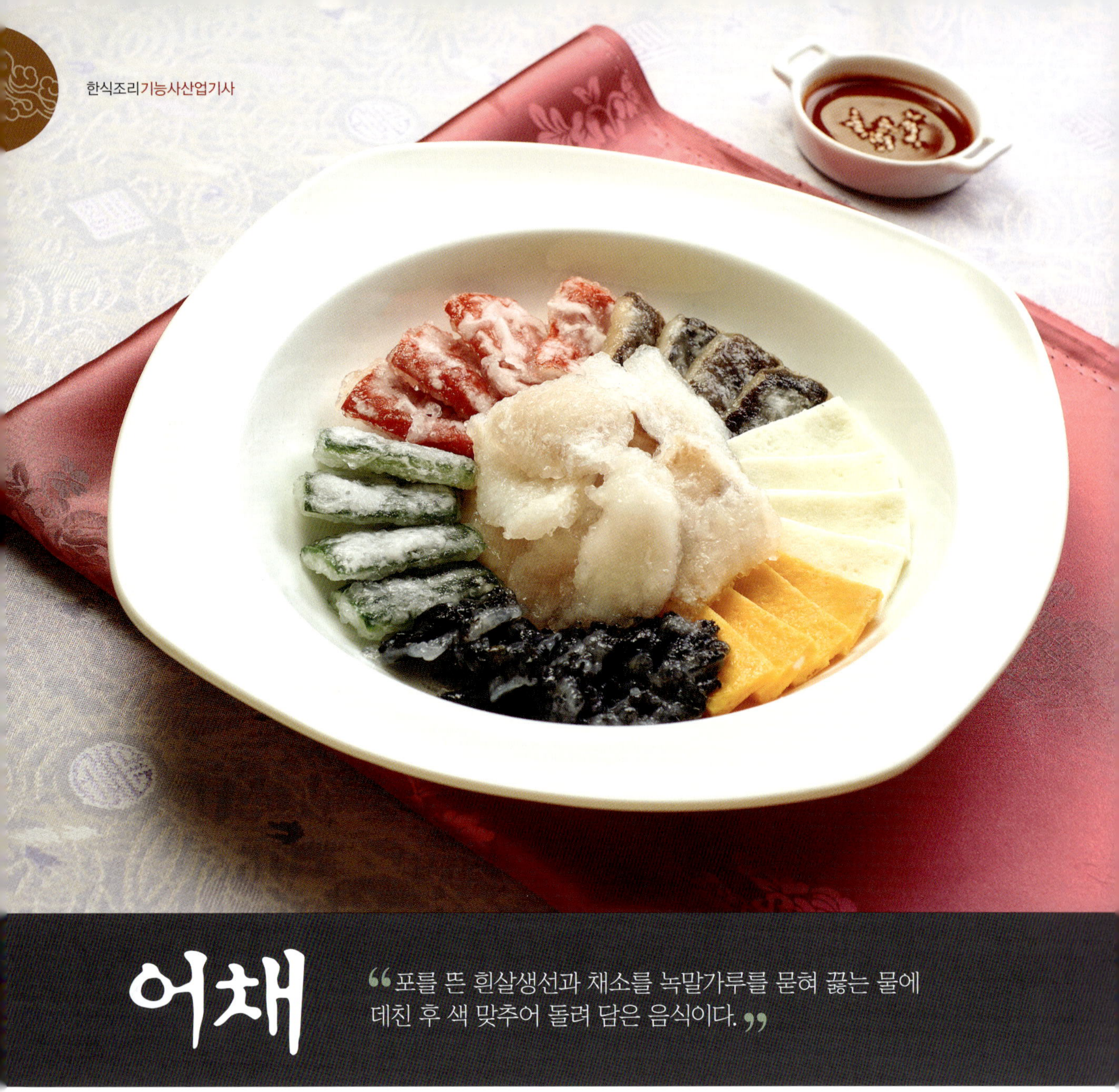

# 어채

"포를 뜬 흰살생선과 채소를 녹말가루를 묻혀 끓는 물에 데친 후 색 맞추어 돌려 담은 음식이다."

## 요구사항

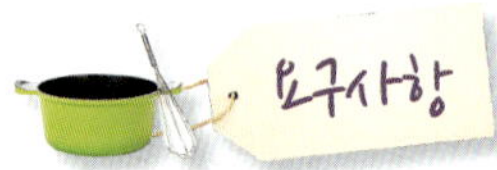

1 생선살은 3cm×4cm 정도의 크기로 썰어 6개 만드시오.

2 오이 껍질부분, 황·백지단, 홍고추는 2cm×4cm 크기로 각 3개씩 썰고, 표고버섯도 같은 크기로 써시오.

3 초고추장을 곁들여 내시오.

## 합격 포인트

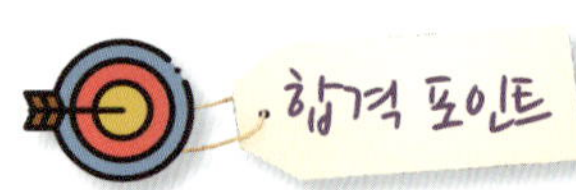

1 어채는 흰살생선인 동태, 대구, 광어, 도미, 민어 등 횟감에 녹말을 묻혀 끓는 소금물에 살짝 익힌 부드러운 맛의 숙회이다.

2 채소나 생선살은 녹말을 묻힐 때 수분에 흡수되도록 한 후 데친다.

 **재료**

**[주재료와 부재료]**

| | |
|---|---|
| 동태 | 1/2마리 |
| 홍고추 | 1개 |
| 오이 | 1/2개 |
| 표고버섯 | 2장 |
| 석이버섯 | 3장 |
| 달걀 | 1개 |
| 소금 | 약간 |

| | |
|---|---|
| 녹말가루 | 약간 |
| 생강즙 | 약간 |
| 흰 후춧가루 | 약간 |
| 식용유 | 약간 |

**[양념]**

초고추장 양념

| | |
|---|---|
| 고추장 | 1큰술 |
| 식초 | 1큰술 |
| 흰설탕 | 1/2큰술 |
| 다진 마늘 | 1작은술 |
| 다진 생강 | 1/2작은술 |
| 실백 | 5알 |

 **만드는 방법**

**1** 동태는 비늘을 긁어내고 내장을 제거한 후, 살만 포를 떠서 3cm×4cm 정도의 크기로 썰어 소금, 생강즙, 흰 후춧가루를 뿌린다.

**2** 달걀은 황·백지단으로 부쳐서 2cm×4cm 크기로 썬다. 실백은 고깔을 떼고 가루로 만든다.

**3** 오이는 골패형으로 썰고 홍고추는 반 갈라 씨를 빼고 2cm×4cm 크기로 썰고, 표고버섯과 석이버섯도 손질하여 2cm×4cm 크기로 썬다.

**4** 냄비에 소금을 약간 넣고 준비한 재료들 **1**, **3**에 녹말가루를 묻혀 바로 데쳐서 찬물에 식혀 건져낸다(생선은 너무 오래 데치지 않는다).

**5** 접시에 생선살을 돌려 담고, 초고추장을 따로 담아 잣가루를 뿌려 낸다.

① 생선은 내장을 제거한 후 포를 뜬다.

② 채소는 각자 규격대로 썰어 준비한다.

③ 준비한 재료에 녹말가루를 묻힌다.

④ 재료를 뜨거운 물에 데친 후 찬물에 식힌다.

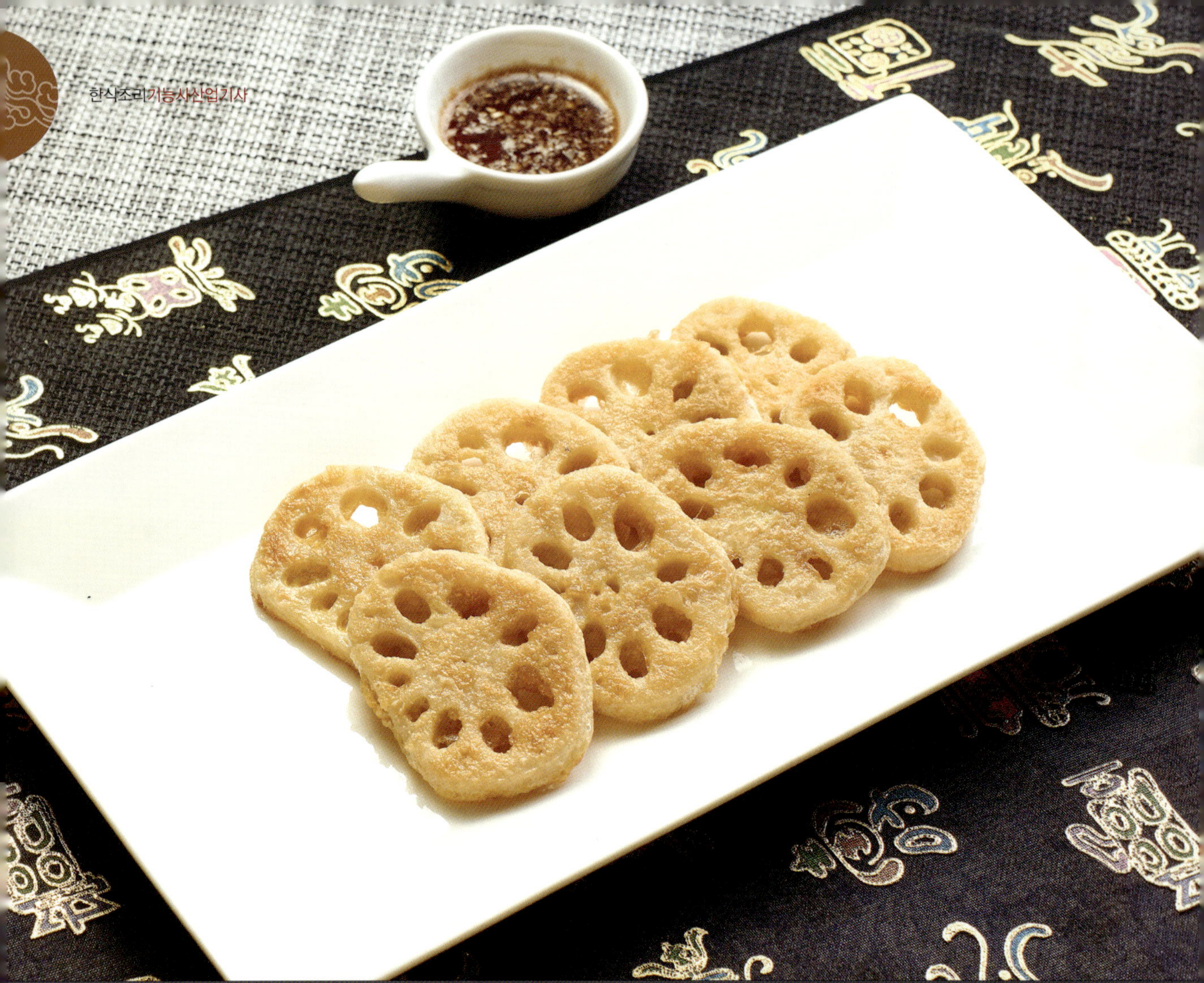

# 연근전

 합격 포인트

1 연근을 강판에 갈아 밀가루와 섞어 부치기도 한다.

2 홍고추가 지급되면 꽃 모양으로 만들어 고명으로 올린다.

3 밀가루 집을 만들어 담갔다가 부칠 수 있다.

## 재료

| [주재료와 부재료] | | [양념] | |
|---|---|---|---|
| 연근 | 100g | 초간장 | |
| 식초 | 1큰술 | 진간장 | 1큰술 |
| 밀가루 | 3큰술 | 식초 | 1큰술 |
| 달걀 | 2개 | 물 | 1큰술 |
| 식용유 | 약간 | 잣 | 1/2작은술 |

## 만드는 방법

1 연근은 껍질을 벗긴 후 0.3cm 두께로 썰어 식초 탄 물에 5분 정도 담갔다가 건진다.

2 1의 연근을 건져 소금물에 살짝 데친 후 가장자리를 다듬는다.

3 2에 밀가루를 고루 묻히고 달걀물에 담갔다가 기름 두른 팬에 지져낸 후 접시에 담는다.

4 잣을 다져 초간장에 넣어 낸다.

연근을 썰어 준비한다.

데친 연근에 밀가루와 달걀 옷을 입힌다.

갈색이 나도록 지진다.

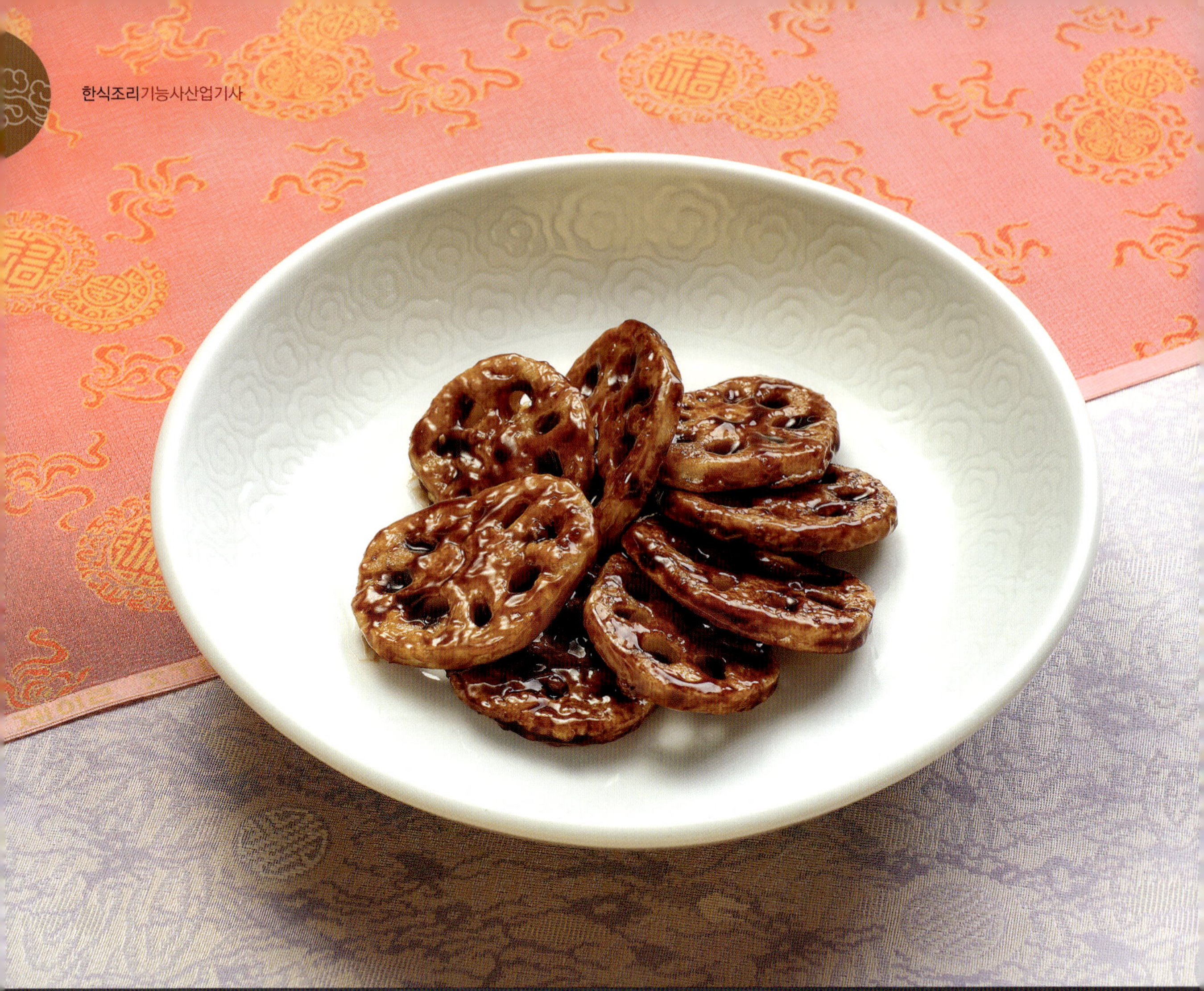

# 연근조림



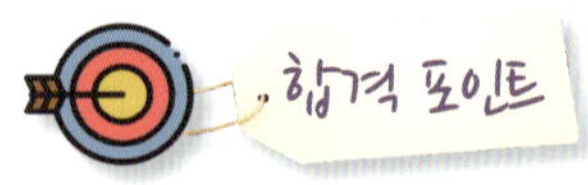

합격 포인트

1 뿌리채소류인 무, 연근 등은 찬물에서 삶아야 부드럽다.

2 양념장을 끼얹어 가며 조리고, 불 조절에 유의한다.

## 재료

| [주재료와 부재료] | | [양념] | | 대파 | 1/2대 |
|---|---|---|---|---|---|
| 연근 | 300g | 조림장 | | 생강 | 1/2개 |
| 물엿 | 1큰술 | 진간장 | 3큰술 | 홍고추 | 1개 |
| 식초 | 1큰술 | 흰설탕 | 2큰술 | 통후추 | 3개 |
| 참기름 | 1큰술 | 양파 | 20g | 물 | 1컵 |
| 깨소금 | 1작은술 | 마늘 | 2개 | | |

## 만드는 방법

**1** 연근은 껍질을 벗긴 후 0.3cm 두께로 썰어 식초물에 5분 정도 담가둔다.

**2** **1**의 연근을 건져내어 씻고 찬물에서부터 삶는다.

**3** 마늘과 생강은 편으로 썰고 양파는 4등분한다. 대파, 홍고추, 통후추를 넣고 간장, 설탕, 물을 넣어 조림장을 만든다.

**4** **3**의 조림장에 **2**의 연근을 넣고 센 불에서 조리다가 끓기 시작하면 뚜껑을 열고 서서히 불을 줄인다.

**5** **4**의 국물이 어느 정도 줄어들면 조림장의 부재료는 건져내고 물엿을 넣어 잠시 더 조린 다음 참기름, 깨소금을 넣어 담아낸다.

연근을 썰어 준비한다.

썰은 연근을 식초물에 담근다.

조림장에 연근을 넣고 조린다.

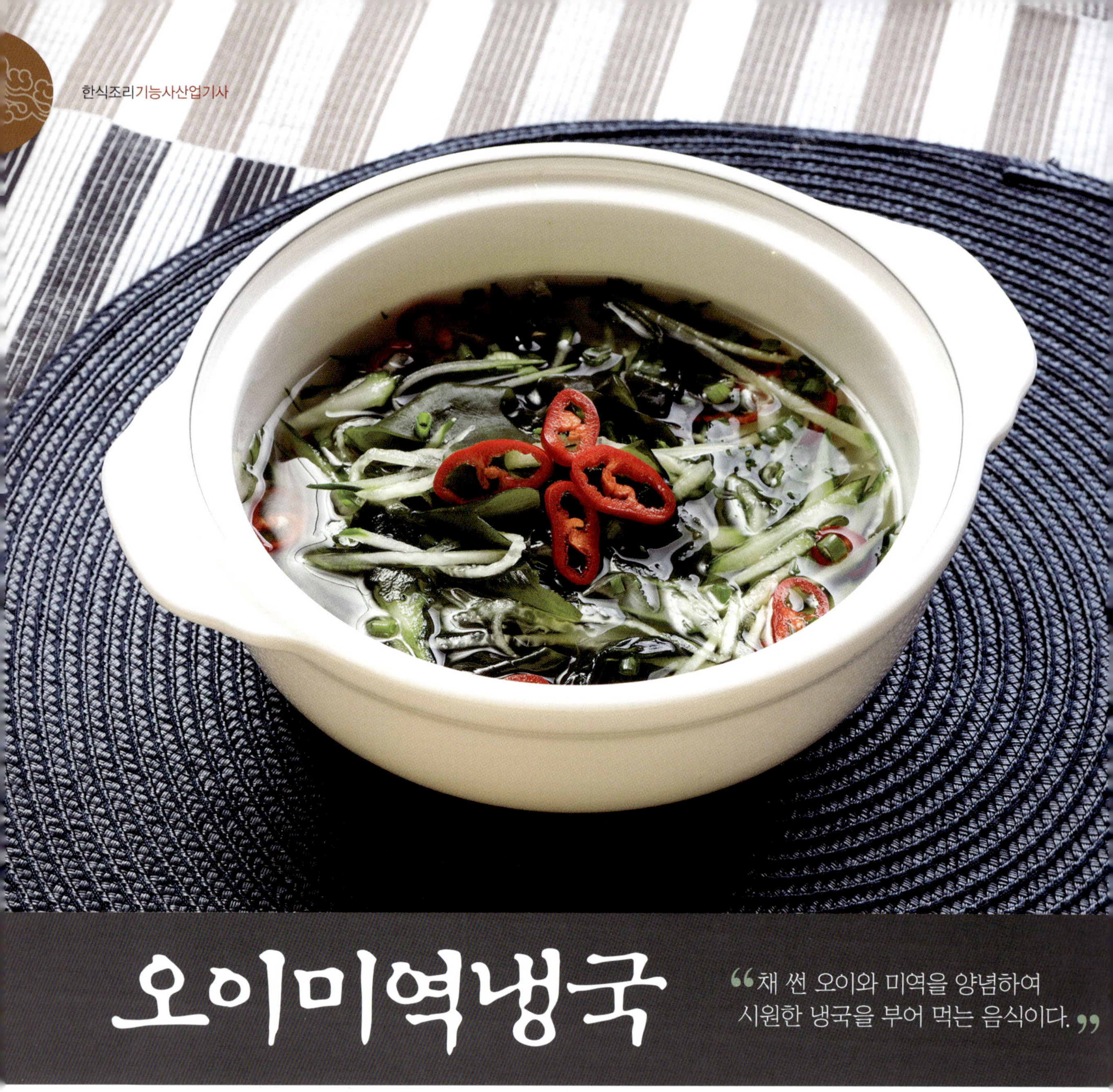

# 오이미역냉국

"채 썬 오이와 미역을 양념하여 시원한 냉국을 부어 먹는 음식이다."

합격 포인트

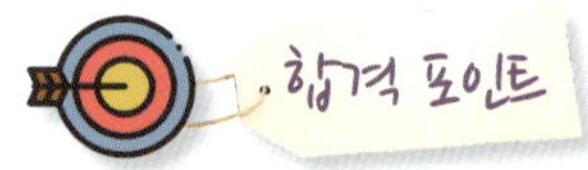

1 식초 국물은 식초가 빨리 날아가 버리므로 먹기 직전에 담아서 낸다.

2 냉장고에 보관 후 차게 먹는다.

##  재료

| [주재료와 부재료] | | [양념] | | 촛국물 | |
| --- | --- | --- | --- | --- | --- |
| 오이 | 100g | **다시마 육수** | | 다시마육수 | 2컵 |
| 불린 미역 | 20g | 건다시마 | 10g | 식초 | 1큰술 |
| 실파 | 10g | 물 | 3컵 | 흰설탕 | 1큰술 |
| 홍고추 | 1개 | | | 소금 | 1/3작은술 |
| 깨소금 | 1작은술 | **오이·미역 초벌 간** | | 국간장 | 1/2큰술 |
| 소금 | 1큰술 | 국간장 | 1작은술 | | |
| | | 설탕 | 1/2작은술 | | |

##  만드는 방법

1. 건다시마를 넣고 끓여서 다시마 육수를 만든 뒤 식혀 둔다.

2. 오이는 표면을 소금으로 비벼 씻어내고 칼등으로 돌기 부분은 제거한 후, 0.3cm 두께로 어슷하게 편 썰고 다시 0.3cm 크기로 채 썬다.

3. 불린 미역은 소금으로 주물러가며 씻어 물기를 짜고 4cm 크기로 썬다.

4. 실파는 0.2cm 크기로 송송 썰고, 홍고추는 0.2cm 크기로 통 썬다.

5. 오이와 불린 미역에 초벌 간을 한다.

6. 다시마 육수에 식초, 흰설탕, 소금, 국간장을 넣어 촛국물을 만든다.

7. 6의 육수에 5의 미역과 오이를 넣고 깨소금, 실파, 홍고추를 넣어 담아낸다.

오이의 표면을 소금으로 씻어 준비한다.

재료를 규격에 맞게 썰어 준비한다.

오이와 미역에 초벌 간한다.

식초물을 부어 간을 한다.

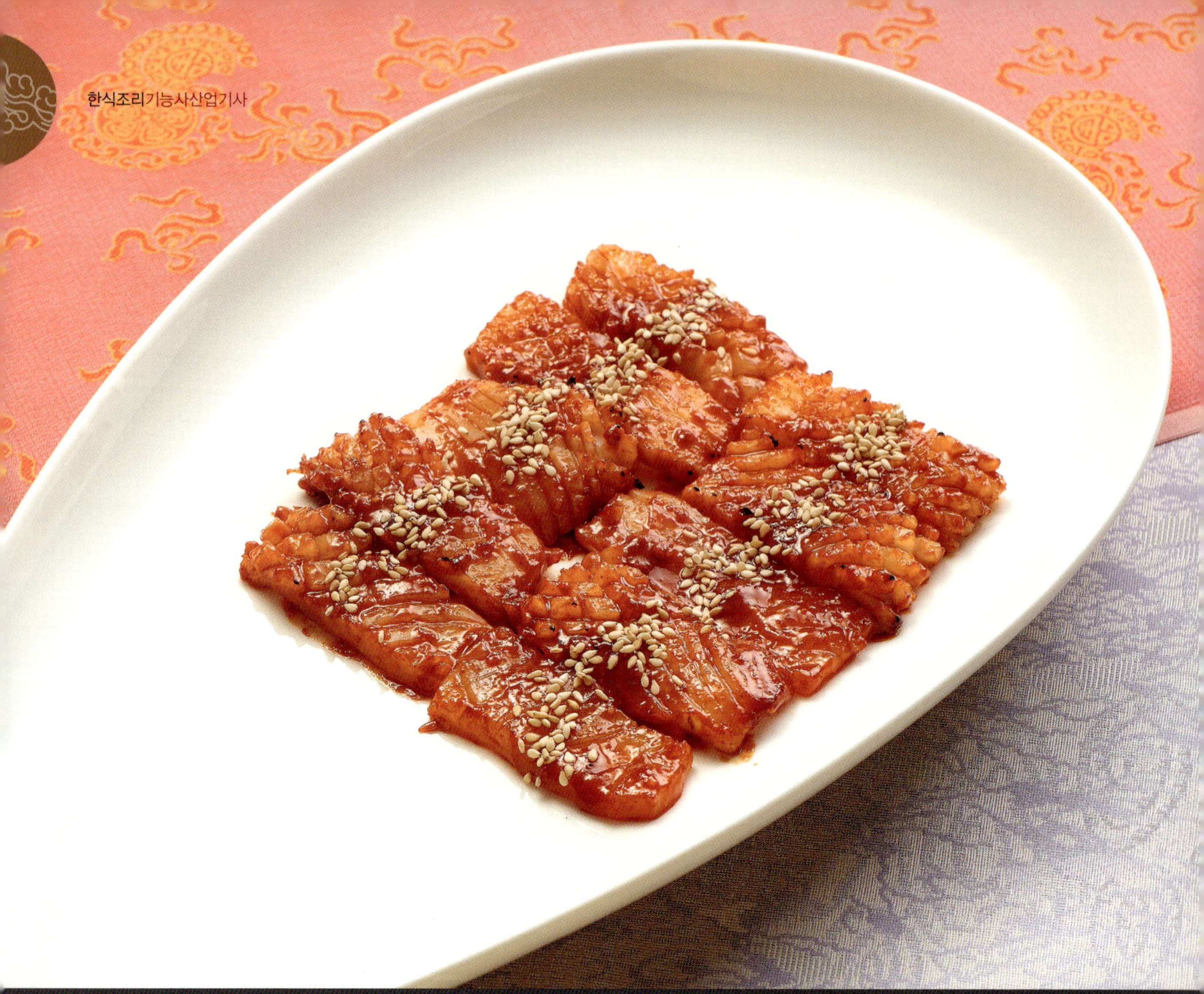

# 오징어구이

> 오징어를 솔방울 모양으로 만들어
> 고추장 양념을 발라 구운 음식이다.

**1** 물오징어는 껍질 안쪽(내장 쪽)에 칼집을 넣어야 하며, 껍질을 벗긴 뒤 앞뒤 구분이 가지 않을 때는 껍질 안쪽(내장 쪽)에 다이아몬드 모양처럼 생긴 문양이 있는 배꼽 쪽에 칼집을 넣는다.

**2** 칼집을 넣을 때는 칼을 눕혀서 깊게 넣어야 모양이 또렷하게 잘 나온다.

**3** 양념이 탈 수 있으므로 불 조절에 주의하며, 오래 굽지 않는다.

 **재료**

| [주재료와 부재료] | | | |
|---|---|---|---|
| 물오징어 ·················· 1마리 | 진간장 ·················· 1큰술 | 깨소금 ·················· 약간 |
| 소금 ·················· 1큰술 | 고춧가루 ·················· 1작은술 | 참기름 ·················· 약간 |
| | 흰설탕 ·················· 1큰술 | 검은 후춧가루 ·················· 약간 |
| **[양념]** | 물엿 ·················· 1큰술 | |
| 고추장양념 | 다진 파 ·················· 약간 | |
| 고추장 ·················· 2큰술 | 다진 마늘 ·················· 약간 | |
| | 다진 생강 ·················· 약간 | |

 **만드는 방법**

1 물오징어는 반으로 갈라서 내장을 제거하고 소금을 손에 묻혀 껍질을 벗긴 후 깨끗이 씻는다.

2 껍질 안쪽에 0.2cm 간격으로 대각선 칼집을 넣어 4cm×2cm 크기로 자른다.

3 고추장 양념을 만든다.

4 2의 오징어에 고추장 양념을 발라서 재워둔다.

5 달군 석쇠에 양념하여 재워둔 오징어를 굽는다.

오징어를 깨끗이 씻어 준비한다.

오징어의 안쪽에 칼집을 넣어 솔방울을 만든다.

양념을 만든다.

양념하여 재워둔 오징어를 석쇠에 굽는다.

233

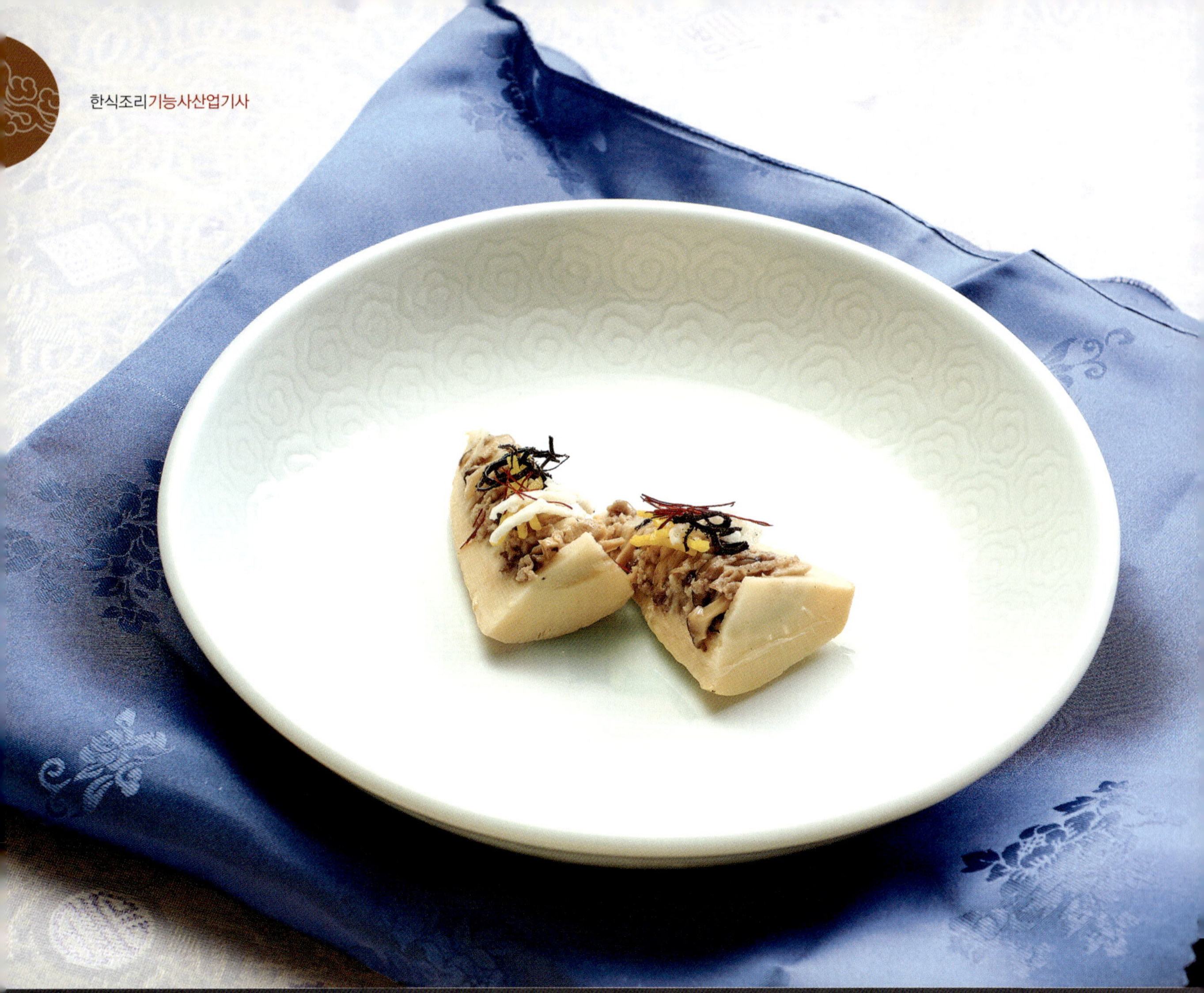

# 죽순찜

> 소고기와 버섯을 양념하여 죽순 사이에 끼워 찐 후
> 예쁘게 고명을 올린 음식이다.

**1** 냄비에 물을 부어 죽순을 넣고 찔 때 칼집 아래까지 물을 붓고 쪄야 내용물이 빠져 나오지 않는다.

**2** 호박선 형태의 모양이 되며 죽순 안쪽에 부재료를 넣어 찜을 하기도 한다.

**3** 죽순은 쌀뜨물에 삶아야 부드럽다.

 **재료**

| [주재료와 부재료] | | | |
|---|---|---|---|
| 죽순 ························ 2개 | | 국간장 ················ 1작은술 | 흰설탕 ················ 약간 |
| 소고기 ···················· 30g | | 소금 ·················· 1작은술 | 다진 파 ··············· 약간 |
| 불린 표고버섯 ············· 1장 | | 참기름 ················ 1작은술 | 다진 마늘 ············· 약간 |
| 달걀 ······················ 1개 | | **[양념]** | 참기름 ··············· 약간 |
| 불린 석이버섯 ············· 2개 | | **소고기·표고버섯양념** | 깨소금 ··············· 약간 |
| 실고추 ····················· 1g | | 진간장 ············· 약간 | 검은 후춧가루 ········· 약간 |

 **만드는 방법**

**1** 죽순은 반으로 갈라 씻은 뒤 등쪽에 칼집을 어슷하게 3회 넣는다.

**2** 소고기, 불린 표고버섯은 가늘게 채 썰어 각각 양념하여 섞는다.

**3** 불린 석이버섯은 채 썰어서 소금, 참기름을 넣어 살짝 볶는다.

**4** 달걀은 황·백지단으로 부쳐서 3cm 정도로 채를 썬다.

**5** **1**의 죽순 칼집 속에 **2**를 집어넣는다.

**6** 냄비에 물을 부어 국간장으로 간을 맞춘 후 **5**를 넣고 찐다.

**7** 접시에 죽순찜을 담고 황·백지단과 석이버섯, 실고추를 고명으로 얹는다.

죽순에 칼집을 넣는다.

소고기와 표고를 준비한다.

죽순의 칼집 사이에 소를 채운다.

죽순을 찐다.

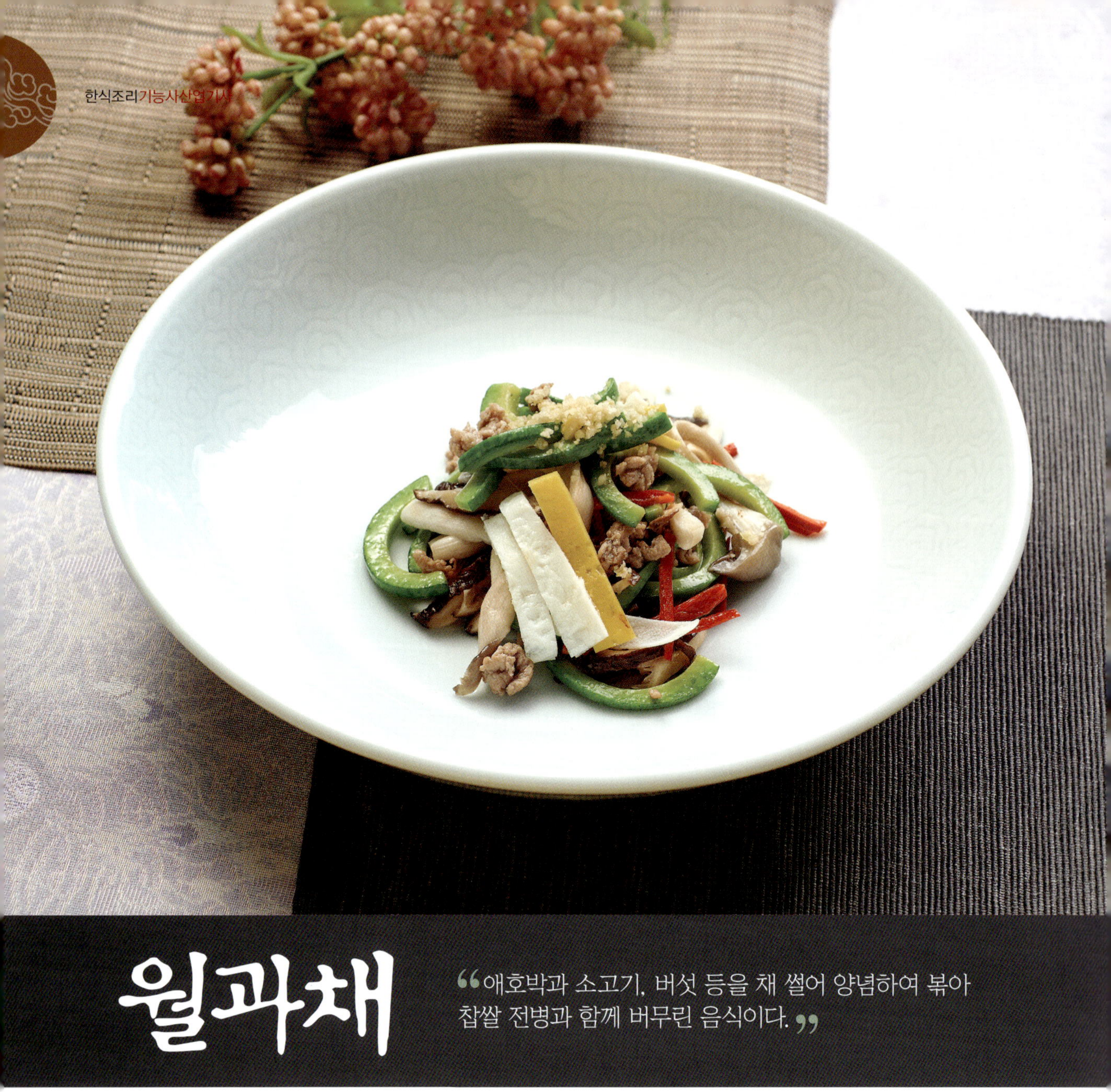

# 월과채

**요구사항**

1 애호박은 씨를 뺀 다음 눈썹모양으로 썰고, 소고기는 다지고, 표고버섯, 홍고추, 달걀지단은 0.3cm×0.3cm×5cm 정도의 크기로 채 썰고 느타리버섯은 찢어서 사용하시오.
2 찹쌀가루는 전병을 부쳐 채소와 같은 길이로 만드시오.

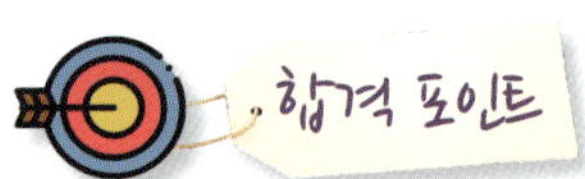

**합격 포인트**

1 찹쌀전병은 지진 후 차게 식혀 썰어서 붙지 않도록 떼어 둔다.
2 애호박과 소고기, 버섯 등을 채 썰어 양념하여 볶고, 찹쌀 전병과 함께 버무려 잡채처럼 만든다.

##  재료

| [주재료와 부재료] | | |
|---|---|---|
| 애호박 …………… 100g | 밀가루 …………… 1큰술 | 흰설탕 …………… 1작은술 |
| 표고버섯 …………… 2장 | 달걀 …………… 1개 | 다진 파 …………… 1작은술 |
| 느타리버섯 …………… 100g | 잣가루 …………… 1작은술 | 다진 마늘 …………… 1/2작은술 |
| 홍고추 …………… 1작은술 | | 깨소금 …………… 1작은술 |
| 건표고버섯 …………… 1/2개 | **[양념]** | 참기름 …………… 1작은술 |
| 찹쌀가루 …………… 1/2컵 | 고기·표고버섯양념 | 검은 후춧가루 …………… 약간 |
| | 진간장 …………… 1큰술 | |

##  만드는 방법

**1** 애호박은 씨를 빼고 눈썹모양으로 썬 다음 소금에 절여 물기를 빼준다.

**2** 소고기는 다지고, 표고버섯은 불려 물기를 제거해서 채 썰어 양념한다.

**3** 느타리버섯은 결대로 찢어 데친 후 소금, 참기름으로 무쳐놓는다.

**4** 홍고추는 반으로 갈라 씨를 빼서 0.3cm×0.3cm×5cm로 채 썬다.

**5** 찹쌀가루와 밀가루를 섞어 묽게 개어서 소금간을 하여 얇게 전병을 부친다음 0.3cm× 0.3cm×5cm로 채 썬다.

**6** 달걀은 황·백으로 나누어서 지단을 부치고, **5**와 같은 크기로 썬다.

**7** **1**~**4**의 재료를 각각 볶아 식힌다.

**8** 준비된 모든 재료는 고루 섞어 소금, 참기름으로 간을 맞추고 그릇에 담아 잣가루를 뿌린다.

호박을 눈썹모양으로 썬다.

소고기와 표고를 준비한다.

눈썹모양으로 썬 호박을 볶는다.

모든 재료를 배합하여 완성한다.

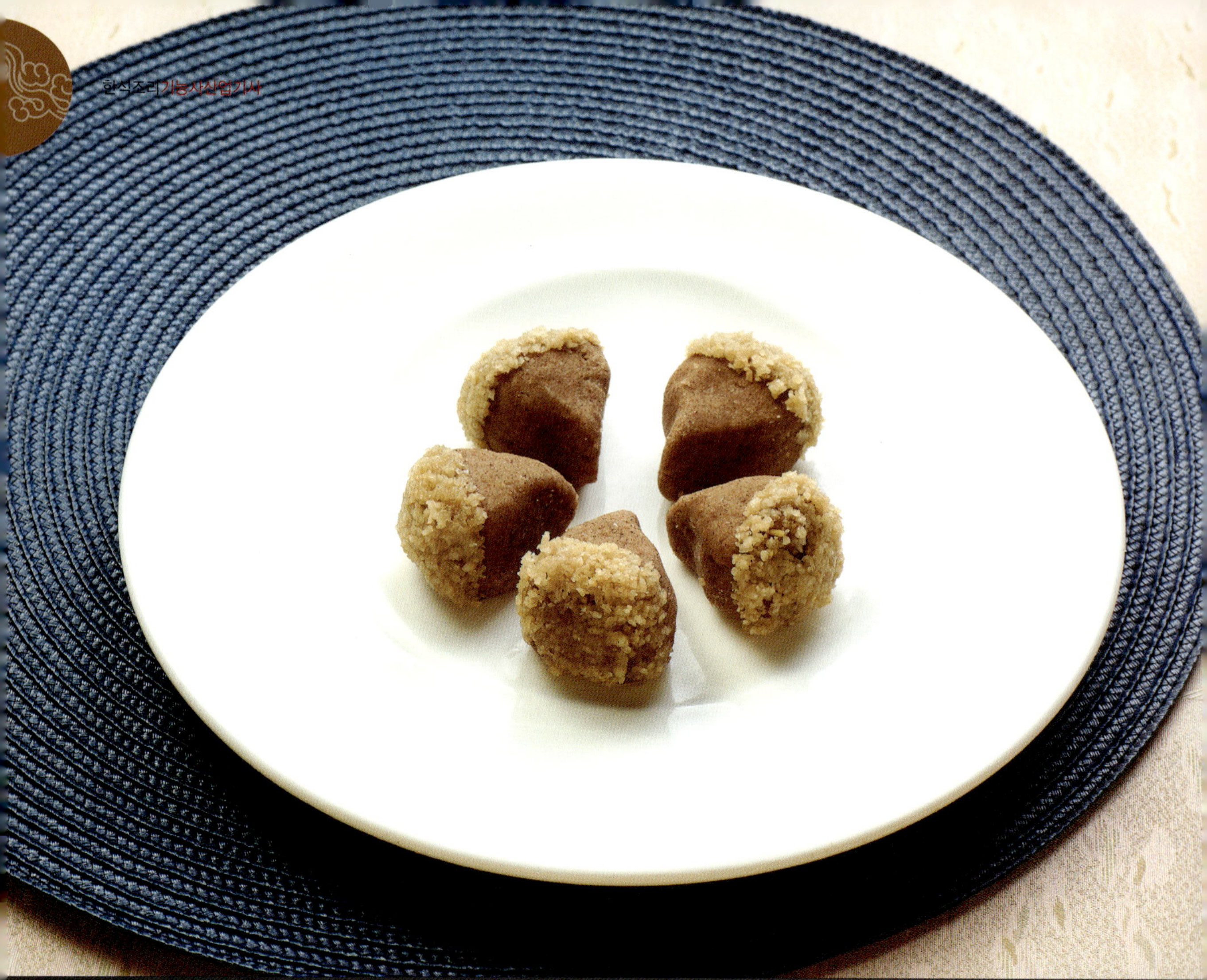

# 율란

**요구사항**

**1** 율란에 묻히는 고명은 잣가루를 사용하시오.

**2** 율란은 5개를 만들어 제출하시오.

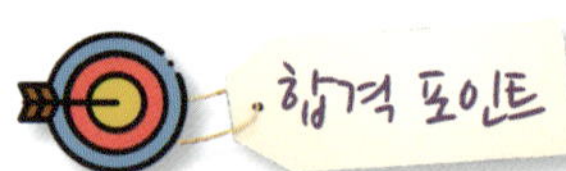

**합격 포인트**

**1** 너무 되직하게 빚으면 갈라지기 때문에 율란을 덩어리로 뭉칠 때 농도에 주의한다.

 **재료**

| [주재료와 부재료] | | |
| --- | --- | --- |
| 밤 ·············· 7개 | 계핏가루 ·············· 1/2작은술 | |
| 꿀 ·············· 1큰술 | 잣 ·············· 2큰술 | |

 **만드는 방법**

**1** 밤은 껍질을 완전히 벗기고 푹 삶아 뜨거울 때 으깨어 체에 내린 후 계핏가루와 꿀을 넣고 고루 섞어 덩어리로 꼭꼭 뭉친다.

**2** 잣은 고깔을 떼고 마른행주로 닦은 다음 매우 곱게 다진다.

**3** 밤 반죽을 조금씩 떼어 밤 모양으로 빚은 다음 꿀이나 물엿을 조금 바른 후 잣가루를 묻혀 5개를 담아낸다.

① 밤의 껍질을 제거하여 삶는 다.

② 삶은 밤을 으깨어 체에 내린 다.

③ 꿀을 넣고 밤 모양으로 빚 는다.

④ 잣가루를 묻혀 완성한다.

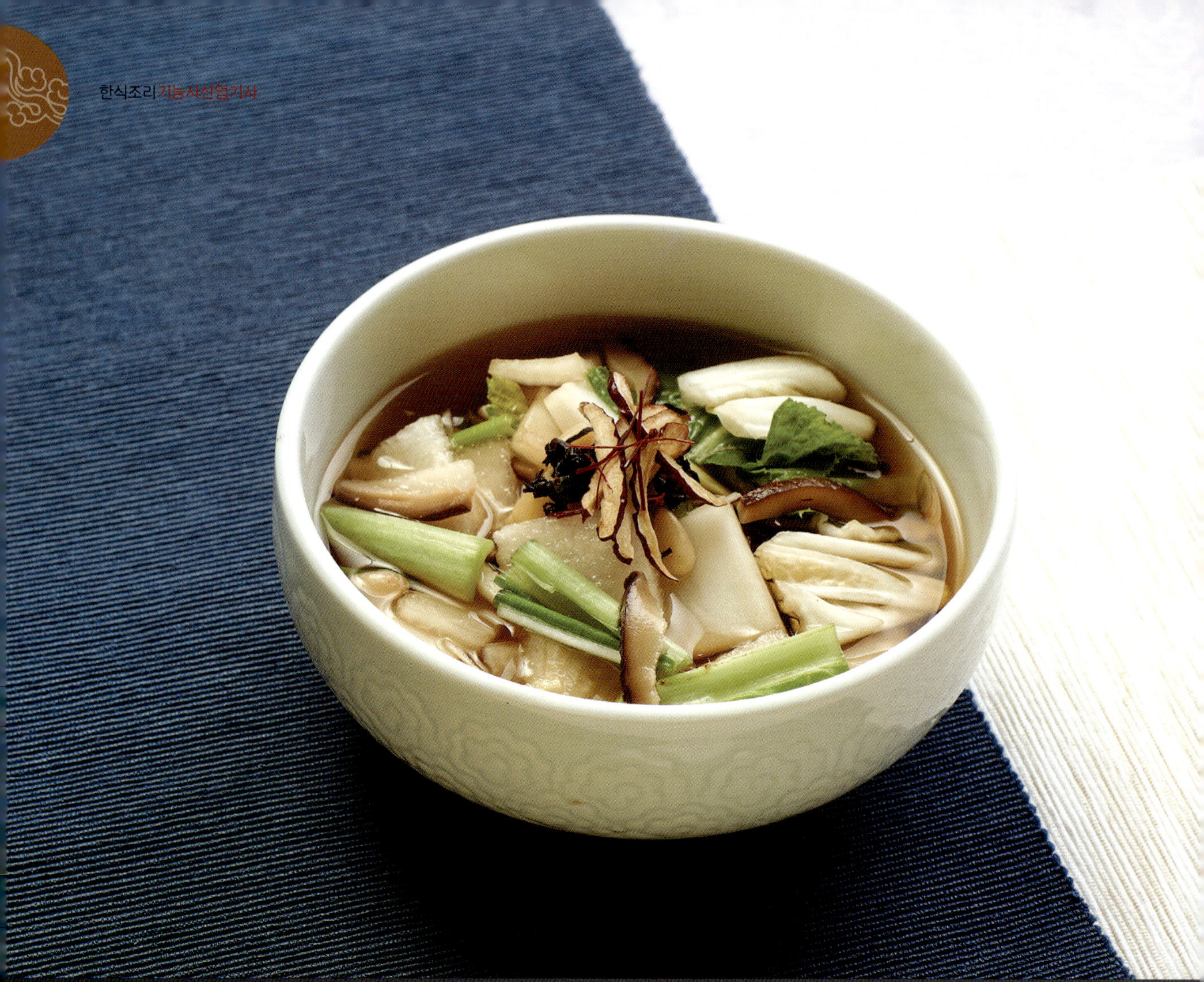

# 장김치

"간장에 절인 배추와 무를 여러 가지 부재료와 섞어 간장으로 색을 낸 물김치이다. 주로 떡을 먹을 때 곁들인다."

합격 포인트

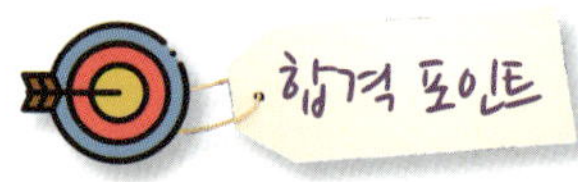

1 장김치의 국물 색은 간장으로 내는데, 무와 배추가 익으면서 수분이 나와 색이 흐려지기 때문에 처음 담았을 때 내고자 하는 색보다 진해야 한다.

2 무, 배추, 배는 같은 크기로 썬다.

3 장김치는 너무 오래 익히지 않도록 한다.

##  재료

| [주재료와 부재료] | | | |
|---|---|---|---|
| 무 | 80g | 대추 | 1개 |
| 배추 | 80g | 생강 | 3g |
| 갓 | 20g | 마늘 | 5g |
| 미나리(1줄기) | 10g | 배 | 1/8개 |
| 건표고버섯 | 1개 | 실고추 | 1줄기 |
| 석이버섯 | 10g | 밤 | 20g |
| | | 잣 | 1작은술 |

| [양념] | |
|---|---|
| 김치국물 | |
| 간장 | 4큰술 |
| 물 | 2컵 |
| 소금 | 약간 |
| 설탕 | 약간 |

##  만드는 방법

**1** 무는 3㎝×2.5㎝×0.2㎝로 썰어 간장에 절인다.

**2** 배추도 무와 같은 크기로 썰어서 무가 어느 정도 절여진 후 함께 절인다.

**3** 파, 마늘, 생강은 3㎝×0.1㎝로 곱게 채 썰고 미나리, 표고버섯, 석이버섯은 손질하여 3㎝로 짧게 채 썬다.

**4** 배는 무 크기로 썰고, 밤은 편 썰기하며, 잣은 고깔을 뗀다.

**5** 대추는 돌려 깎기 하여 씨를 빼고 채 썬다.

**6** 절인 무와 배추는 간장을 따라내고(버리지 말기), 나머지 재료를 섞어 놓는다.

**7** **6**의 간장에 물을 섞어 간을 맞추고, 섞은 재료에 국물을 부어 그릇에 담아낸다. 실고추와 석이버섯, 대추채, 잣을 올린다.

배추와 무를 썬다.

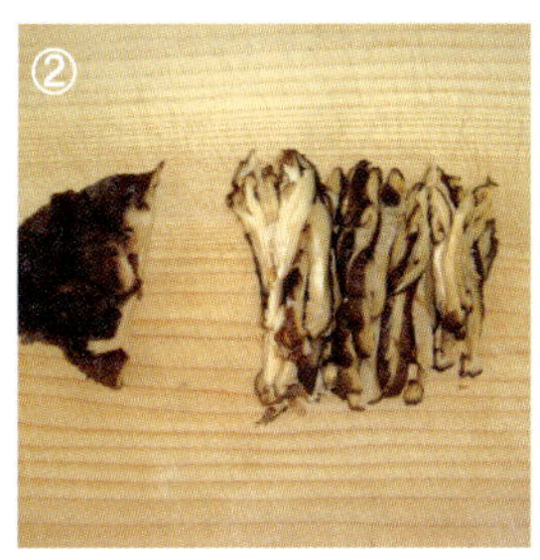

표고버섯과 석이버섯을 썬다.

채소를 간장에 절인다.

국물을 부어 완성한다.

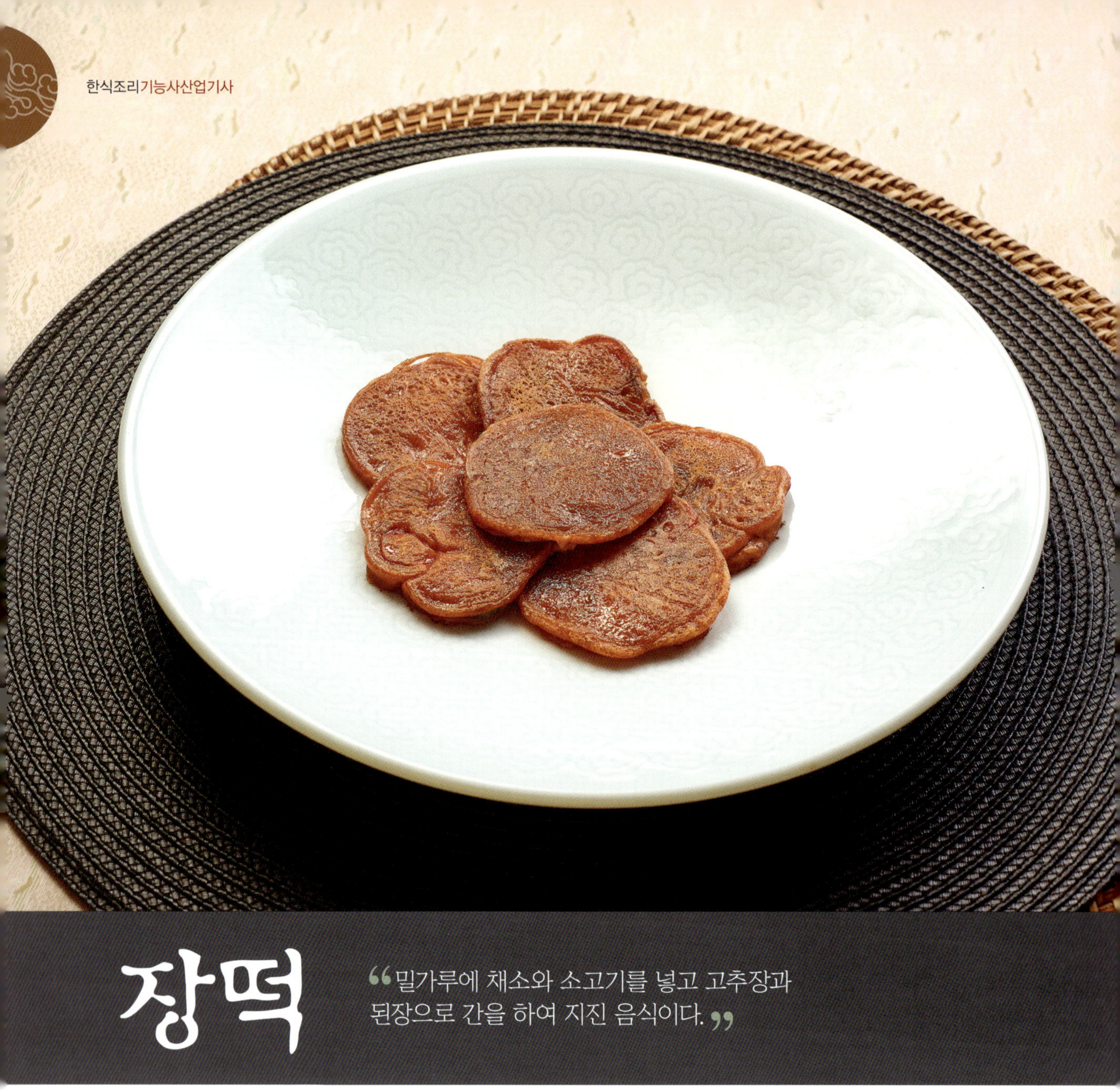

# 장떡

"밀가루에 채소와 소고기를 넣고 고추장과 된장으로 간을 하여 지진 음식이다."

합격 포인트

1 찹쌀가루만 반죽하면 너무 질어지기 때문에 찹쌀가루에 밀가루를 섞어도 된다.

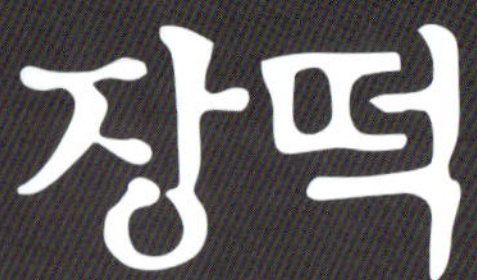

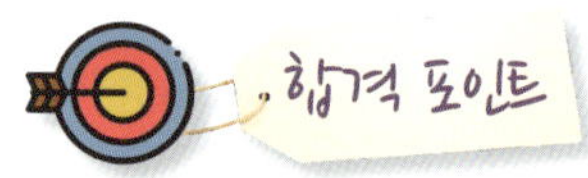

 **재료**

| [주재료와 부재료] | | | | | |
|---|---|---|---|---|---|
| 찹쌀가루 | 1컵 | 청고추 | 1개 | 다진 마늘 | 1/2큰술 |
| 된장 | 1큰술 | 홍고추 | 1개 | 깨소금 | 1작은술 |
| 고추장 | 1큰술 | 다진 파 | 1큰술 | 참기름 | 1작은술 |

 **만드는 방법**

1 청고추와 홍고추는 둥글게 썰어 씨를 제거한다.

2 고추장과 된장은 찬물에 풀어 체에 내리고 찹쌀가루를 넣고 반죽한 다음 고추, 파, 마늘, 깨소금, 참기름을 넣어 잘 섞는다.

3 프라이팬에 식용유를 두르고 6cm 정도로 모양을 잡아 둥글게 지져낸다.

채소를 규격대로 썰기 한다.

장떡을 반죽하고 썰어둔 고명을 넣는다.

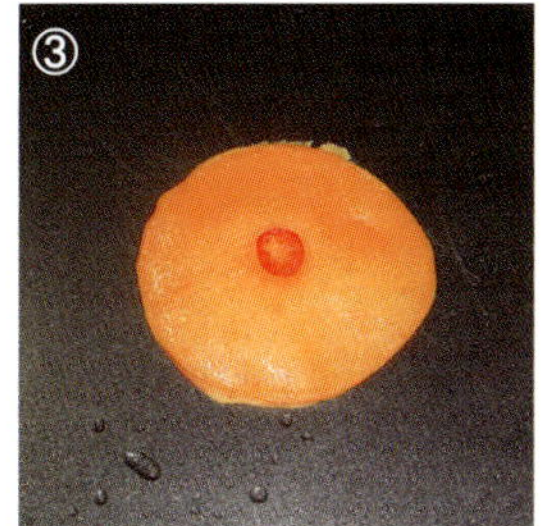

팬에 지진다.

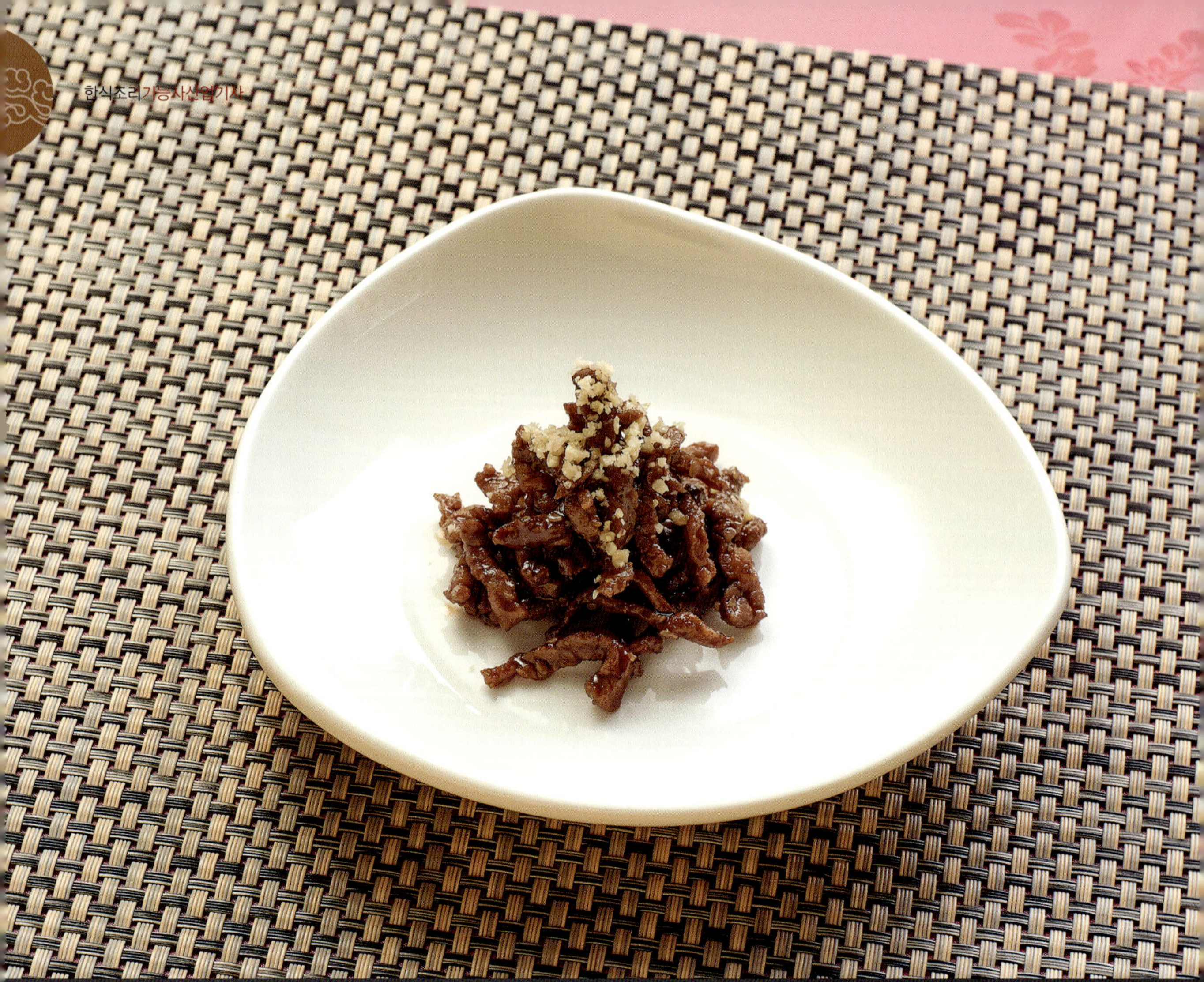

# 장똑똑이

"소고기를 가늘게 채 썰어 간장양념에 조린 음식이다. 쌈을 먹을 때 밑반찬으로 이용하기도 한다."

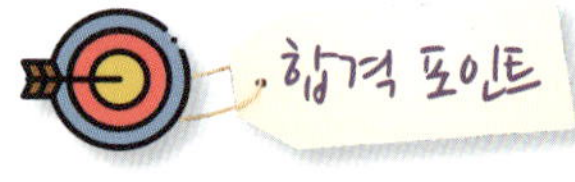

## 합격 포인트

1 국물이 조금 남아 있을 때 불을 끈다.

2 젓가락으로 저어주면서 조린다.

3 참기름과 깨소금을 마지막에 넣어 준다.

 **재료**

| [주재료와 부재료] | | A4용지 ······· 1장 | 흰설탕 ······· 1큰술 |
|---|---|---|---|
| 소고기(우둔살) ······· 100g | | | 참기름 ······· 1큰술 |
| 잣 ······· 1/2작은술 | | **[양념]** | 물 ······· 4큰술 |
| 참기름 ······· 1/2큰술 | | 양념장 | 깨소금 ······· 약간 |
| 물 ······· 3큰술 | | 진간장 ······· 1, 1/2큰술 | |

 **만드는 방법**

1 소고기는 핏물을 제거하고 길이 5cm×0.3cm×0.3cm 정도로 가늘게 채 썬다.

2 잣은 종이에 올려 곱게 다지고 양념장을 만든다.

3 냄비에 물을 붓고 1의 소고기를 넣어준 후 끓어오르면 양념장을 넣고 중불에서 조린다.

4 국물이 조금 남아 있으면 불을 끈 뒤 그릇에 담고 잣가루를 뿌린다.

① 소고기의 핏물을 제거한 후 가늘게 채 썬다.

② 장똑똑이 양념장을 만든다.

③ 냄비에 물을 붓고 끓으면 양념장을 넣고 조린다.

④ 완성 후 잣가루를 뿌린다.

# 장산적

> **소고기를 곱게 다져 양념하여 넓적하게 반대기를 만들고 구운 섭산적을 작게 썰어서 간장에 조린 음식이다.**

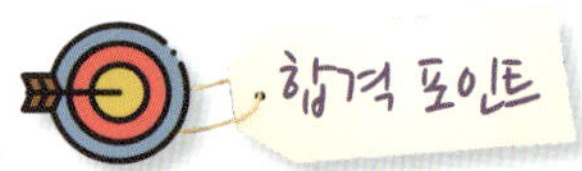
합격 포인트

**1** 섭산적을 만들어 조림장에 조려낸 것이다.

**2** 식은 후 썰어야 부서지지 않는다.

**3** 많이 치대어 줘야 끈기가 있다.

**4** 양념 국물에 다시 조리기 때문에 고기 양념은 약하게 한다.

## 재료

| [주재료와 부재료] | | [양념] | | | | |
|---|---|---|---|---|---|---|

**[주재료와 부재료]**

| 소고기(우둔) | 200g |
|---|---|
| 두부 | 70g |
| 잣 | 1큰술 |

**[양념]**

**고기·두부양념**

| 소금 | 1작은술 |
|---|---|
| 흰설탕 | 1큰술 |
| 다진 파 | 1큰술 |
| 다진 마늘 | 1/2큰술 |
| 참기름 | 1/2큰술 |

| 깨 | 약간 |
|---|---|
| 검은 후춧가루 | 약간 |

**조림양념**

| 진간장 | 2큰술 |
|---|---|
| 흰설탕 | 1큰술 |
| 물 | 1/2컵 |

## 만드는 방법

1. 소고기의 기름과 힘줄을 제거한 후, 곱게 다져 핏기를 제거한다. 두부는 으깨어 곱게 다진다.

2. 다진 소고기와 두부를 섞고, 양념을 한다(소고기 : 두부 = 3 : 1). 양념은 소금, 설탕, 파·마늘 다진 것, 깨, 후추, 참기름을 넣는다. 잘 섞어서 반죽한 후 치대어서 끈기를 내어준다.

3. 두께 0.6cm 정도의 정사각형 모양의 반대기를 만든다. 만들어 놓은 반대기 표면에 촘촘하게 잔 칼집을 내어준다(이때 도마에 랩이나 은박지를 깔고, 기름을 바른 뒤, 반대기를 위에 올려 놓고, 모양을 다듬는다).

4. 석쇠를 달구어 식용유를 넉넉히 칠하고, 고기 반대기를 올려서 타지 않게 굽는다.

5. 타지 않게 석쇠를 돌려가며 전체를 고루 구워 준다.

6. 다 익으면 정사각형 모양으로 잘라서, 사방 2cm 크기로 자른다.

7. 조림양념이 끓으면 자른 고기를 넣어 양념을 끼얹어가며 윤기 나게 조린다.

8. 도마 위에 종이를 깔고 잣을 곱게 다져서 반대기에 뿌려준다.

소고기를 곱게 다진다.

다진 소고기를 으깬 두부와 합하여 양념한다.

반대기를 만든 고기를 석쇠에 구워 규격에 맞게 썬다.

조림양념에 섭산적을 넣고 조리면 장산적이 완성된다.

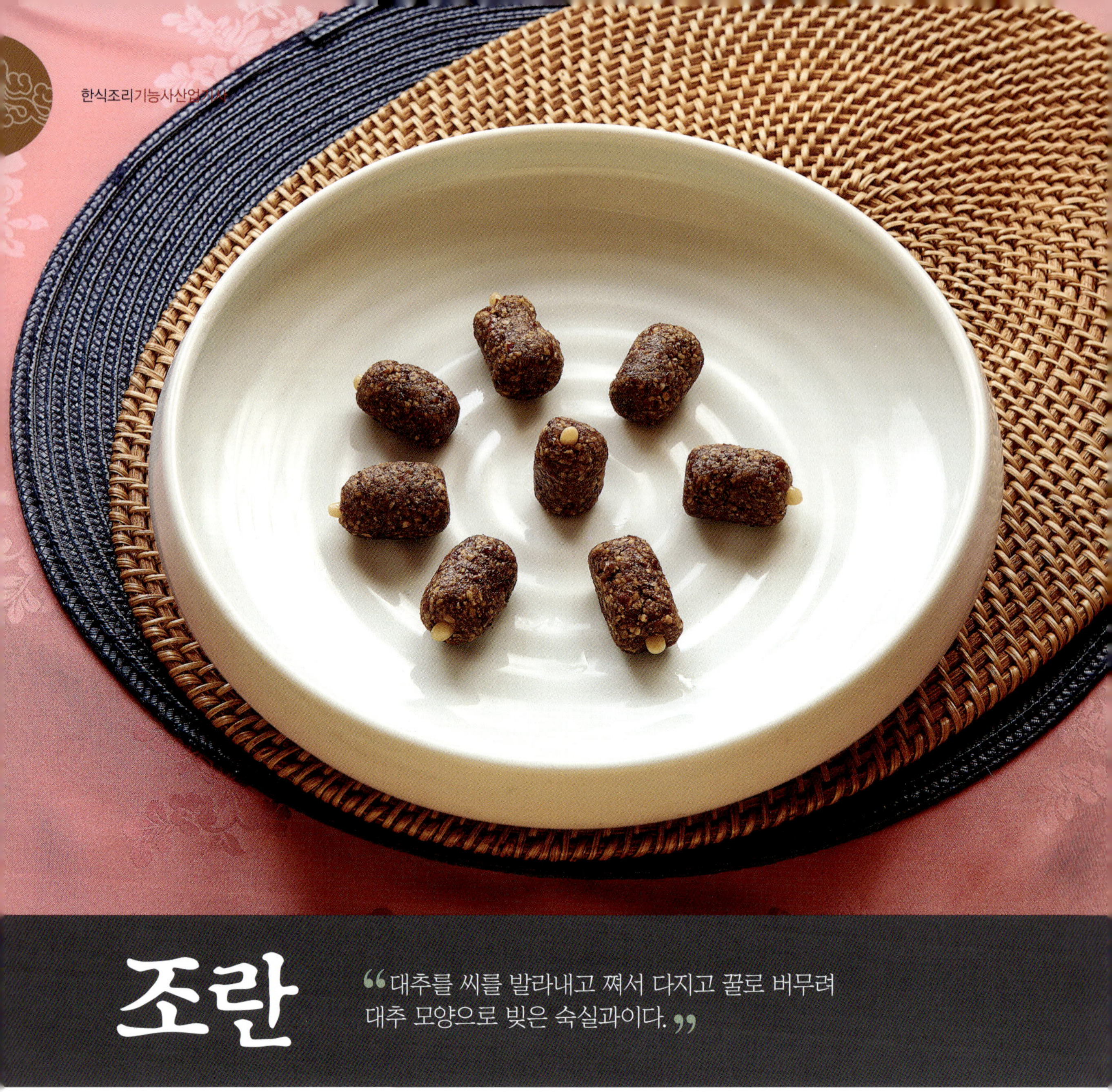

# 조란

> 대추를 씨를 발라내고 쪄서 다지고 꿀로 버무려
> 대추 모양으로 빚은 숙실과이다.

**1** 대추 모양의 한쪽에만 잣을 박아내시오.

**2** 조란은 5개를 만들어 제출하시오.

**1** 대추는 곱게 다져야 빚었을 때 매끈하다.

**2** 대추를 조릴 때 물기가 많으면 안 된다.

##  재료

| [주재료와 부재료] | | |
| --- | --- | --- |
| 대추 …… 20개 | 흰설탕 …… 2큰술 | 잣 …… 2큰술 |
| 꿀 …… 1큰술 | 물 …… 2/3컵 | 계핏가루 …… 약간 |

## 만드는 방법

1 대추는 씻어 찜통에 살짝 찐 다음 씨를 발라내고 곱게 다진다.

2 냄비에 물, 흰설탕, 꿀을 넣어 끓인다.

3 다진 대추를 넣고 나무 주걱으로 저으면서 수분이 완전히 없어질 때까지 은근히 조린 후 계핏가루를 넣고 식힌다.

4 조린 대추를 원래의 대추 모양으로 빚어서 꼭지 부분에 통잣을 끼워 반쯤 나오게 만들고 잣이 박힌 쪽을 위로 향하도록 하여 그릇에 담는다.

씨를 발라낸 대추를 곱게 다진다.

다진 대추와 물, 설탕, 꿀을 넣고 조린다.

조린 후 식힌 대추를 대추모양으로 만든다.

끝부분에 잣을 박아 완성한다.

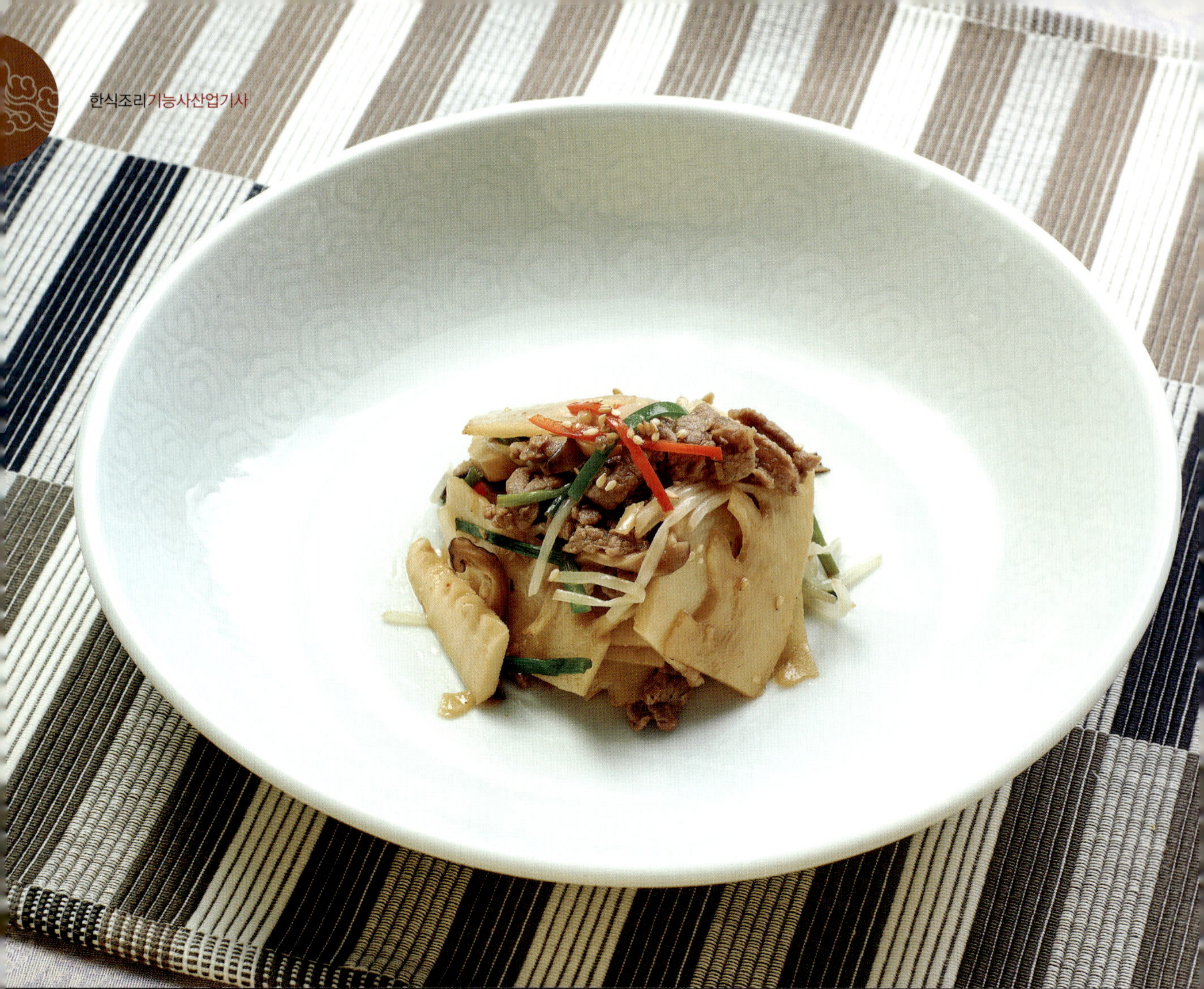

# 죽순채

**합격 포인트**

**1** 죽순은 모양 그대로 빗살무늬를 살려서 자르되 두꺼우면 등 쪽을 잘라낸다.

**2** 생죽순일 경우는 밀가루, 또는 쌀겨, 쌀뜨물에 삶아 떫은 맛과 아린 맛을 제거한다.

**3** 미나리와 홍초는 날것으로 사용하고 죽순, 소고기, 표고 숙주는 삶아 볶아서 사용한다.

**4** 초간장 = 간장1 : 설탕1 : 식초1, 깨소금 약간

**5** 달걀은 지급되지 않는 경우도 있다(재료목록 숙지요망: 지급 시).

 **재료**

| [주재료와 부재료] | | [양념] | | 검은 후춧가루 ············· 약간 |
|---|---|---|---|---|

**[주재료와 부재료]**

| 죽순(중간 것) ············· | 1개 |
|---|---|
| 소고기(우둔) ············· | 60g |
| 표고버섯 ············· | 2개 |
| 미나리 ············· | 20g |
| 숙주 ············· | 50g |
| 홍고추 ············· | 1/2개 |
| 달걀 ············· | 1개 |

**[양념]**

**고기 양념**

| 진간장 ············· | 1큰술 |
|---|---|
| 흰설탕 ············· | 1/2큰술 |
| 다진 파 ············· | 2작은술 |
| 다진 마늘 ············· | 1작은술 |
| 참기름 ············· | 약간 |
| 깨소금 ············· | 약간 |

검은 후춧가루 ············· 약간

**죽순양념**

| 진간장 ············· | 약간 |
|---|---|
| 소금 ············· | 약간 |
| 흰설탕 ············· | 약간 |
| 식초 ············· | 약간 |
| 깨소금 ············· | 약간 |

 **만드는 방법**

**1** 죽순은 빗살무늬로 썰고 데친 후 볶아서 약간의 소금간만 해 둔다. 홍고추는 씨를 털고 채 썰어 둔다.

**2** 소고기는 채 썰고, 표고버섯은 물에 불려서 기둥을 떼어 내고 채 썰어 합하여 고기 양념한 후 프라이팬에 볶아서 각각 식힌다.

**3** 미나리는 잎을 떼어 줄기만 다듬고. 숙주는 거두절미하여 끓는 물에 소금간하여 데친 후, 5㎝ 길이로 자른다.

**4** 달걀은 황·백지단을 부쳐 5㎝ 길이로 채 썬다.

**5** 죽순, 소고기, 표고버섯, 미나리, 숙주, 고추채를 섞은 후, 죽순 양념을 넣고 고루 버무려 담은 후 황·백지단을 고명으로 올린다.

죽순채를 데쳐서 준비한다.

소고기채를 양념하여 볶는다.

황백지단을 만들어 규격에 맞게 썬다.

재료를 합하고 죽순양념과 함께 버무린다.

# 취나물

**66** 취를 데쳐서 갖은 양념에 무친 음식이다. **99**

**1** 시험장에서는 취나물을 데친 후, 반드시 식용유를 두르고 볶아내야 한다.

**2** 나물은 미리 양념을 넣어 주물러 볶아야 깊은 맛이 난다.

**3** 나물은 약불에서 충분히 볶아야 부드럽고 맛이 나며 마지막에 참기름과 깨소금을 넣어 버무린다.

 재료

| [주재료와 부재료] | | |
|---|---|---|
| 취나물 ························ 200g | 다진 파 ················· 1작은술 | 깨소금 ················· 1작은술 |
| 국간장 ················· 1작은술 | 다진 마늘 ············· 1/2작은술 | |

 만드는 방법

**1** 취나물은 어린 것으로 골라 줄기와 잎을 따로 손질한다.

**2** 끓는 소금물에 줄기를 넣어 약간 데쳐지면 잎을 마저 넣어 데쳐낸다.

**3** 데친 취나물은 찬물에 헹궈 떫은 맛을 제거하고 물기를 꼭 짠다.

**4** 취나물에 다진 파, 다진 마늘, 국간장을 넣어 주물러 간이 배게 한다.

**5** 달군 팬에 식용유를 두르고 **4**를 넣어 볶다가 깨소금과 참기름을 넣어 그릇에 담는다.

① 취나물을 깨끗이 씻어 준비한다.

② 취나물 줄기를 제거한다.

③ 취나물을 데친다.

④ 취나물을 볶아 완성한다.

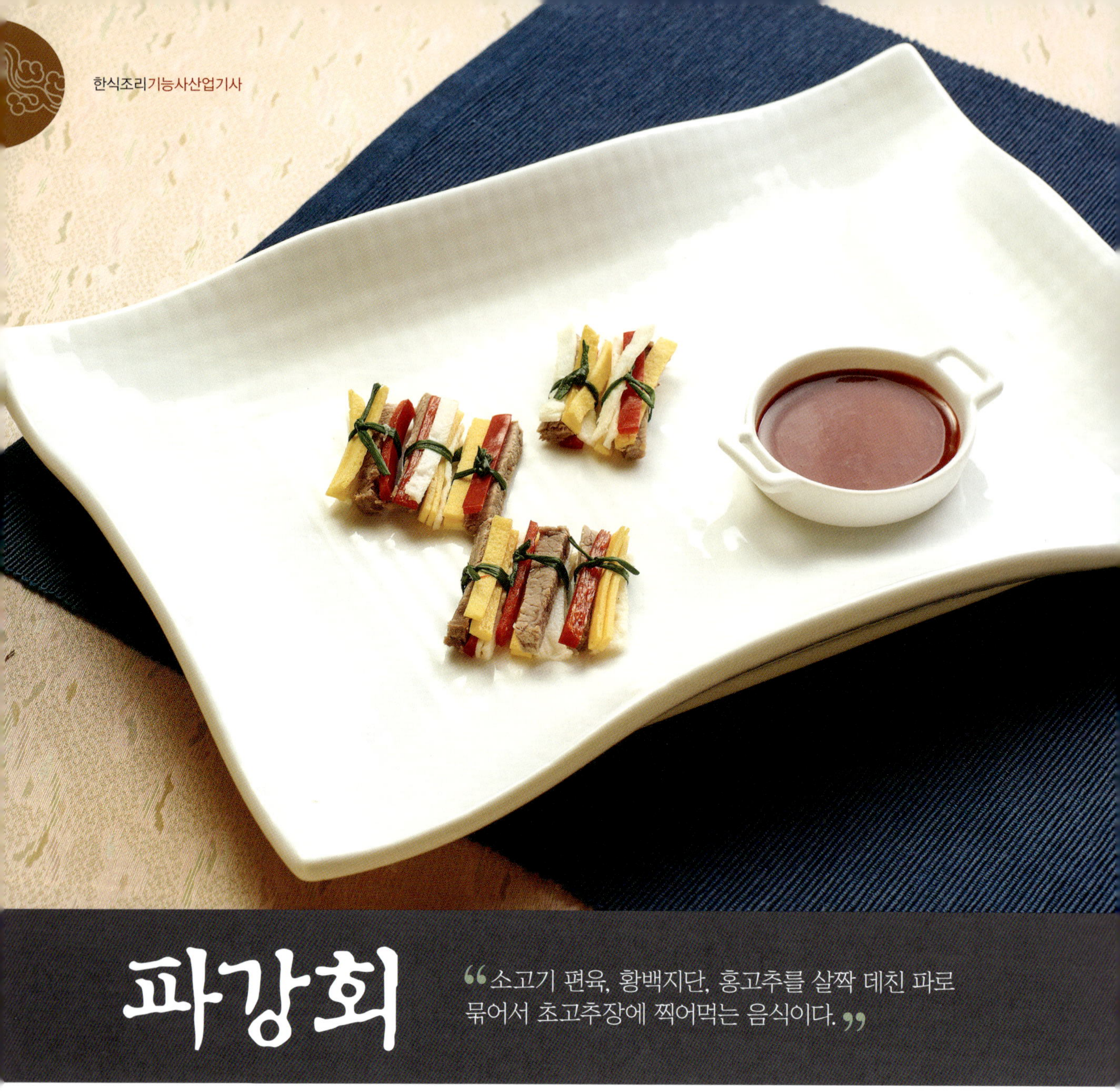

# 파강회

"소고기 편육, 황백지단, 홍고추를 살짝 데친 파로 묶어서 초고추장에 찍어먹는 음식이다."

### 합격 포인트

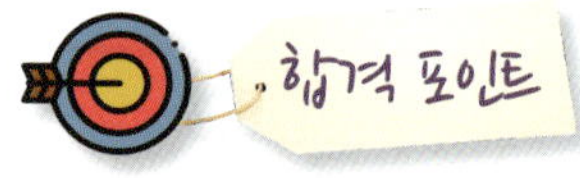

1 소고기는 완전히 익힌다.

2 강회로 쓰이는 주재료는 미나리, 실파가 대표적이다.

 **재료**

| [주재료와 부재료] | | 소고기(양지머리) 80g | 물엿 1/2큰술 |
| --- | --- | --- | --- |
| 쪽파 | 50g | 고추장 3큰술 | 흰설탕 1큰술 |
| 달걀 | 2개 | 식초 2큰술 | 다진 마늘 1작은술 |
| 홍고추 | 1개 | 청주 1작은술 | 다진 생강 1/4작은술 |

## 만드는 방법

**1** 소고기는 향미 채소(쪽파, 생강, 마늘, 고추 등)를 넣고 삶아서 편육을 만든다.

**2** 쪽파는 다듬어 씻어 끓는 물에 소금을 약간 넣고 파랗게 데친 후 식혀 물기를 제거한다.

**3** 달걀은 도톰하게 지단을 붙여서 0.3cm×0.3cm×4cm로 굵게 채 썰어 놓는다.

**4** 홍고추, 편육은 지단길이와 같은 크기로 채 썬다.

**5** 쪽파를 한 가닥만 들고 고추, 지단, 편육을 순서대로 보기 좋게 세워서 감아준다.

**6** 접시에 모양내어 담아 초고추장과 같이 곁들여 낸다.

소고기를 삶아 썬다.

쪽파를 데친다.

황백지단을 만들어 규격에 맞게 썬다.

준비된 재료를 데친 파로 돌려감는다.

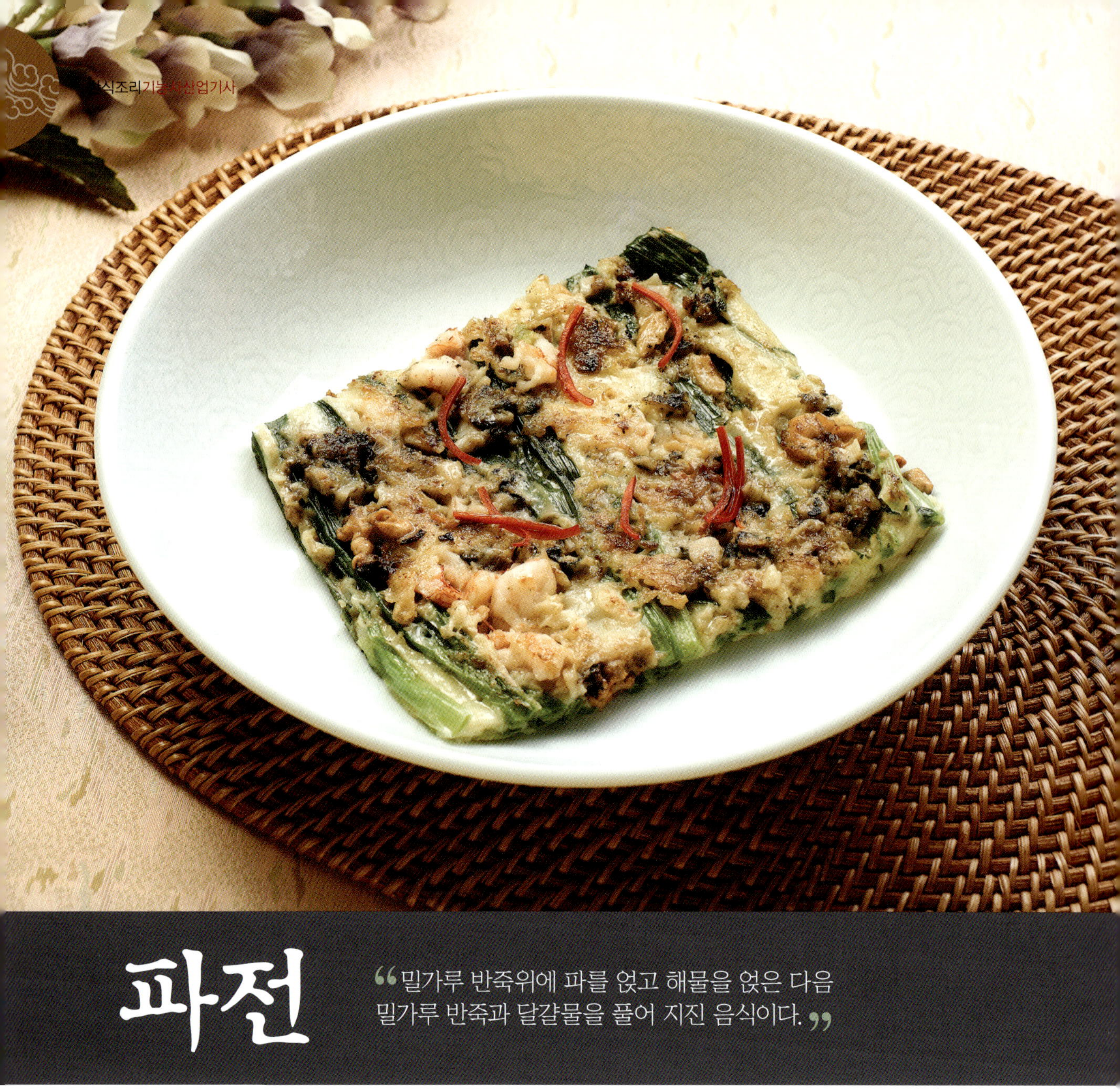

# 파전

"밀가루 반죽위에 파를 얹고 해물을 얹은 다음 밀가루 반죽과 달걀물을 풀어 지진 음식이다."

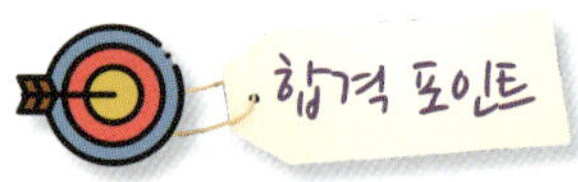

합격 포인트

1 쪽파는 씻어 물기를 제거 후 소금, 참기름에 밑간을 한다.
2 파전은 멥쌀가루나 찹쌀가루에 다시 멸치 물로 반죽하기도 한다.
3 파전을 부칠 때 약한 불로 하면 식용유를 흡수하여 바삭하지 않다.

 **재료**

| [주재료와 부재료] | | [양념] | | 초간장 | |
|---|---|---|---|---|---|
| 쪽파 | 300g | **밀가루반죽** | | 진간장 | 1큰술 |
| 조갯살 | 70g | 밀가루 | 1컵 | 흰설탕 | 1작은술 |
| 굴 | 70g | 쌀가루 | 1/2컵 | 식초 | 1/2큰술 |
| 생홍합 | 70g | 물 | 2컵 | | |
| 새우살 | 70g | 달걀 | 1개 | | |
| 식용유 | 약간 | 소금 | 1작은술 | | |

 **만드는 방법**

**1** 쪽파는 손질 후 흰 부분을 자근자근 두드린다.

**2** 조갯살, 홍합, 굴은 소금물에 씻어 물기를 제거한 다음 굵직하게 썬다.

**3** 달걀을 풀고 물을 섞어준다.

**4** 밀가루와 쌀가루를 넣고 소금으로 간하여 반죽을 만든다.

**5** 달군 프라이팬에 식용유를 두르고 쪽파에 밀가루를 묻혀 밀가루 반죽에 담갔다 건져 뜨거운 프라이팬에 놓는다.

**6** 파 사이사이에 해물을 넣고 반죽물을 고루 얹어 양면을 지진다. 초간장을 곁들여 낸다.

재료를 깨끗이 씻어 준비한다.

밀가루와 쌀가루를 넣어 반죽한다.

반죽에 파를 담갔다 건져 달군 팬에 지진다.

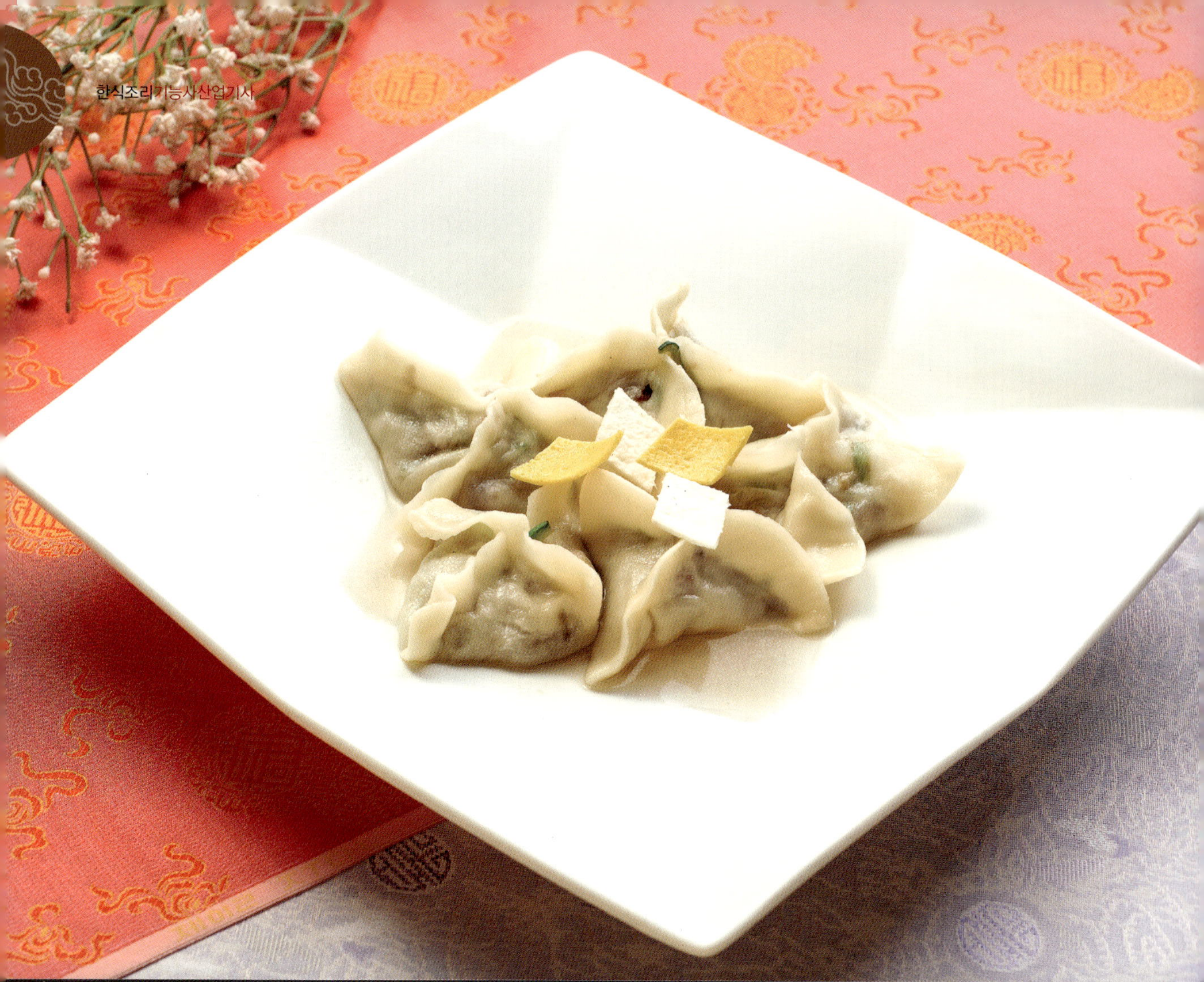

# 편수

## 요구사항

1 만두피는 8cm×8cm 정도의 크기로 만드시오.

2 소와 잣을 하나씩 넣은 편수를 5개 만드시오.

3 육수를 내어 기름기를 제거하고 차게 식힌 다음 편수를 넣어 내시오.

## 합격 포인트

1 반죽을 한 후 비닐봉투나 랩에 10~20분 정도 싸 놓으면 반죽상태가 말랑해져 훨씬 더 밀기 좋다.

2 만두피는 네 귀가 떨어지지 않도록 꼭 붙인다.

3 편수를 찜기에 쪄서 사용할 수도 있다.

4 육수는 차게 식혀서 편수를 담는다.

##  재료

| [주재료와 부재료] | | [양념] | |
|---|---|---|---|
| 밀가루 | 1컵 혹은 1/2컵 | **고기 양념** | |
| 소고기(우둔) | 150g | 소금 | 1작은술 |
| 표고버섯 | 3장 | 흰설탕 | 1/2큰술 |
| 숙주 | 150g | 다진 파 | 2작은술 |
| 호박 | 1/2개 | 다진 마늘 | 1작은술 |
| 잣 | 1큰술 | 검은 후춧가루 | 약간 |
| 달걀 | 1개 | 깨소금 | 약간 |

| | |
|---|---|
| 참기름 | 약간 |
| **초간장** | |
| 진간장 | 1큰술 |
| 흰설탕 | 1/2작은술 |
| 식초 | 2큰술 |

##  만드는 방법

1 밀가루는 소금물로 반죽하여 30분 정도 덮어 두었다가 얇게 밀어 사방 8cm 정도의 정사각형으로 만두피를 만든다.

2 소고기의 반은 곱게 다지고 반은 육수를 만든다. 표고버섯은 불려서 가늘게 썰고 소고기와 합하여 고기 양념으로 고루 무친다. 번철에 볶아 접시에 펴서 식힌다.

3 숙주는 소금을 약간 넣고 데쳐서 찬물에 헹구어 물기를 짜서 송송 썬다.

4 호박은 가운데 씨를 제거하고 채 썰어 소금에 살짝 절였다가 물기를 짠다. 번철에 참기름을 두르고 볶아 바로 큰 그릇에 펴서 식힌다.

5 달걀은 황·백으로 나누어 지단을 부쳐서 완자형으로 썬다.

6 익힌 채소와 고기를 섞어서 소를 만든다.

7 만두피를 도마 위에 펴고 소를 1큰술 정도, 잣을 한 알씩 얹어 네 귀를 한데 모아 맞닿은 자리를 마주 붙여서 네모지게 빚는다.

8 편수는 끓는 물에 삶아 찬물에 담갔다가 건진 후, 간을 맞추어 차게 식혀 놓은 육수를 붓고 지단을 띄워서 초간장과 같이 낸다.

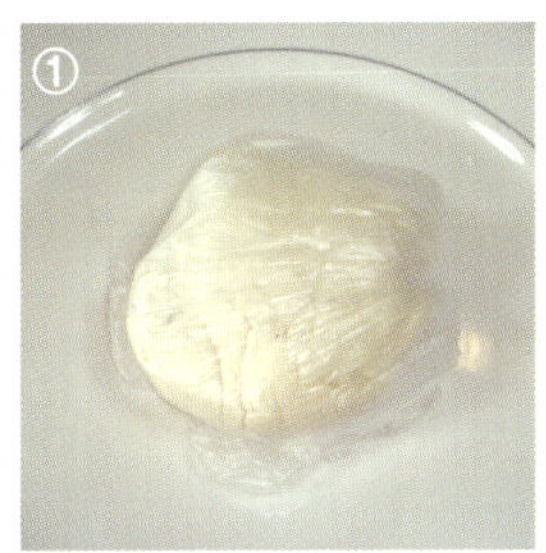

밀가루를 반죽한다.

소고기 육수를 만든다.

호박은 채 썰어 절인 후 볶는다.

만두반죽을 밀어 정사각형의 편수로 만든다.

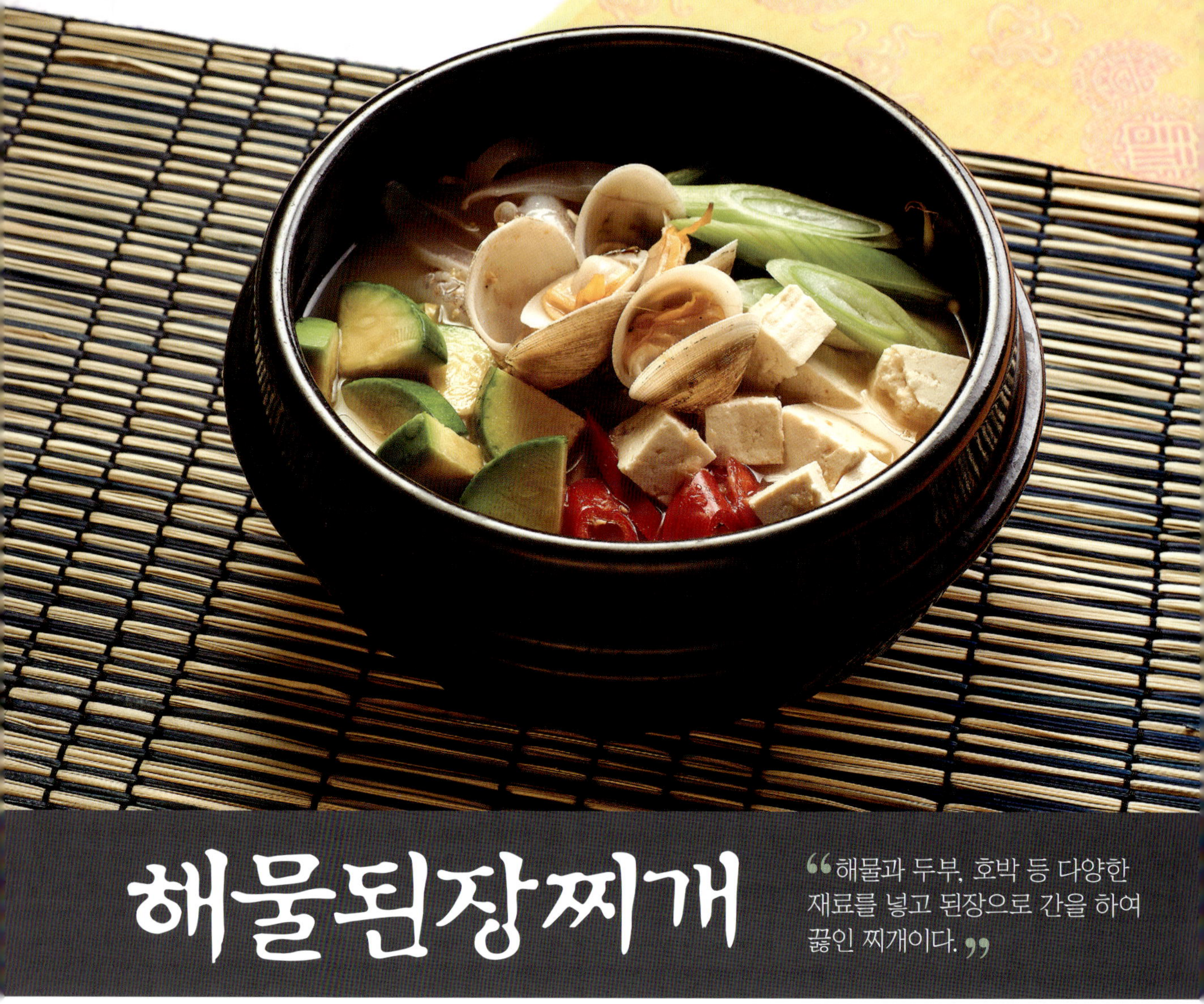

# 해물된장찌개

"해물과 두부, 호박 등 다양한 재료를 넣고 된장으로 간을 하여 끓인 찌개이다."

합격 포인트

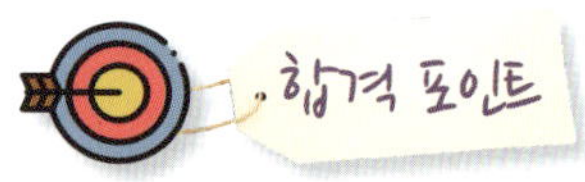

1 조개는 3% 정도의 소금물에 담가 해감을 시킨다. 조개를 맹물에 담가 보관하는 것은 절대 금물이다.

2 찬물에 내장과 머리를 제거한 멸치를 넣고 끓인 뒤, 멸치를 건져내고 된장과 고춧가루를 풀어준다.

3 건더기와 국물의 비율은 1:1이다.

4 오징어와 조개는 너무 오래 끓이지 않도록 한다.

 **재료**

| [주재료와 부재료] | | 모시조개 | 60g | 청고추 | 1개 |
| --- | --- | --- | --- | --- | --- |
| 된장 | 2큰술 | 오징어 | 60g | 홍고추 | 1개 |
| 멸치 | 10마리 | 애호박 | 40g | 대파 | 1/2토막 |
| 두부 | 60g | 표고버섯 | 2장 | 다진 마늘 | 약간 |

 **만드는 방법**

**1** 멸치는 머리와 내장을 제거하고 프라이팬에 기름 없이 볶은 다음, 찬물을 부어 육수를 만든다.

**2** 모시조개는 해감을 시키고, 오징어는 껍질을 벗겨 안쪽에 칼집을 넣어 1.5cm×4cm 크기로 썬다.

**3** 두부와 호박은 사방 1.5cm 크기로 썰고, 고추와 대파는 1cm 정도 토막으로 어슷하게 썰며, 표고버섯은 4등분한다.

**4** **1**에 된장을 풀어서 체에 내리고 고춧가루를 푼 다음 끓으면 표고버섯, 호박을 넣고 잠시 끓이다가 익으면 모시조개와 오징어를 넣고 끓으면 풋고추, 대파, 마늘, 두부를 넣어 완성한다.

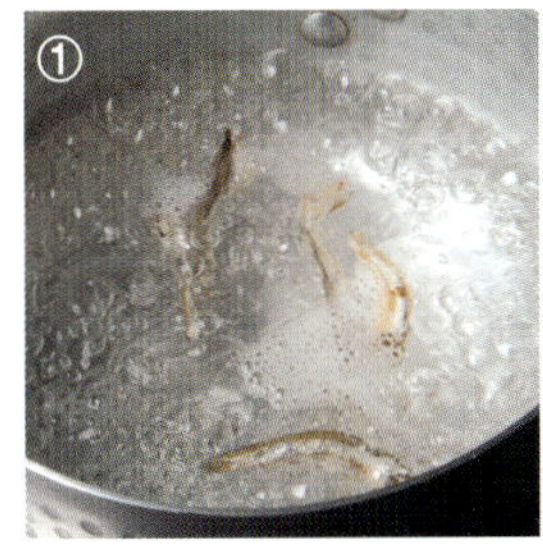

멸치로 육수를 낸다.

오징어의 껍질을 벗겨 안쪽에 칼집을 넣고 썬다.

채소는 규격에 맞게 썬다.

뚝개기에 재료를 담아 끓인다.

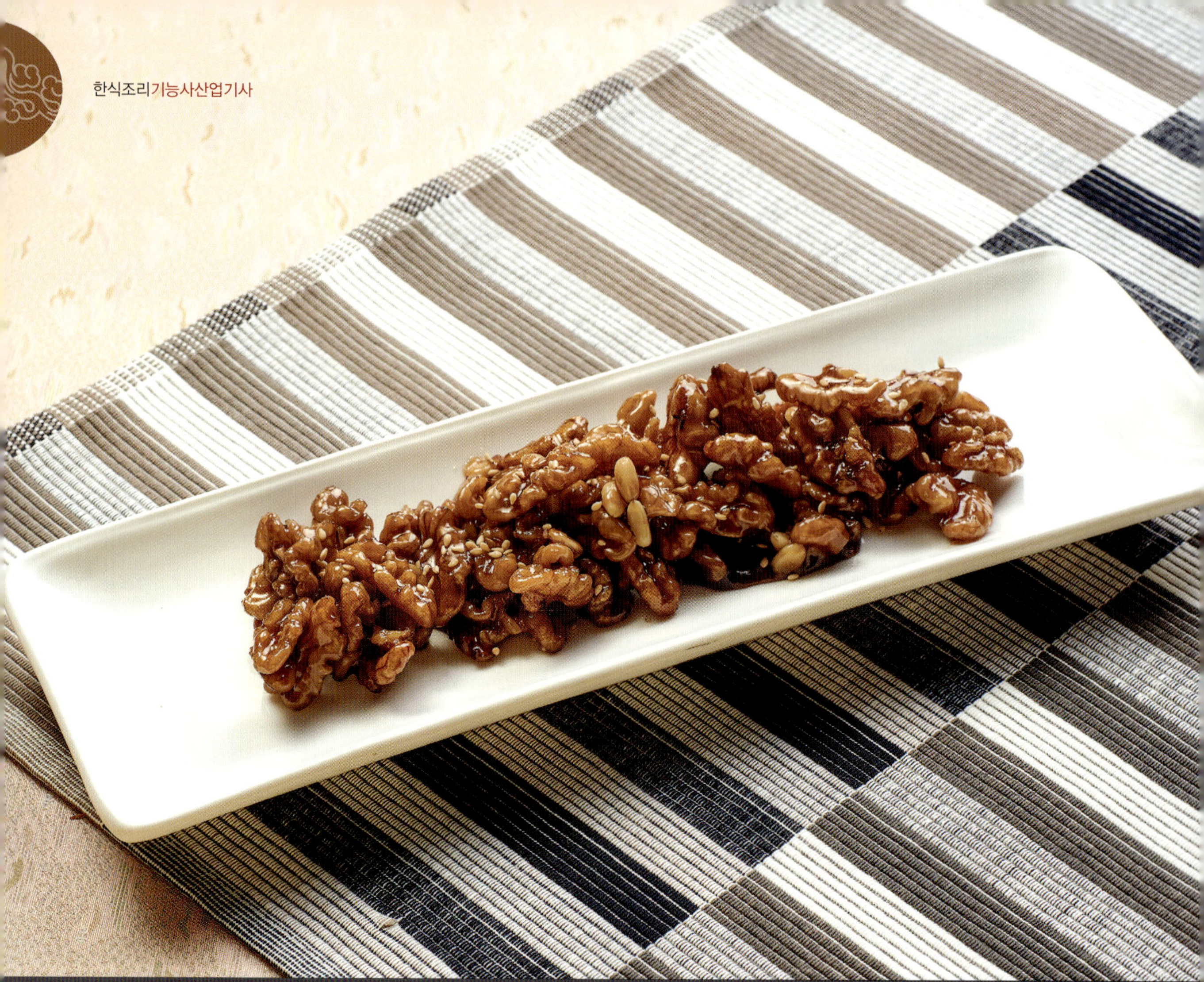

# 호두조림

"호두를 속껍질을 벗긴 후 간장과 설탕에 조린 음식이다. 단백질과 지방 등 영양성분이 풍부하며 불포화 지방산을 다량 함유 하고 있다."

### 합격 포인트

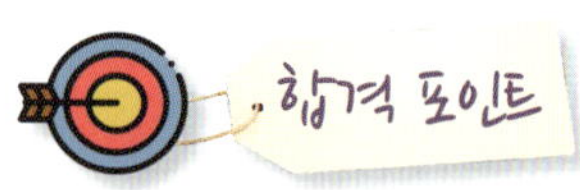

1 호두는 속껍질을 깨끗이 벗겨야 떫은 맛이 나지 않는다.

## 재료

| [주재료와 부재료] | [양념] | |
|---|---|---|
| 호두 ·············· 200g | 조림장 | 흰설탕 ·············· 1큰술 |
| 잣 ·············· 1큰술 | 진간장 ·············· 3큰술 | 물 ·············· 1/2컵 |
| 참기름 ·············· 1작은술 | 물엿 ·············· 2큰술 | |

## 만드는 방법

**1** 호두는 따뜻한 식초물에 불려 부서지지 않도록 꼬챙이로 속껍질을 벗긴다.

**2** 속껍질을 벗긴 호두는 식용류를 두른 팬에 볶아 조림장을 넣어 중간 불에서 조린다.

**3** 조린 호두에 잣을 넣고 물엿을 넣어 다시 한 번 더 조린 후 참기름으로 마무리한다.

**4** 완성된 호두조림에 잣을 올린다.

**5** 소고기가 지급되면 지름 1.5cm의 완자를 만들어 조림장에 조리고 호두조림과 함께 곁들여 낸다.

호두는 불려 속껍질을 제거 한다.

팬에 조림장을 넣고 끓인다.

호두를 넣고 조린다.

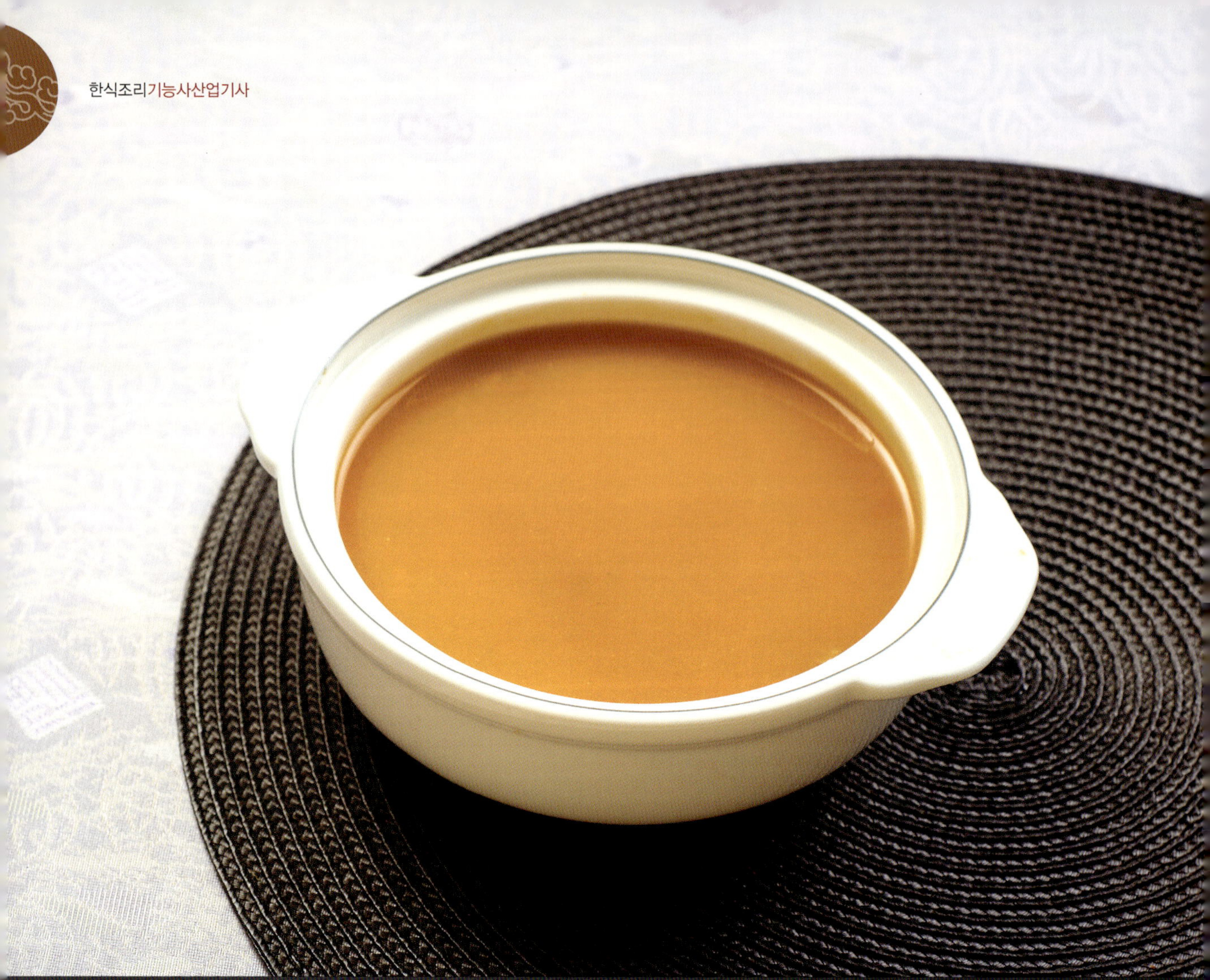

# 호박죽

"호박을 푹 쪄서 내린 후 땅콩과 밤을 넣고 끓인 죽이다.
호박은 가을에 많이 나는 채소로 비타민 A가 풍부하다."

합격 포인트

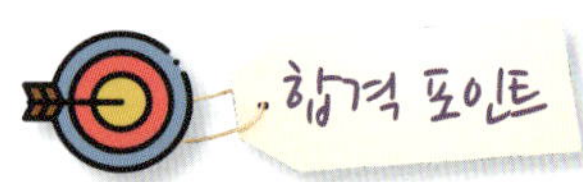

1 생물로 호박을 잘라 냉동 보관하는 경우에는 삶아서 보관했을 때보다 향과 단맛이 감소한다.

2 찹쌀가루를 반으로 나누어 새알심과 쌀물을 넣을 수 있다.

 **재료**

**[주재료와 부재료]**

| | | |
|---|---|---|
| 단호박 ······················ 1/2개 | 흰설탕 ······················ 1큰술 | 불린 땅콩 ················ 2큰술 |
| 찹쌀가루 ··················· 1/2컵 | 소금 ························· 1작은술 | 깐 밤 ······················· 4개 |

 **만드는 방법**

1. 단호박은 껍질을 벗기고 속의 씨를 제거한 후 적당한 크기로 잘라 삶고, 밤과 불린 땅콩도 각각 삶아 놓는다.

2. 물 1컵을 넣고 삶은 호박을 체에 내려 가열한다.

3. 찹쌀가루에 물을 넣어 혼합한다.

4. 2가 끓기 시작하면 찹쌀가루 물을 조금씩 넣어 저어준다.

5. 죽이 거의 되면 삶은 땅콩과 밤을 같이 넣고 끓인다.

6. 내기 직전에 흰설탕과 소금으로 간한다.

호박을 삶는다.

삶은 호박을 체에 내린다.

밤과 불린 땅콩을 삶아 놓는다.

호박, 땅콩, 밤을 넣고 끓인다.

# 갈비구이

> **소갈비구이는 맥적(貊炙)에서 유래되었으며 숯불에 구운 음식이다.**

### 합격 포인트

**1** 육류를 구울 때는 가능한 한 여러 번 뒤집지 않는 것이 좋다. 불이 약하거나 너무 자주 뒤집으면 맛있는 맛은 물론 수용성 영양분이 모두 흘러 나와 손실이 많아지기 때문이다.

## 재료

| [주재료와 부재료] | | [양념] | | | |
|---|---|---|---|---|---|
| 소갈비 | 300g | 진간장 | 2큰술 | 다진 파 | 1큰술 |
| 잣 | 10g | 배즙 | 2큰술 | 다진 마늘 | 1작은술 |
| | | 양파즙 | 1큰술 | 깨소금 | 약간 |
| | | 흰설탕 | 1큰술 | 참기름 | 약간 |
| | | | | 후춧가루 | 약간 |

## 만드는 방법

1 갈비는 물에 담가 핏물을 빼고 기름기와 힘줄을 제거한다. 뼈의 끝부분에 살이 붙어 있도록 0.5cm 두께로 저며서 편 다음 0.5cm 간격으로 앞, 뒤, 대각선으로 칼집을 넣는다.

2 양파, 배는 갈아서 즙을 내어 나머지 양념과 섞어 양념장을 만든다.

3 손질한 갈비에 양념이 골고루 잘 스며 들게 재워 30분 정도 둔다.

4 석쇠를 뜨겁게 하여 갈비를 놓고 한 면이 거의 익었을 때 뒤집어 다른 한 면을 굽는다. 이때 양념장을 발라 윤기가 나도록 하고 타지 않게 굽는다.

5 갈비를 4~5cm 크기로 썰어 접시에 담고 잣가루를 뿌린다.

소갈비는 핏물을 제거하여 준비한다.

갈비를 포뜨기하여 벌집을 만든다.

양념장을 만든다.

갈비에 양념을 발라 석쇠에 굽는다.

# 호박전

> **애호박을 썰어 소금에 살짝 절인 후 밀가루와 달걀물을 씌워 지진 음식이다.**

 **요구사항**

1 애호박은 0.5cm 두께의 원형으로 썰어 5개 지져 내시오.

 **합격 포인트**

1 호박은 너무 짜지 않도록 절인다.

2 달걀물에 담가 충분히 스며들도록 한다.

3 달걀옷이 벗겨지지 않도록 주의 한다.

 **재료**

| [주재료와 부재료] | | [양념] | |
| --- | --- | --- | --- |
| 애호박 | 1/2개 | **초간장** | |
| 홍고추 | 1개 | 진간장 | 1큰술 |
| 달걀 | 1개 | 흰설탕 | 1/2작은술 |
| 밀가루 | 약간 | 식초 | 1/2큰술 |
| 소금 | 약간 | 잣가루 | 1/4작은술 |
| 식용유 | 약간 | | |

 **만드는 방법**

**1** 애호박은 0.5cm 두께로 둥글게 썰어 가운데를 파고 소금에 살짝 절여 물기를 닦는다.

**2** 두부는 물기를 짠 후, 으깨어 곱게 다진 소고기와 합치고 갖은 양념하여 소를 만든다.

**3** 애호박의 물기를 닦고 밀가루를 묻혀 소를 넣은 뒤 밀가루 달걀옷을 입혀 지져 낸다.

재료를 깨끗이 씻어 준비한다.

호박의 씨부분을 동그랗게 제거한다.

소고기를 다져 양념한다.

호박에 소를 넣고 밀가루 달걀옷을 입혀 지진 후 고명을 얹는다.

# 참고문헌

- 3대가 쓴 한국의 전통음식, 황혜성. 한복려. 한복진. 정라나, (주)교문사, 2014
- 아름다운 한국음식 300선, (사)한국전통음식연구소, 도서출판 질시루, 2015
- 조선왕조 궁중음식, 황혜성. 한복려. 정길자, (사)궁중음식연구원, 2011
- 칼질법과 한식조리기능사, 김태성. 이은주, 도서출판 엔플북스, 2016
- 한식조리와 상차림, 김수인. 이양수. 박연진. 이영순, 도서출판 효일, 2008
- 한식조리기능사, 배은자. 천덕상. 김아현. 안응자, 시대고시기획, 2015
- 한식조리기능사 한권에 OK, 경영일. 양성진, 백산출판사, 2015
- 최신고급한식요리특선, 강현우, 도서출판 유강, 2014
- 한국전통음식특선, 이춘복 외, 도서출판 보성, 2015
- www.ncs.go.kr

# 저자소개

### 강현우

- 국가공인 대한민국 조리명장
- 영산대학교 조리예술학부 교수

### 조성순

- 대한민국 조리기능장
- 영산대학교 조리예술학부 교수

### 김남곤

- 평택시 어린이급식관리지원센터장
- 국제대학교 호텔외식조리과 교수

### 김보성

- 서정대학교 식품영양과 학과장
- 대한민국 조리기능장

### 김호경

- 동의과학대학교 식품영양조리학부 교수
- 호텔 인터컨티넨탈 서울 셰프(20년)

### 박경식

- 한성대학교 경영학 석사
- 삼청각 총주방장 역임

### 봉준호

- (사)한국조리기능장협회 이사장
- 극동대학교 호텔외식조리학과 교수

### 정두례

- 광주김치축제 심사장 및 추진위원장
- 동강대학교 식품영양과 교수

### 한진순

- 경기대학교 관광전문대학원 외식경영학 석사
- 글로벌 푸드 수도직업전문학교 학과장

- 개정판-

# NCS에 맞춘
# 한식조리 기능사·산업기사

| | |
|---|---|
| **발 행 일** | 2018년 3월 06일  초판 발행<br>2021년 2월 22일 개정판 발행 |
| **지 은 이** | 강현우, 조성순, 김남곤, 김보성, 김호경,<br>박경식, 봉준호, 정두례, 한진순 |
| **발 행 인** | 김홍용 |
| **펴 낸 곳** | **도서출판 효일** |
| **디 자 인** | SDM Design |
| **주    소** | 서울시 중구 다산로46길 17 |
| **전    화** | 02) 928-6643 |
| **팩    스** | 02) 927-7703 |
| **홈 페 이 지** | www.hyoilbooks.com |
| **E m a i l** | hyoilbooks@hyoilbooks.com |
| **등    록** | 2001년 10월 8일 제2019-000146호 |
| **정    가** | 28,000원 |
| **I S B N** | 978-89-8489-488-4 |